教科書ぴったりトレーニング

はなまるシール

- ふ[illegible]う！
- はし[illegible]んで、
がん[illegible]
- 学習[illegible]がんばり表に
「はなまるシール」をはろう！
- 余ったシールは自由に使ってね。

キミのおとも犬

元気いっぱい
お肉大好き！
つっこみ役
みんなの世話係
ちょっとこわがり
最年少
おっとり
読書好き
やさしくて物知り
みんなの先生

はなまるシール

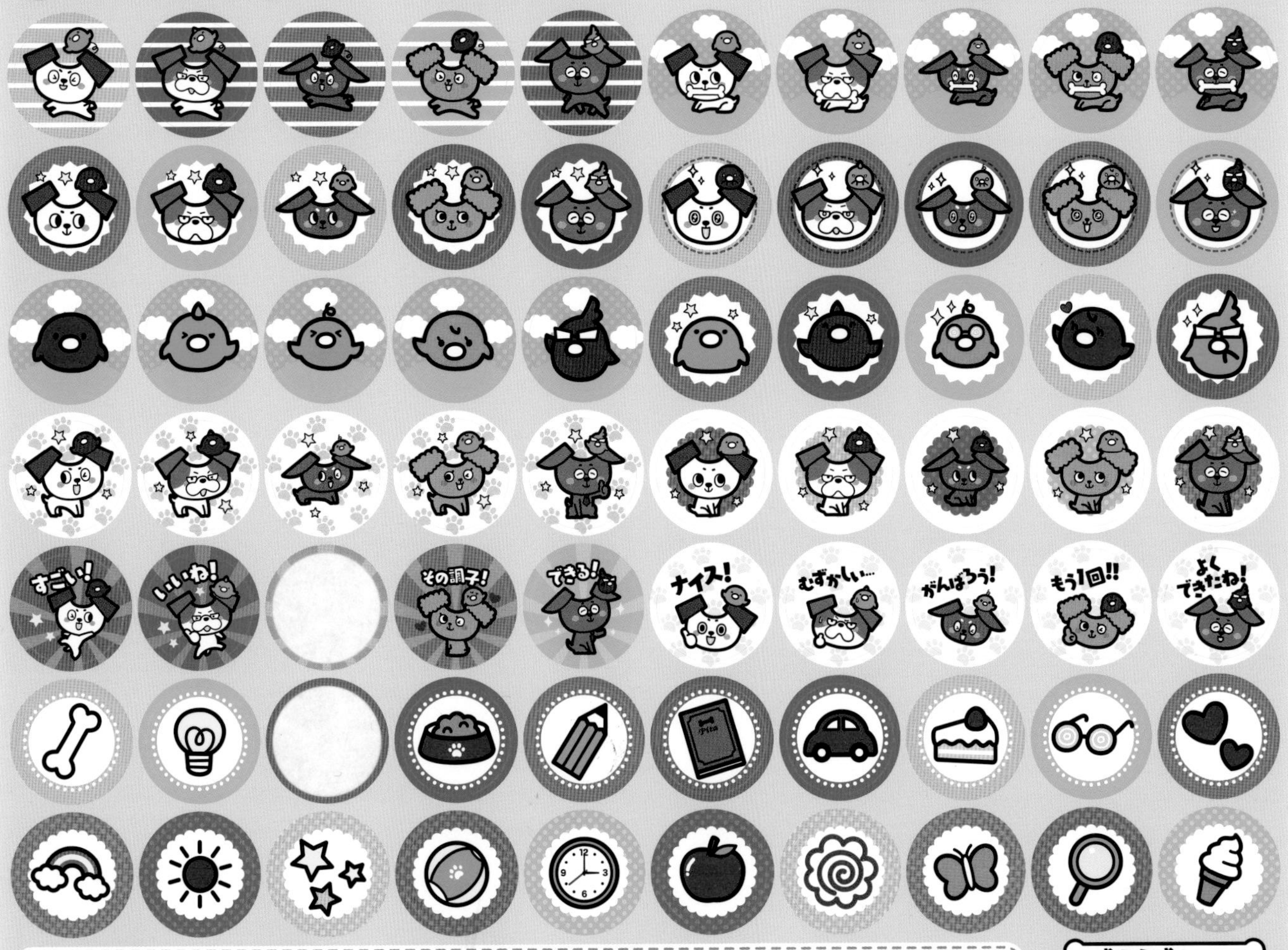
すごい！
いいね！
その調子！
できる！
ナイス！
むずかしい…
がんばろう！
もう1回!!
よくできたね！

国語
理科
英語
ABC
算数
社会

ごほうびシール

よくできました

好きななまえをつけてね！

なまえ

ぴた犬
（おとも犬）
シールを
はろう

シールの中から好きなぴた犬を選ぼう。

おうちのかたへ

がんばり表のデジタル版「デジタルがんばり表」では、デジタル端末でも学習の進捗記録をつけることができます。１冊やり終えると、抽選でプレゼントが当たります。「ぴたサポシステム」にご登録いただき、「デジタルがんばり表」をお使いください。LINE または PC・ブラウザを利用する方法があります。

LINE用

PC・ブラウザ用

ぴたサポシステムご利用ガイドはこちら
https://www.shinko-keirin.co.jp/shinko/news/pittari-support-system

スタート

1. ものが燃えるしくみ

❶ ものの燃え方と空気の動き
❷ 燃やすはたらきのある気体
❸ ものが燃えるときの空気の変化

2～3ページ	4～5ページ	6～7ページ	8～9ページ
ぴったり１２	ぴったり１２	ぴったり１２	ぴったり３
できたらシールをはろう	できたらシールをはろう	できたらシールをはろう	できたらシールをはろう

～35ページ	36～37ページ
ったり１２	ぴったり３
きたらールをまろう	できたらシールをはろう

5. 水よう液の性質

❶ 水よう液の区別
❷ 水よう液と金属

38～39ページ	40～41ページ	42～43ページ	44～45ページ
ぴったり１２	ぴったり１２	ぴったり１２	ぴったり３
できたらシールをはろう	できたらシールをはろう	できたらシールをはろう	できたらシールをはろう

6. 月と太陽

❶ 月の形の変化と太陽

46～47ページ	48～49ページ	50～51ページ
ぴったり１２	ぴったり１２	ぴったり３
できたらシールをはろう	できたらシールをはろう	できたらシールをはろう

変化

や地震と大地の変化

52～53ページ	54～55ページ	～57ページ
ぴったり１２	ぴったり１２	ったり１２
できたらシールをはろう	できたらシールをはろう	きたらールをまろう

きる

このかかわり
❸ これからの未来へ

～79ページ	80ページ
ったり１２	ぴったり３
できたらシールをはろう	できたらシールをはろう

ゴール

最後までがんばったキミは
「ごほうびシール」をはろう！

ごほうび
シールを
はろう

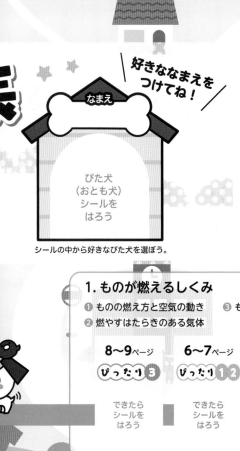

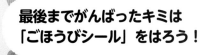

教科書ぴったりトレーニングの使い方

『ぴたトレ』は教科書にぴった
できるよ。教科書も見なが
ぴた犬たちが勉強をサポー

ふだんの学習

ぴったり1 準備

教科書のだいじなところをまとめていくよ。
めあて でどんなことを勉強するかわかるよ。
問題に答えながら、わかっているかかくにん
QR コードから「3 分でまとめ動画」が見ら

※QR コードは株式会社デンソーウェー

↓

ぴったり2 練習

「ぴったり１」で勉強したこと、おぼえている
かくにんしながら、問題に答える練習をしよ

↓

ぴったり3 確かめのテスト

「ぴったり１」「ぴったり２」が終わったら取り組
学校のテストの前にやってもいいね。
わからない問題は、ふりかえり を見て前に
くにんしよう。

↓

実力チェック

- 夏のチャレンジテスト
- 冬のチャレンジテスト
- 春のチャレンジテスト
- 6年 理科のまとめ 学力診断《しんだん》テスト

夏休み、冬休み、春休み前に
使いましょう。
学期の終わりや学年の終わりの
テストの前にやってもいいね。

ふだん
たら、
にシー

別冊《べっさつ》

丸つけラクラク解答

問題と同じ紙面に赤字で「答え」が書いてあ
取り組んだ問題の答え合わせをしてみよう。
問題やわからなかった問題は、右の「てびき」
教科書を読み返したりして、もう一度見直

り合わせて使うことが
、勉強していこうね。
するよ。

しよう。
れるよ。
ブの登録商標です。

かな？
う。

んでみよう。

もどってか

の学習が終わっ
「がんばり表」
ルをはろう。

るよ。
まちがえた
を読んだり、
そう。

おうちのかたへ

本書『教科書ぴったりトレーニング』は、教科書の要点や重要事項をつかむ「ぴったり１ 準備」、おさらいをしながら問題に慣れる「ぴったり２ 練習」、テスト形式で学習事項が定着したか確認する「ぴったり３ 確かめのテスト」の３段階構成になっています。教科書の学習順序やねらいに完全対応していますので、日々の学習（トレーニング）にぴったりです。

「観点別学習状況の評価」について

学校の通知表は、「知識・技能」「思考・判断・表現」「主体的に学習に取り組む態度」の３つの観点による評価がもとになっています。

問題集やドリルでは、一般に知識を問う問題が中心になりますが、本書『教科書ぴったりトレーニング』では、次のように、観点別学習状況の評価に基づく問題を取り入れて、成績アップに結びつくことをねらいました。

ぴったり３ 確かめのテスト

●「知識・技能」のうち、特に技能（観察・実験の器具の使い方など）を取り上げた問題には「技能」と表示しています。

●「思考・判断・表現」のうち、特に思考や表現（予想したり文章で説明したりすることなど）を取り上げた問題には「思考・表現」と表示しています。

チャレンジテスト

●主に「知識・技能」を問う問題か、「思考・判断・表現」を問う問題かで、それぞれに分類して出題しています。

別冊『丸つけラクラク解答』について

おうちのかたへ では、次のようなものを示しています。

- **学習のねらいやポイント**
- **他の学年や他の単元の学習内容とのつながり**
- **まちがいやすいことやつまずきやすいところ**

お子様への説明や、学習内容の把握などにご活用ください。

内容の例

おうちのかたへ　**1. 生き物をさがそう**
身の回りの生き物を観察して、大きさ、形、色など、姿に違いがあることを学習します。虫眼鏡の使い方や記録のしかたを覚えているか、生き物どうしを比べて、特徴を捉えたり、違うところや共通しているところを見つけたりすることができるか、などがポイントです。

教科書ぴったりトレーニング

理科 6年 がんばり表

いつも見えるところに、この「がんばり表」をはっておこう。
この「ぴたトレ」を学習したら、シールをはろう！
どこまでがんばったかわかるよ。

2. ヒトや動物の体

❶ 食べ物のゆくえ　❸ 体をめぐる血液
❷ 吸う空気とはき出した息　❹ 生命を支えるしくみ

20~21ページ	18~19ページ	16~17ページ	14~15ページ	12~13ページ	10~11ページ
ぴったり3	ぴったり12	ぴったり12	ぴったり12	ぴったり12	ぴったり12
できたらシールをはろう	できたらシールをはろう	できたらシールをはろう	できたらシールをはろう	できたらシールをはろう	できたらシールをはろう

3. 植物のつくりとはたらき

❶ 植物と水　❸ 植物と養分
❷ 植物と空気

22~23ページ	24~25ページ	26~27ページ	28~29ページ
ぴったり12	ぴったり12	ぴったり12	ぴったり3
できたらシールをはろう	できたらシールをはろう	できたらシールをはろう	できたらシールをはろう

4. 生物どうしのつながり

❶ 食べ物と通した生物のつながり
❷ 空気や水を通した生物のつながり

30~31ページ	32~33ページ	34
ぴったり12	ぴったり12	ぴっ
できたらシールをはろう	できたらシールをはろう	

8. てこのはたらき

❶ 棒を使った「てこ」　❸ てこを利用した道具
❷ てこのうでをかたむけるはたらき

66~67ページ	64~65ページ	62~63ページ	60~61ページ
ぴったり3	ぴったり12	ぴったり12	ぴったり12
できたらシールをはろう	できたらシールをはろう	できたらシールをはろう	できたらシールをはろう

7. 大地のつくりと変

❶ 大地のつくり　❸ 火山
❷ 地層のでき方

58~59ページ	56
ぴったり3	ぴっ
できたらシールをはろう	

9. 発電と電気の利用

❶ 電気をつくる　❸ 電気の利用とむだなく使うくふう
❷ 電気をたくわえて使う

68~69ページ	70~71ページ	72~73ページ	74~75ページ
ぴったり12	ぴったり12	ぴったり12	ぴったり3
できたらシールをはろう	できたらシールをはろう	できたらシールをはろう	できたらシールをはろう

10. 自然とともに生

❶ わたしたちの生活と環境
❷ 自然環境を守る

76~77ページ	78
ぴったり12	ぴ
できたらシールをはろう	

教科書ぴったりトレーニング　理科　6年　啓林館版　折込①(オモテ)

(キリトリ線)

バッチリポスター

自由研究にチャレンジ！

「自由研究はやりたい，でもテーマが決まらない…。」
そんなときは，この付録を参考に，自由研究を進めてみよう。
この付録では，『植物の葉のつき方』というテーマを例に，説明していきます。

①研究のテーマを決める

「植物の葉に日光が当たると，でんぷんがつくられることを学習した。植物は日光を受けるために，どのように葉を広げているのか，葉のつき方や広がり方を調べたいと思った。」など，身近な疑問《ぎもん》からテーマを決めよう。

②予想・計画を立てる

「身近な植物を観察して，葉のつき方や広がり方がどうなっているのかを記録する。」など，テーマに合わせて調べる方法と準備するものを考え，計画を立てよう。わからないことは，本やコンピュータで調べよう。

③調べたりつくったりする

計画をもとに，調べたりつくったりしよう。結果だけでなく，気づいたことや考えたことも記録しておこう。

④まとめよう

植物の葉のつき方は，図のようなものがあります。このようなものは図にするとわかりやすいです。観察したことは文や表でまとめよう。

右は自由研究を
まとめた例だよ。
自分なりに
まとめてみよう。

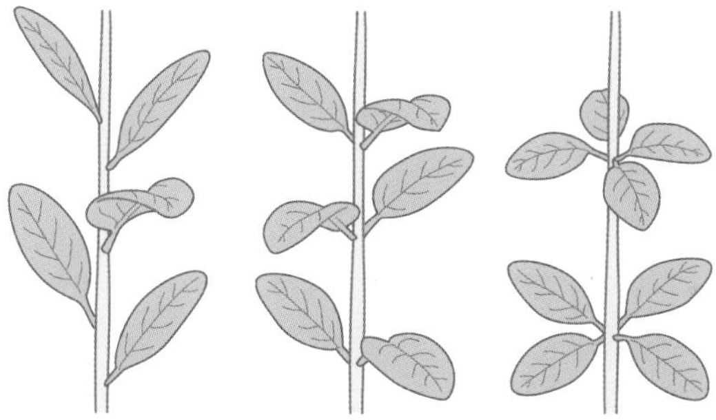

互生《ごせい》　対生《たいせい》　輪生《りんせい》

植物を真上から
観察すると，葉の
かさなり方は…。

植物の葉のつき方

年　　組

【1】研究のきっかけ

小学校で，植物の葉に日光が当たると，でんぷんがつくられることを学習した。それで，植物は日光を受けるために，どのように葉を広げているのか，葉のつき方や広がり方を調べたいと思った。

【2】調べ方

①公園や川原に育っている植物の葉を観察して，葉のつき方や広がり方を記録する。また，植物を真上から観察して，葉のかさなり方を記録する。

②葉のつき方を図鑑で調べると，３つに分けられることがわかった。
観察した植物は，どれにあてはまるのかを調べる。

【3】結果

・調べた植物の葉のつき方を，３つに分けた。

互生…

対生…

輪生…

・どの植物も，真上から見ると，葉と葉がかさならないように生えていた。

【4】わかったこと

植物は多くの葉をしげらせていても，かさならないように葉を広げていた。できるだけたくさんの日光を受けて，でんぷんをつくっていると思った。

興味を広げる・深める!

観察・実験カード

6年

化石

何の化石かな?

化石

何の化石かな?

化石

何の化石かな?

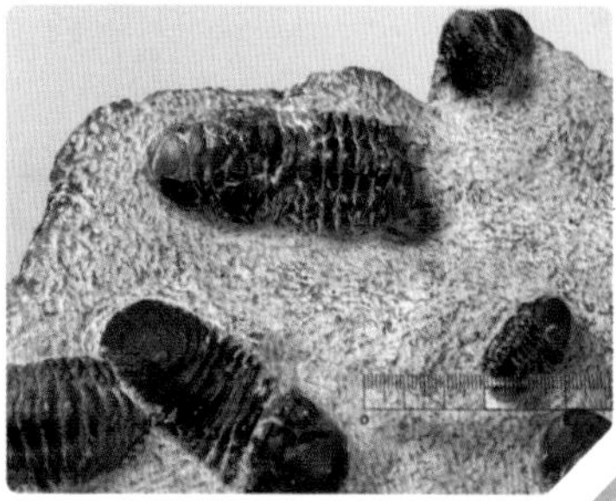

化石

何の化石かな?

水中の小さな生物

何という生物かな?

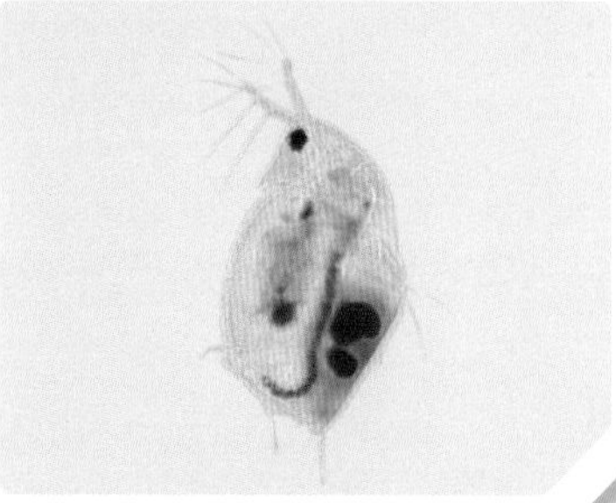

水中の小さな生物

何という生物かな?

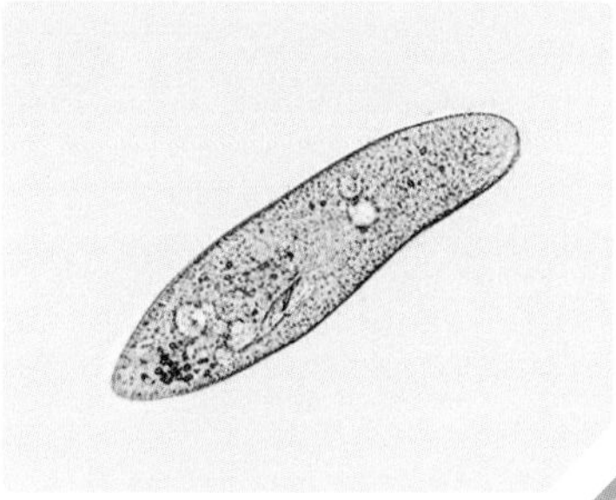

水中の小さな生物

何という生物かな?

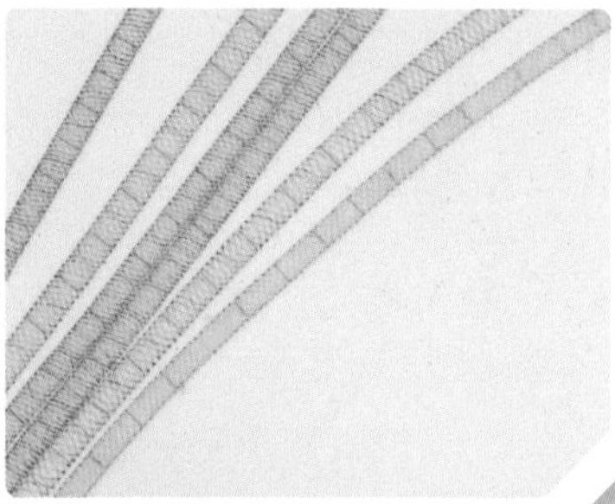

水中の小さな生物

何という生物かな?

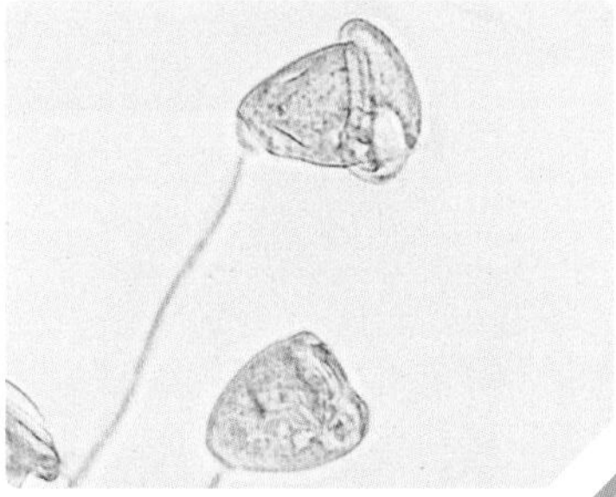

器具等

何という器具かな?

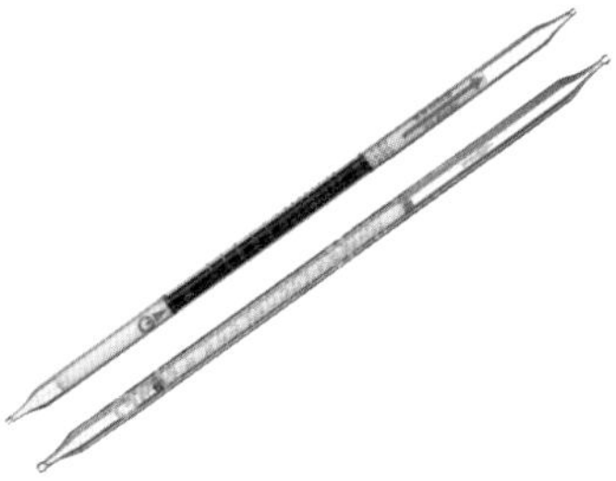

器具等

何という器具かな?

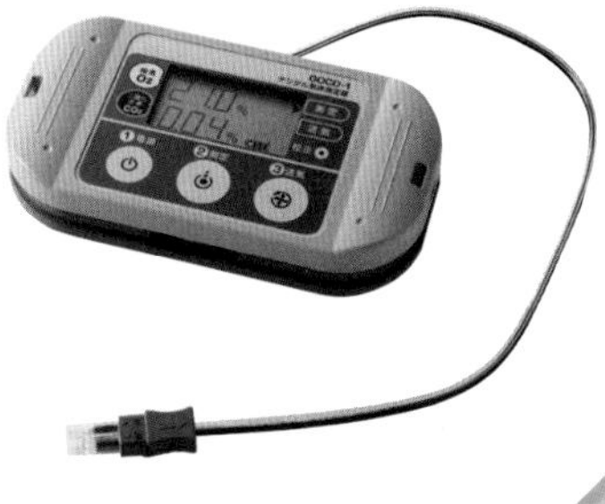

器具等

図の液体をはかり取る器具を何というかな?

アンモナイトの化石

大昔の海に生きていた、からをもつ動物。
約４億～6600万年前の地層から化石が見つかる。

使い方

●切り取り線にそって切りはなしましょう。

説　明

●「化石」「水中の小さな生物」「器具等」の答えはうら面に書いてあります。

サンヨウチュウの化石

大昔の海に生きていた、あしに節がある動物。
海底で生活していたと考えられている。
約５億4200万～２億5100万年前の地層から化石が見つかる。

木の葉（ブナ）の化石

ブナはすずしい地域《ちいき》に広く生育する植物なので、ブナの化石が見つかると、その地層《ちそう》ができた当時、その場所はすずしい地域だったことがわかる。

ミジンコ

水中にすむ小さな生物。
体がすき通っていて、大きなしょっ角を使って水中を動く。

サンゴの化石

サンゴの化石が見つかると、その地層《ちそう》ができた当時、そこはあたたかい気候で浅い海だったことがわかる。

アオミドロ

水中にすむ小さな生物。
緑色をしたらせん状のもように見える部分は、光を受けて、養分をつくることができる。

ゾウリムシ

水中にすむ小さな生物。
体のまわりにせん毛《もう》という小さな毛があり、これを動かして水中を動く。

気体検知管

気体の体積の割合《わりあい》を調べるときに使う。酸素用気体検知管と二酸化炭素用気体検知管があり、調べたい気体や測定する割合のはんいに適した気体検知管を選ぶ。

ツリガネムシ

水中にすむ小さな生物。
名前のとおり、つりがねのような形をしている。
細いひものような部分は、のびたり、ちぢんだりする。

（こまごめ）ピペット

液体をはかり取るときに使う。水《すい》よう液《えき》の種類を変えるときは、水よう液が混ざらないように、１回ごとに水で洗《あら》ってから使う。

気体測定器

気体の体積の割合《わりあい》を調べるときに使う。吸引《きゅういん》式のものは酸素と二酸化炭素の割合を同時に測定することができる。センサー式のものは酸素の割合を測定することができる。

器具等

水《すい》よう液《えき》を仲間
分けするために、
何を使う
かな?

器具等

水《すい》よう液《えき》を仲間
分けするために、
何のしるを
使うかな?

器具等

水《すい》よう液《えき》を仲間
分けするために、
何を使う
かな?

器具等

水《すい》よう液《えき》を仲間
分けするために、
何を使う
かな?

器具等

何という
器具かな?

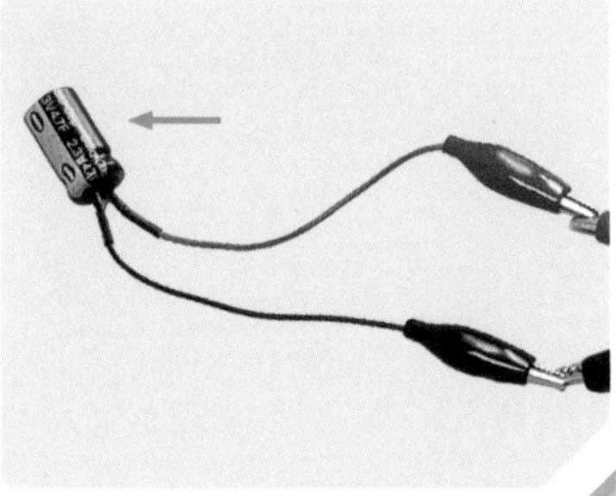

器具等

何という
器具かな?

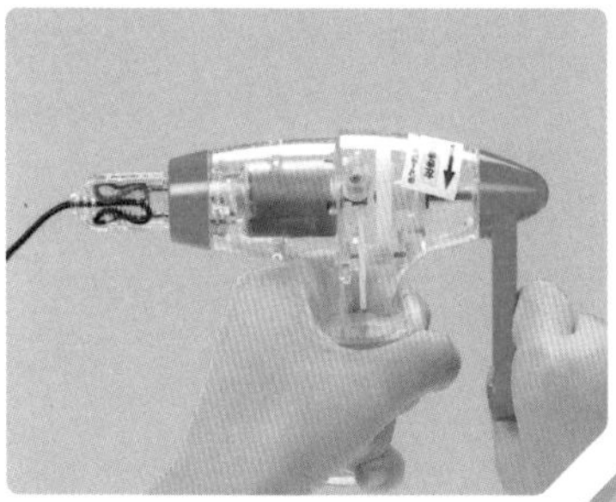

器具等

二酸化炭素が
あるか調べる
ために、何を
使うかな?

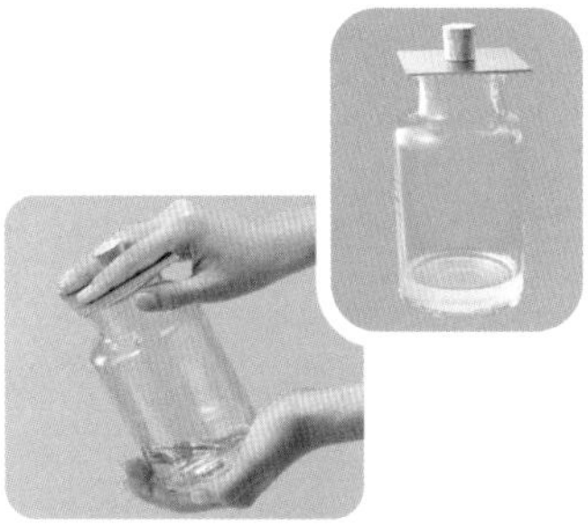

器具等

でんぷんがあるか
調べるために、
何を使う
かな?

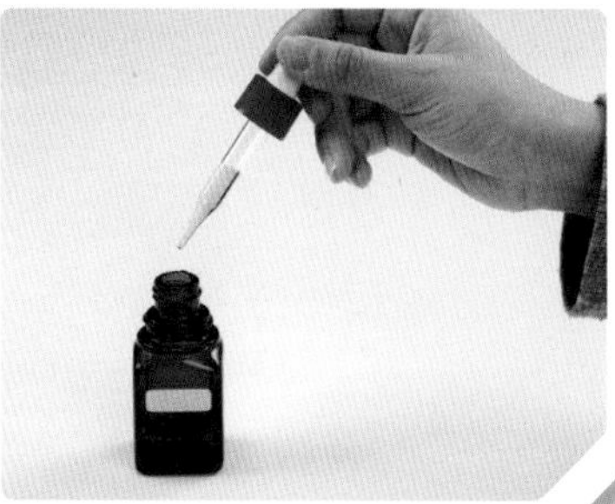

器具等

薬品などが目に
入るのをふせぐ
ために、何を
使うかな?

器具等

図のような棒《ぼう》と
支えでものを動かすこと
ができるものを
何というかな?

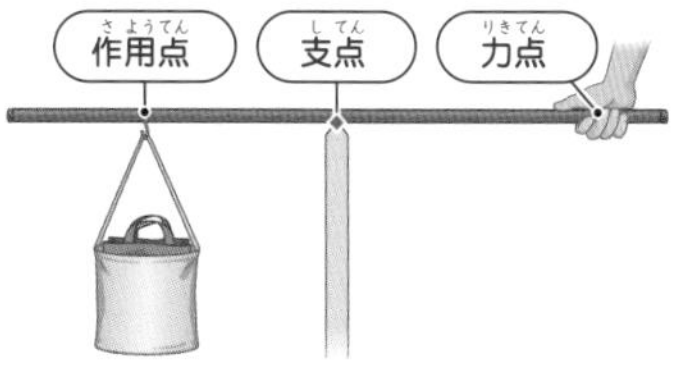

器具等

何という
器具かな?

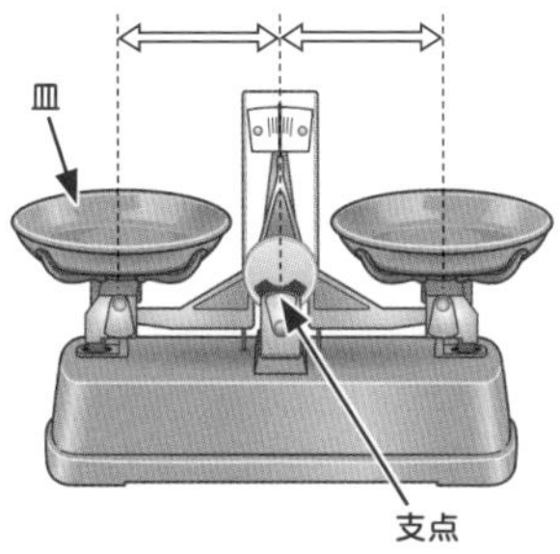

器具等

写真のように
分銅の位置によって
ものの重さを調べる器具を
何というかな?

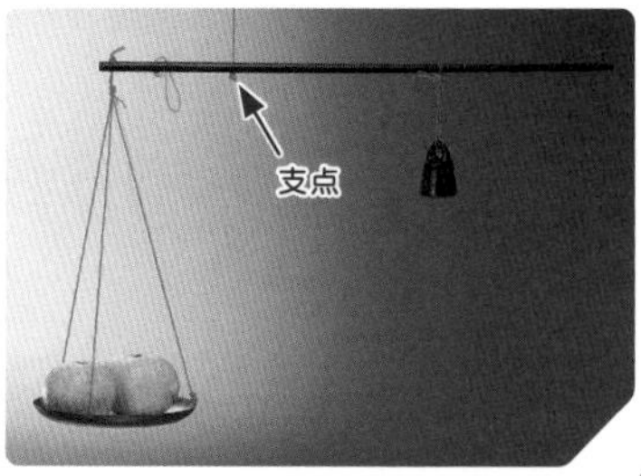

ムラサキキャベツの葉のしる

ムラサキキャベツの葉のしるを調べたい水《すい》よう液《えき》に加えて、色の変化を観察する。

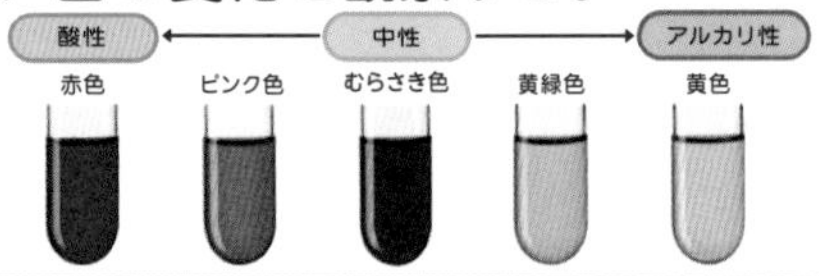

リトマス紙

青色と赤色の２種類のリトマス紙がある。
色の変化によって、水《すい》よう液《えき》を酸性、中性、アルカリ性に分けられる。

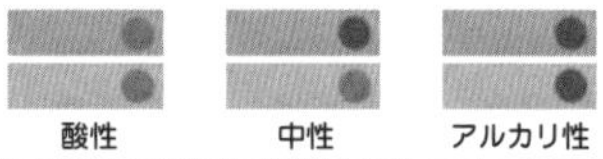

万能試験紙

短く切って、ピンセットで持ち、リトマス紙と同じように使う。
酸性の場合は赤色（だいだい色）に、アルカリ性の場合はこい青色に変化する。

BTB（よう）液《えき》

BTB（よう）液を調べたい水溶液に１～２てき加えて、色の変化を観察する。

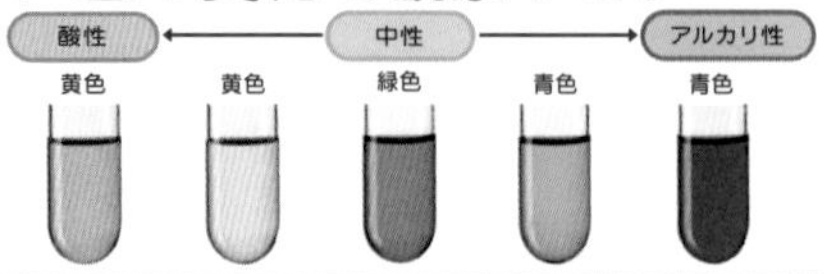

手回し発電機

手回し発電機の中にはモーターが入っていて、モーターを回転させることで発電している。

コンデンサー

電気をたくわえることができる。コンデンサーを直接コンセントにつなぐと危《あぶ》ないので、絶対にしてはいけない。

ヨウ素液

でんぷんがあるかどうかを調べるときに使う。
でんぷんにうすめたヨウ素液をつけると、（こい）青むらさき色になる。

石灰水《せっかいすい》

石灰水は、二酸化炭素にふれると白くにごる性質があるので、二酸化炭素があるか調べるときに使う。

てこ

棒《ぼう》の１点を支えにして、棒の一部に力を加えることで、ものを動かすことができるものを、てこという。
棒を支えるところを支点、棒に力を加えるところを力点、棒からものに力がはたらくところを作用点という。

保護眼鏡《めがね》（安全眼鏡）

目を保護するために使う。
薬品を使うときは必ず保護眼鏡をかけて実験する。保護眼鏡をかけていても、熱している蒸発《じょうはつ》皿などをのぞきこんではいけない。

さおばかり

てこのつり合いを利用して重さをはかる道具。支点の近くに皿をつるし、重さをはかりたいものをのせ、反対側につるした分銅の位置を動かして、棒を水平につり合わせる。棒には目もりがつけてあり、分銅の位置によって、ものの重さがわかる。

上皿てんびん

てこのつり合いを利用して重さをはかる道具。支点からのきょりが等しいところに皿があるため、一方に重さをはかりたいものを、もう一方に分銅をのせ、左右の重さが等しくなれば、てんびんが水平につり合って、はかりたいものの重さがわかる。

もくじ

理科 6年
啓林館版
わくわく理科

教科書ぴったりトレーニング

▶ 3分でまとめ動画

【写真提供】
アフロ／アマナイメージズ／NNP／ガステック／コーベット・フォトエージェンシー／PIXTA／三笠市立博物館

1. ものが燃えるしくみ

①ものの燃え方と空気の動き

3分でまとめ

学習日　　月　　日

めあて
ものがよく燃えるときの空気の動きをかくにんしよう。

教科書 12〜14ページ　答え 2ページ

下の（　）にあてはまる言葉をかくか、あてはまるものを○で囲もう。

1 ものがよく燃えるのは、空気とどんな関係があるのだろうか。

教科書 12〜14ページ

- ものの燃え方と空気の動きの関係を、ろうそくと線香を使って調べる。
  - とうめいで底のないびんと、金属のふたを使う。
  - 平らにしたねん土の一部を切り取り、びんの下に（①　　　　）をつくる。
  - 空気の動きは、線香の（②　　　　）の動きで調べる。

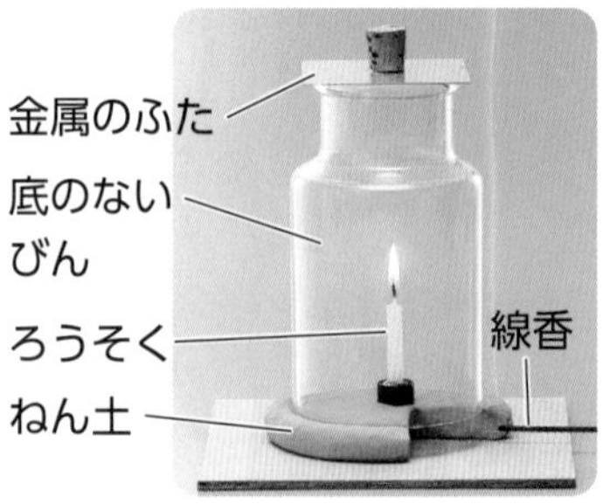
金属のふた
底のないびん
ろうそく
ねん土
線香

㋐すきまなし

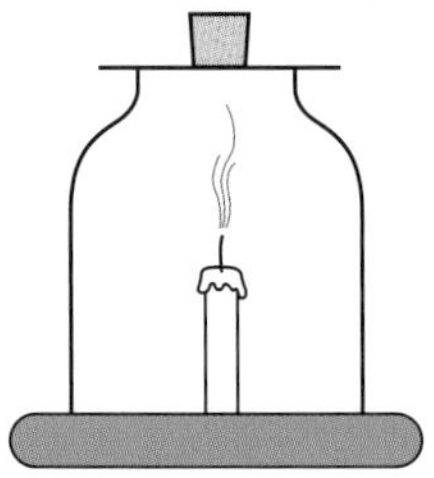

ろうそくの火は、（③ 燃え続けた・消えた）。

㋑上にすきま

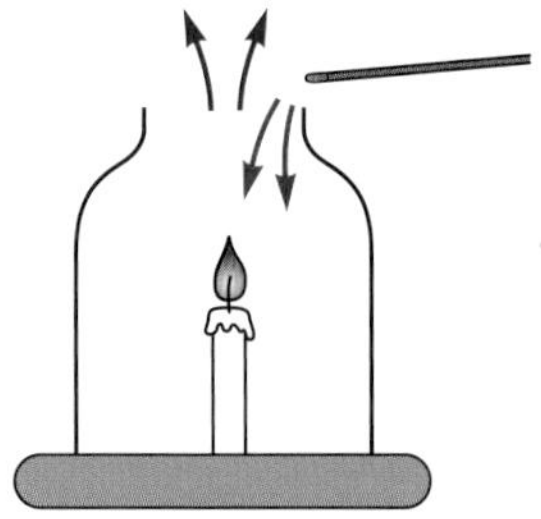

ろうそくの火は、（④ 燃え続けた・消えた）。

- けむりは、びんの中に流れこんで、また出ていく。

㋒下にすきま

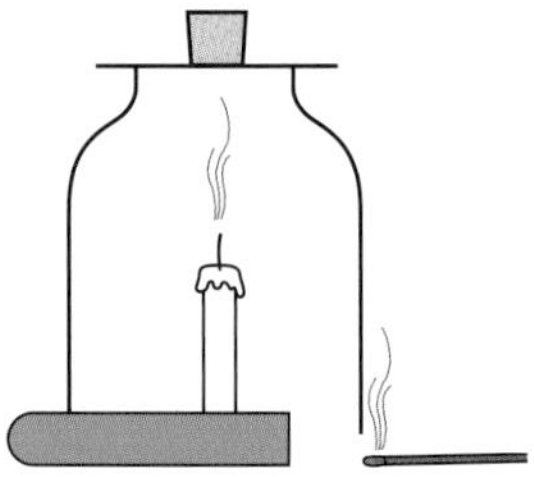

ろうそくの火は、（⑤ 燃え続けた・消えた）。

- けむりは、びんの中に流れこまない。

㋓上と下にすきま

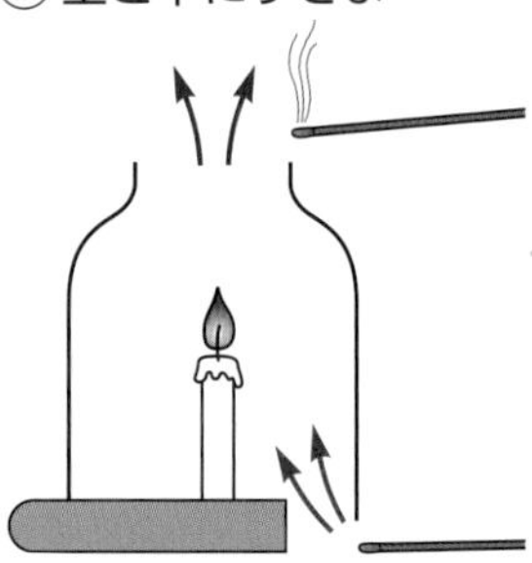

ろうそくの火は、（⑥ 燃え続けた・消えた）。
㋑より、（⑦ よく燃えた・弱く燃えた）。

- けむりは、下からびんの中に流れこんで、上から出ていく。

- （⑧　　　　）が入れかわって、新しい空気にふれることで、ものはよく燃え続ける。
- 空気は、ちっ素や酸素、二酸化炭素などの（⑨　　　　）が、混ざってできている。

空気の成分（体積での割合《わりあい》）

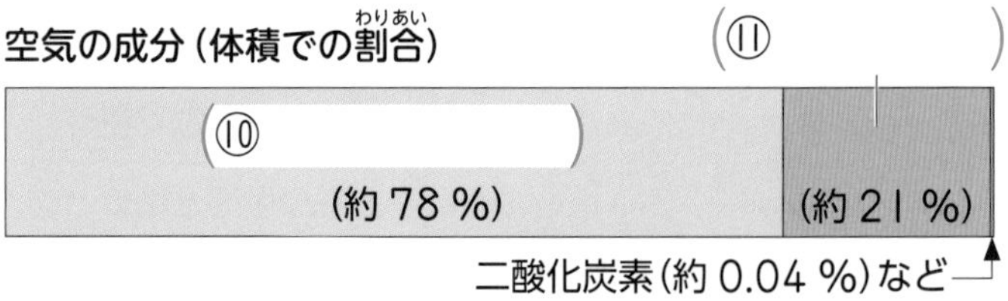
（⑪　　　　）
（⑩　　　　）
（約 78 %）
（約 21 %）
二酸化炭素（約 0.04 %）など

ここが だいじ!
①空気が入れかわって新しい空気にふれることで、ものはよく燃え続ける。
②空気は、ちっ素や酸素、二酸化炭素などの気体が、混ざってできている。

ぴたトリビア　ものが燃えるためには、酸素、燃えるもの、温度が必要です。どれか1つでも取りのぞけば、火を消すことができます。

学習日　　月　　日

1. ものが燃えるしくみ

①ものの燃え方と空気の動き

教科書 12〜14ページ　答え 2ページ

1 平らにしたねん土に、ろうそくを立てて火をつけ、底のないびんをかぶせて、ろうそくの燃え方を調べる実験をしました。

(1) 写真で、びんの中のろうそくの火は、燃え続けますか。

（　　　　　）

(2) びんの口に線香のけむりを近づけると、けむりはどのように動きますか。正しいものに○をつけましょう。

㋐（　　）　㋑（　　）　㋒（　　）

(3) びんにふたをすると、ろうそくの火はどうなりますか。（　　　　　）

(4) ねん土の一部を切り取り、びんの下にすきまをつくりました。

①下のすきまやびんの口に、線香のけむりを近づけました。このとき、けむりはどのように動きますか。正しいものに○をつけましょう。

㋐（　　）　㋑（　　）　㋒（　　）

②ろうそくの燃え方は、びんの下にすきまをつくる前と比べて、どのようになりますか。正しいほうに○をつけましょう。

ア（　　）燃え方が弱くなった。　イ（　　）よく燃えた。

(5) ものがよく燃え続けるには、どのようなことが必要ですか。次の文の（　　）にあてはまる言葉をかきましょう。

ものがよく燃え続けるには、空気が入れかわって、（　　　　　　　　）にふれる必要がある。

ヒント ❶ 線香のけむりの動きで空気の動きを調べています。

ぴったり1 準備

1. ものが燃えるしくみ

②燃やすはたらきのある気体

学習日　　月　　日

めあて
ものを燃やすはたらきがある気体・ない気体をかくにんしよう。

教科書　15〜16ページ　　答え　3ページ

下の(　　)にあてはまる言葉をかくか、あてはまるものを○で囲もう。

1 ものを燃やすはたらきがあるのは、どの気体だろうか。

教科書　15〜16ページ

▶酸素中、ちっ素中、二酸化炭素中でのものの燃え方を比べる。

・びんの中に酸素を入れる。そのびんの中に火のついたろうそくを入れ、燃え方を調べる。

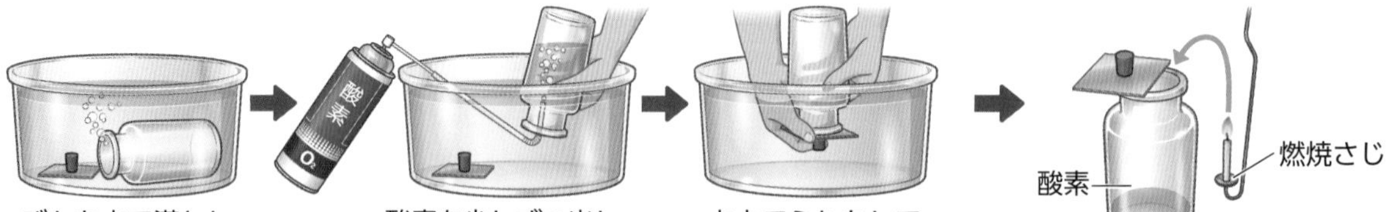

びんを水で満たし、びんの中の空気を追い出す。

酸素を少しずつ出し、びんの7〜8分めまで入れる。

水中でふたをして、びんを取り出す。

びんが熱くなって割《わ》れないように、水を少し残しておく。

・ちっ素と二酸化炭素も、酸素と同じように燃え方を調べる。

(①　　　　)中での燃え方	(②　　　　)中での燃え方	二酸化炭素中での燃え方
ほのおが明るく、激《はげ》しく燃えた。	びんに入れると、すぐに火が消えた。	びんに入れると、すぐに火が消えた。

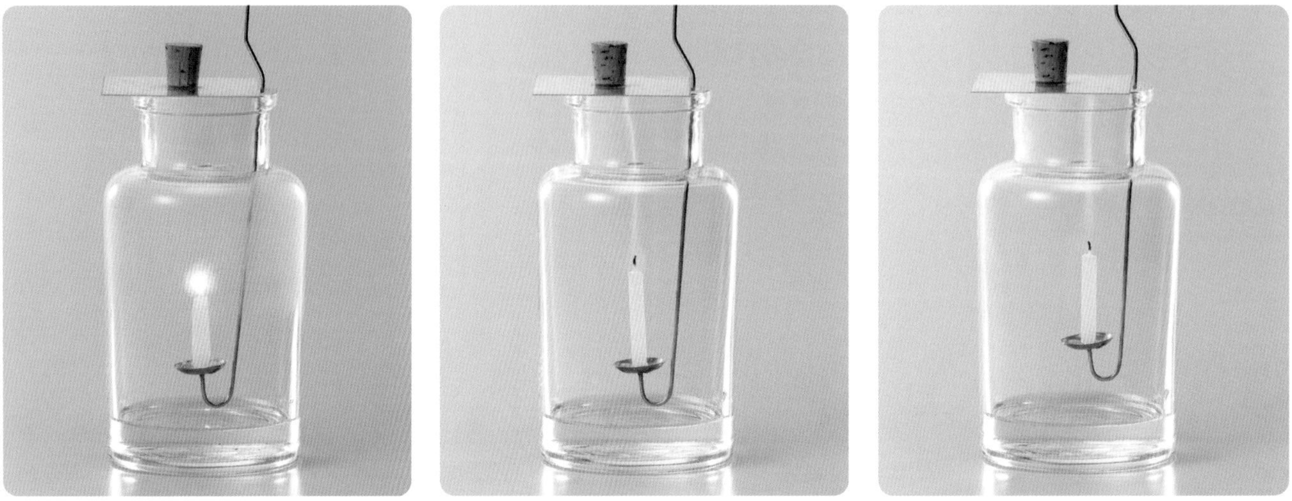

▶酸素には、ものを燃やすはたらきが(③　ある・ない　)。

▶ちっ素や二酸化炭素には、ものを燃やすはたらきが(④　ある・ない　)。

▶ものが燃えるには、(⑤　　　　)が必要である。

酸素中では、空気中よりも激しく燃えるね。

ここが、だいじ!
①酸素には、ものを燃やすはたらきがある。
②ちっ素と二酸化炭素には、ものを燃やすはたらきがない。

ぴたトリビア　酸素はものが燃えるのを助ける性質があります。これを「助燃性《じょねんせい》」といいます。

ぴったり2

練習

1. ものが燃えるしくみ

②燃やすはたらきのある気体

学習日　　月　　日

教科書　15～16ページ　答え　3ページ

1 ちっ素中、酸素中、二酸化炭素中でのものの燃え方を比べました。㋐～㋒は、ちっ素、酸素、二酸化炭素のどれかを入れたびんに、火のついたろうそくを入れたときのようすです。

㋐
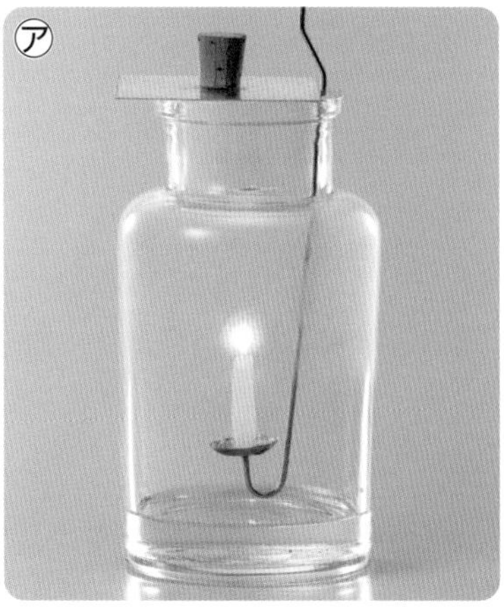

㋑
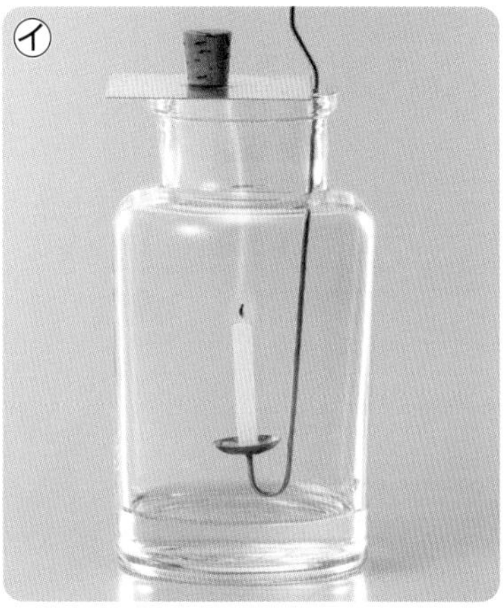

㋒
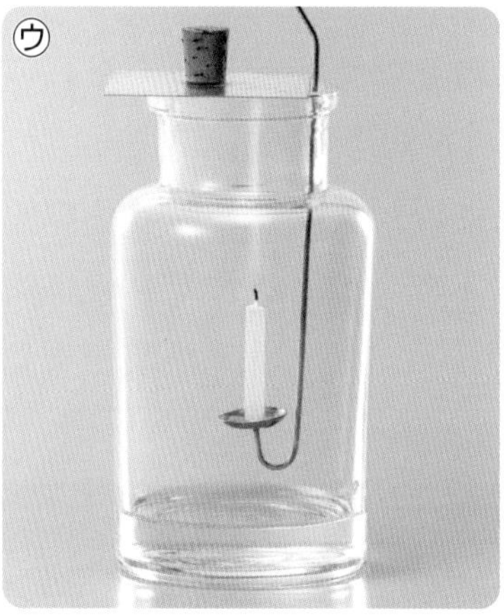

(1) びんの中に、少し水を入れておくのはなぜですか。正しいものに○をつけましょう。

①(　　)びんがたおれないようにするため。
②(　　)びんが割(わ)れないようにするため。
③(　　)実験が終わった後に、火を消すため。

(2) ㋐～㋒のうち、酸素を入れたびんのようすを表しているのはどれですか。

(　　　　)

(3) 二酸化炭素を入れたびんの中に、火のついたろうそくを入れたときの燃え方のようすを表しているのは、どれですか。正しいものに○をつけましょう。

①(　　)ほのおが明るく、激(はげ)しく燃える。
②(　　)空気中と同じように燃える。
③(　　)びんに入れると、すぐに火が消える。

(4) 次の文の(　　)にあてはまる気体の名前をかき入れましょう。

(①　　　　　　　　)には、ものを燃やすはたらきがある。 (②　　　　　　　　)と(③　　　　　　　　)には、ものを燃やすはたらきがない。

(5) ものが燃えるのに必要なのは、どの気体ですか。正しいものに○をつけましょう。

①(　　)ちっ素
②(　　)酸素
③(　　)二酸化炭素

1. ものが燃えるしくみ

③ものが燃えるときの空気の変化

学習日　月　日

めあて
ものが燃えるときの気体の変化をかくにんしよう。

教科書 17～20ページ　答え 4ページ

下の（　）にあてはまる言葉をかくか、あてはまるものを〇で囲もう。

1 ものが燃えるとき、空気中の気体には、どんな変化があるのだろうか。

教科書 17～20ページ

▶ものを燃やす前と後の空気のちがいを調べる。

●気体検知管で調べる方法

・気体検知管は、薬品の色の変化で、空気にふくまれる酸素や二酸化炭素の体積の（①　　　）を、調べることができる。

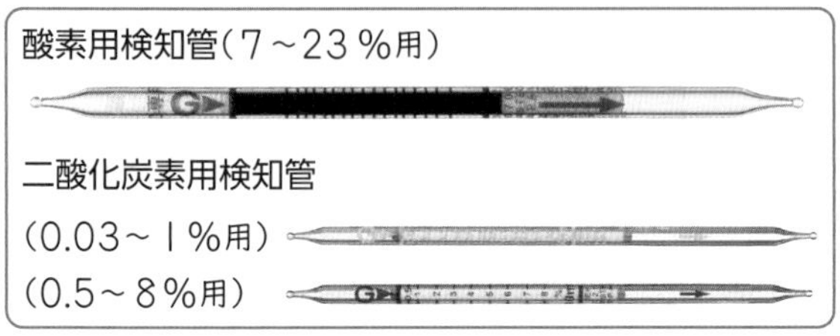
酸素用検知管（7～23％用）
二酸化炭素用検知管
（0.03～1％用）
（0.5～8％用）

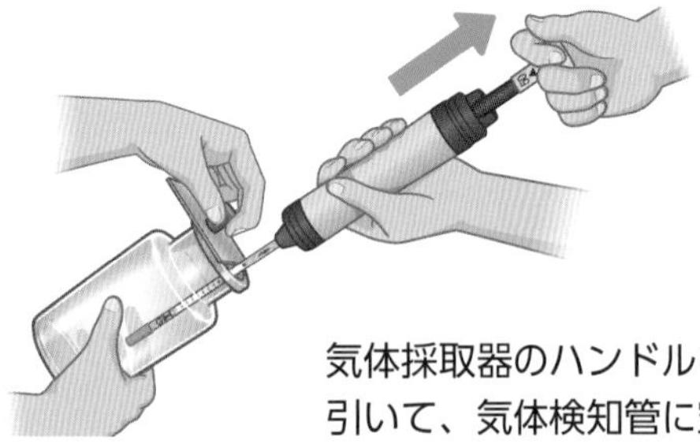

気体採取器のハンドルを引いて、気体検知管に空気を取りこむ。

●石灰水《せっかいすい》で調べる方法

・石灰水は、二酸化炭素にふれると（②　　　）にごる性質がある。

容器の中の空気と石灰水が混ざるようにゆらす。

・石灰水を使うときには、石灰水が目に入らないように（③　　　　）をかける。

結果（例）

	酸素の体積の割合《わりあい》	二酸化炭素の体積の割合	石灰水の変化
燃やす前	約21％	約0.04％	無色とうめいのまま変化しなかった。
燃やした後	約17％	約3％	白くにごった。

空気の成分の変化（体積での割合）

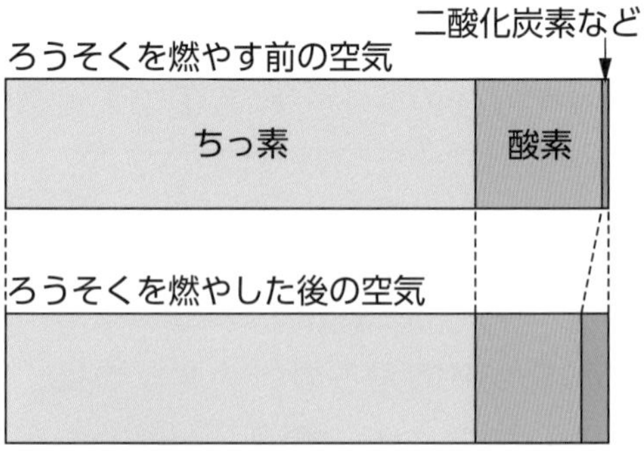
二酸化炭素など
ろうそくを燃やす前の空気
ちっ素
酸素
ろうそくを燃やした後の空気

（ちっ素は変化しない。）

▶ものが燃えるときは、空気中の（④　酸素　・　二酸化炭素　）の一部が使われる。

▶ろうそくや木などが燃えると、（⑤　酸素　・　二酸化炭素　）が発生する。

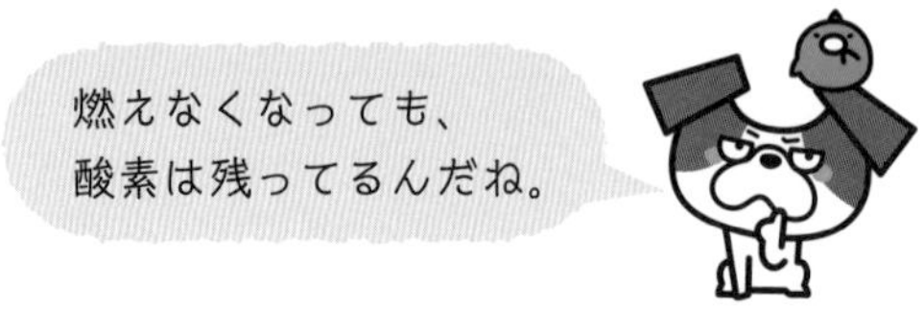
燃えなくなっても、
酸素は残ってるんだね。

ここがだいじ！
①ろうそくや木などが燃えるとき、空気中の酸素が減って、二酸化炭素が増える。

ぴたトリビア
ふたをしたびんの中にある火のついたろうそくはやがて火が消えますが、酸素のすべてが使われるわけではありません。

1. ものが燃えるしくみ

③ものが燃えるときの空気の変化

教科書 17～20ページ　答え 4ページ

1 びんの中でろうそくを燃やします。燃やす前の空気と、ふたをして燃やして、火が消えた後の空気を、気体検知管で調べました。

酸素	前		約21％
	後		①（約　　　％）
二酸化炭素	前		約0.04％
	後		②（約　　　％）

⑴ ろうそくが燃えた後の空気の、酸素と二酸化炭素の体積の割合《わりあい》は、それぞれ何％ですか。気体検知管の目《め》盛《も》りを読み取って、表の（　　）にかき入れましょう。

⑵ ろうそくが燃える前と後で、①増えた気体と、②減った気体は、それぞれ何ですか。正しいものに○をつけましょう。

①増えた気体　ア（　　）酸素　イ（　　）二酸化炭素
②減った気体　ア（　　）酸素　イ（　　）二酸化炭素

⑶ ろうそくなどのものが燃える前と後の空気中の気体の変化について、正しいものに○をつけましょう。

①（　　）ものが燃えるときは、空気中の酸素の一部が使われる。
②（　　）ものが燃えるときは、空気中の二酸化炭素の一部が使われる。
③（　　）空気中の酸素がなくなるまで、ものは燃え続ける。

2 びんの中でろうそくを燃やします。燃やす前の空気と、ふたをして燃やして、火が消えた後の空気を、石灰水《せっかいすい》で調べました。

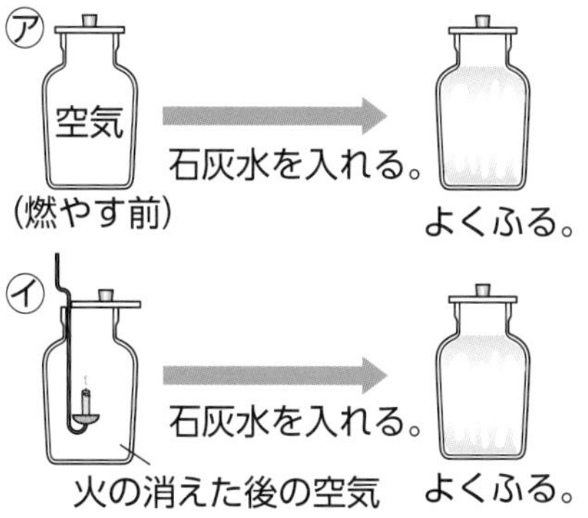

⑴ 石灰水を使って空気中にふくまれているかどうかを調べることができるのは、どの気体ですか。正しいものに○をつけましょう。

①（　　）ちっ素
②（　　）酸素
③（　　）二酸化炭素

⑵ 石灰水が白くにごるのは、ア、イのどちらですか。

（　　　　）

⑶ この実験から、ろうそくが燃えると、何という気体が増えるとわかりますか。

（　　　　）

ぴったり3

確かめのテスト

1. ものが燃えるしくみ

時間 30 分

／100

合格 70 点

教科書 10～25ページ　答え 5ページ

よく出る

1 平らにしたねん土に、ろうそくを立てて火をつけ、底のないびんをかぶせてろうそくの燃え方を調べました。

1つ5点(20点)

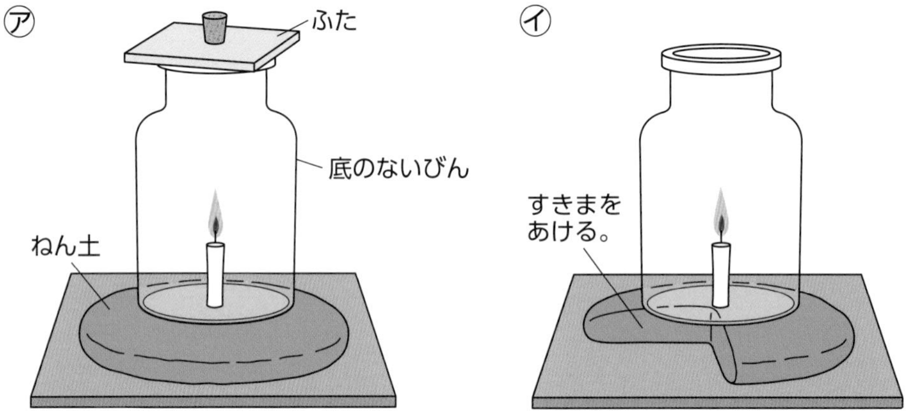

ア
ふた
底のないびん
ねん土
イ
すきまをあける。

⑴ ア、イのうち、ろうそくが燃え続けるものに○をつけましょう。

ア(　　)　イ(　　)

⑵ イで、下のすきまに火のついた線香を近づけました。

①線香のけむりの動きで、何を調べますか。

(　　　　　)

② 作図 線香のけむりの動きを、図に矢印(──►)でかきましょう。

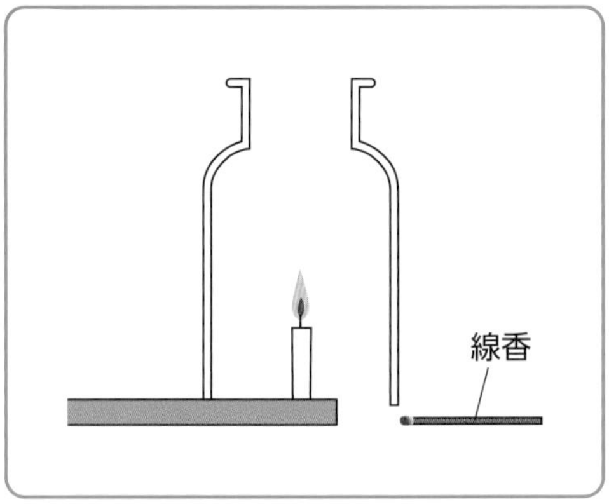

線香

⑶ イのびんの口にふたをすると、ろうそくの火はどうなりますか。(　　　　　)

2 空気の成分について調べました。

1つ5点(25点)

⑴ 空気の成分を表した帯グラフのア、イにあてはまるのは、それぞれ何という気体ですか。

空気の成分（体積での割合）

ア
イ
二酸化炭素（約 0.04 %）など

ア(　　　　　)

イ(　　　　　)

⑵ 次の文で、正しいものには○を、まちがっているものには×をつけましょう。

ア(　　)ちっ素があるかどうかは、石灰水《せっかいすい》を使って調べることができる。

イ(　　)空気にふくまれる酸素や二酸化炭素の体積の割合《わりあい》は、気体検知管を使って調べることができる。

ウ(　　)空気の体積の半分以上は、酸素である。

3 ふたをしたびんの中でろうそくを燃やします。燃やす前と後の空気の成分を、気体検知管を使って調べました。表の㋐、㋑は、ろうそくを燃やす前と後のいずれかの空気を表しています。

1つ5点（45点）

	酸素	二酸化炭素
㋐		
㋑		

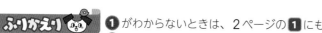

⑴ ろうそくを燃やす前の空気を調べた結果は、㋐、㋑のどちらですか。　（　　　）

⑵ ろうそくを燃やした後の空気にふくまれる、酸素の体積での割合は、約何％ですか。　技能

（約　　　％）

⑶ ろうそくを燃やした後の空気にふくまれる、二酸化炭素の体積での割合は、約何％ですか。

技能

（約　　　％）

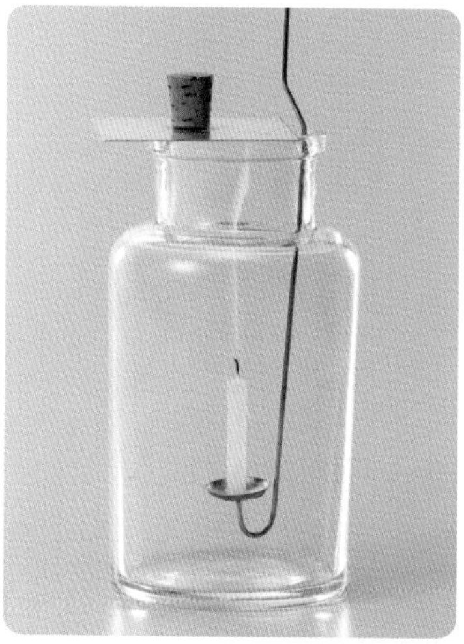

⑷ ㋐、㋑の空気に石灰水を入れて、ふって混ぜました。

①石灰水で、ふくまれているかどうかを調べることができるのは、何という気体ですか。　技能

（　　　　　）

②㋐、㋑の空気に石灰水を入れてふって混ぜると、石灰水はそれぞれどのようになりますか。　思考・表現

㋐（　　　　　）　㋑（　　　　　）

⑸ 次の文で、正しいものには○を、まちがっているものには×をつけましょう。

ア（　　）ろうそくが燃えるとき、酸素の一部が使われて減る。

イ（　　）ろうそくが燃えるとき、二酸化炭素の一部が使われて減る。

ウ（　　）酸素には、ものを燃やすはたらきがある。

できたらスゴイ!

4 空気、ちっ素、酸素、二酸化炭素のどれかの気体が入ったびんがあります。びんの中に火のついたろうそくを入れます。

⑴は全部できて5点、⑵は5点（10点）

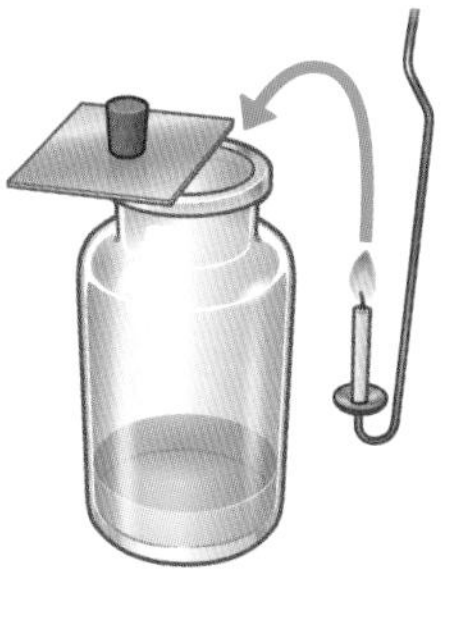

⑴ ろうそくの火が消えるのはどの気体が入ったびんですか。あてはまるものすべてに○をつけましょう。

①（　　）空気　②（　　）ちっ素　③（　　）酸素　④（　　）二酸化炭素

⑵ いちばん激《はげ》しく燃えるのは、どの気体が入ったびんですか。あてはまるものに○をつけましょう。

①（　　）空気　②（　　）ちっ素　③（　　）酸素　④（　　）二酸化炭素

ふりかえり
❶がわからないときは、2ページの❶にもどって確認《かくにん》しましょう。
❹がわからないときは、4ページの❶にもどって確認しましょう。

3分でまとめ

学習日　　月　　日

2. ヒトや動物の体

①食べ物のゆくえ(1)

めあて
食べ物にふくまれるでんぷんのだ液による変化をかくにんしよう。

教科書 28〜30ページ　答え 6ページ

下の(　　)にあてはまる言葉をかくか、あてはまるものを○で囲もう。

1 食べ物にふくまれるでんぷんは、だ液によってどうなるのだろうか。

教科書 28〜30ページ

▶食べ物は、歯でかみくだかれた後、(①　　　　　)と混ざる。

▶だ液によって、でんぷんが変化するかどうかを調べる。

- でんぷんにうすめたヨウ素液をつけると、うすい(②　　　　　)色から(③　　　　　　　　　)色に変化することを利用して、でんぷんの変化を調べる。
- だ液をしみこませた綿棒《めんぼう》をうすいでんぷんの液に入れたもの(ア)と、水をしみこませた綿棒をうすいでんぷんの液に入れたもの(イ)を、手の中(体温)で２分ほどあたためた後、ヨウ素液を１、２てきずつ入れる。

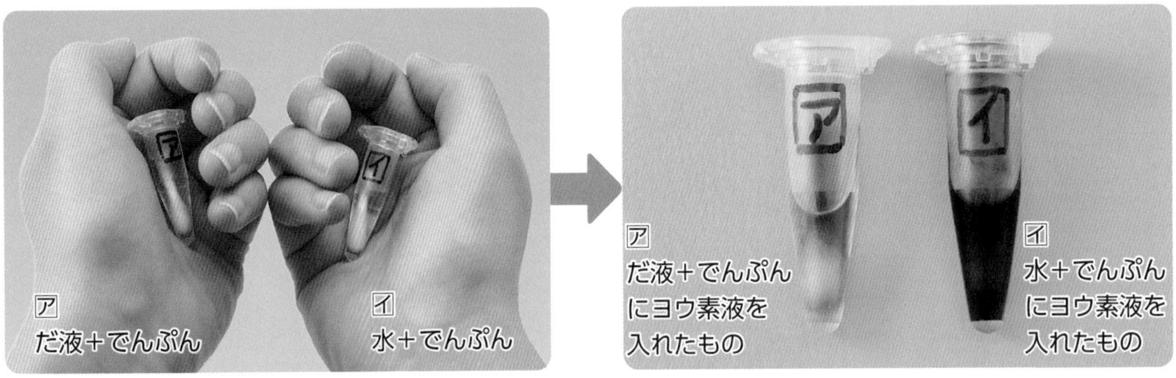
ア
イ
ア
だ液＋でんぷん
イ
水＋でんぷん
ア
だ液＋でんぷん
にヨウ素液を
入れたもの
イ
水＋でんぷん
にヨウ素液を
入れたもの

- だ液を加えたアは、ヨウ素液の色が(④　変化する ・ 変化しない　)。
  よって、だ液を加えたアには、でんぷんが(⑤　ある ・ ない　)ことがわかる。
- だ液を加えていないイは、ヨウ素液の色が(⑥　変化する ・ 変化しない　)。
  よって、だ液を加えていないイには、でんぷんが(⑦　ある ・ ない　)ことがわかる。

▶だ液のはたらきによって、(⑧　　　　　　　　)は別のものに変化する。

▶食べ物を歯でかみくだいたり、だ液などによって体に吸収《きゅうしゅう》されやすいものに変えたりするはたらきを(⑨　　　　　)という。

▶だ液のように(⑨)にかかわる液を(⑩　　　　　　　)という。

ここがだいじ!

①食べ物をかみくだいたり、体に吸収されやすいものに変えたりするはたらきを消化という。

②消化にかかわる液を消化液という。

ぴたトリビア　食べ物は消化された後、吸収されて体を動かすエネルギーとして使われたりします。

ぴったり2 練習

2. ヒトや動物の体

①食べ物のゆくえ(1)

学習日　　月　　日

教科書 28～30ページ　答え 6ページ

1 うすいでんぷんの液をつくり、だ液によってでんぷんが変化するかどうかを調べました。

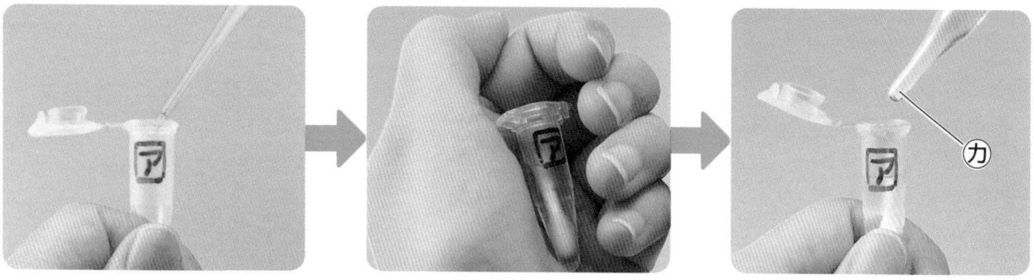

①うすいでんぷんの液をプラスチック容器に入れる。

②だ液をしみこませた綿棒《めんぼう》を容器に入れ、手の中で2分ほどあたためる。

③薬品㋕を１、２てき、容器に入れる。

(1) ③で、でんぷんがあるかどうか調べるために使った薬品㋕の名前をかきましょう。

（　　　　　　）

(2) 薬品㋕をでんぷんにつけると、何色から何色に変化しますか。

（　　　　色から　　　　色）

(3) ③で、薬品㋕を１、２てき、容器に入れました。その後、時間がたつと色は変化しますか、しませんか。

（　　　　　　）

(4) (3)のようすから、でんぷんは別のものに変化したといえますか、いえませんか。

（　　　　　　）

2 食べ物が口の中でどのように変化するかを調べました。

(1) 食べ物をかみくだいたり、体に吸収《きゅうしゅう》されやすいものに変えたりするはたらきを、何といいますか。

（　　　　　　）

(2) (1)にかかわる、だ液のような液を、何といいますか。

（　　　　　　）

(3) だ液のはたらきについて、正しいものに○をつけましょう。

①（　　）食べ物をかみくだいたり、すりつぶしたりするはたらきがある。

②（　　）食べ物の中のでんぷんを別のものに変えるはたらきがある。

③（　　）食べ物の中のでんぷんをそのままにしておくはたらきがある。

ヒント　❶ (3)(4)でんぷんがあれば、色は変化します。でんぷんがなければ、色は変化しません。

2. ヒトや動物の体

①食べ物のゆくえ⑵

めあて
食べ物の通り道や、消化・吸収についてかくにんしよう。

教科書　31〜33ページ　答え　7ページ

下の（　）にあてはまる言葉をかこう。

1 食べ物は、体のどこを通り、消化・吸収《きゅうしゅう》されるのだろうか。

教科書　31〜33ページ

- 口から入った食べ物は、（①　　　）、（②　　　）、（③　　　）、（④　　　）を通り、こう門から出る。
- 口からこう門までの食べ物の通り道を、（⑤　　　）という。
- 消化管からは、（⑥　　　）や（⑦　　　）などの消化液が出ていて、食べ物を消化している。
- 食べ物にふくまれていた養分は、水分とともに、おもに（⑧　　　）で吸収される。そのあと、大腸《だいちょう》でさらに水分が吸収され、残ったものが便としてこう門から出る。
- 小腸《しょうちょう》で吸収された養分は、血管を流れる（⑨　　　）に取り入れられ、（⑩　　　）を通って全身に運ばれる。（ ⑩ ）では、養分の一部をたくわえ、必要なときに全身に送り出すはたらきをしている。

食べ物の変化

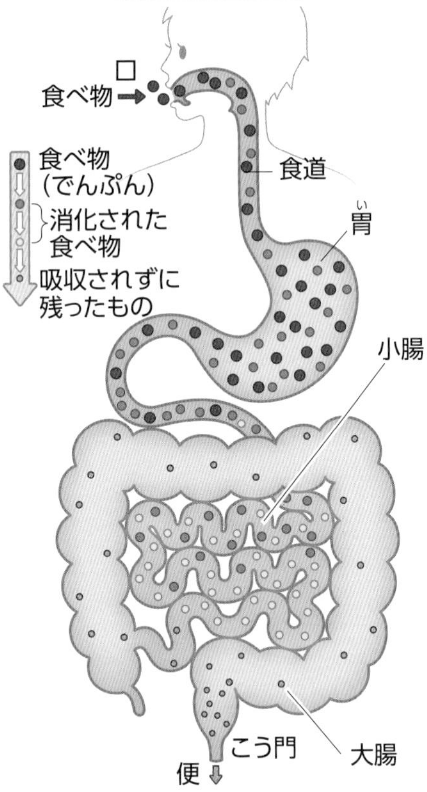
□
食べ物
食べ物
（でんぷん）
消化された
食べ物
吸収されずに
残ったもの
食道
胃《い》
小腸
こう門
大腸
便

イヌの消化管とかん臓

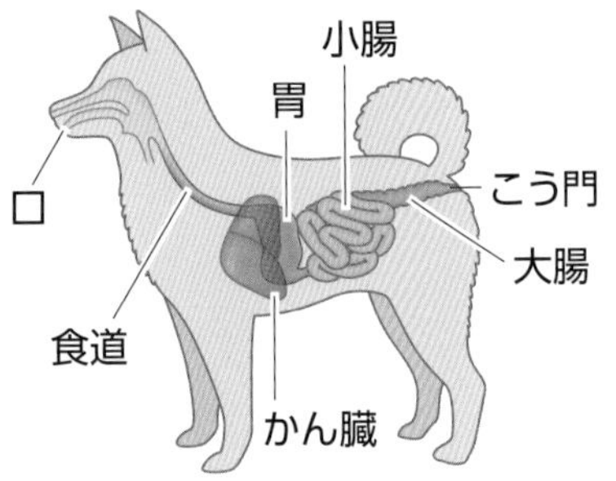
小腸
胃
□
こう門
大腸
食道
かん臓

フナの消化管とかん臓

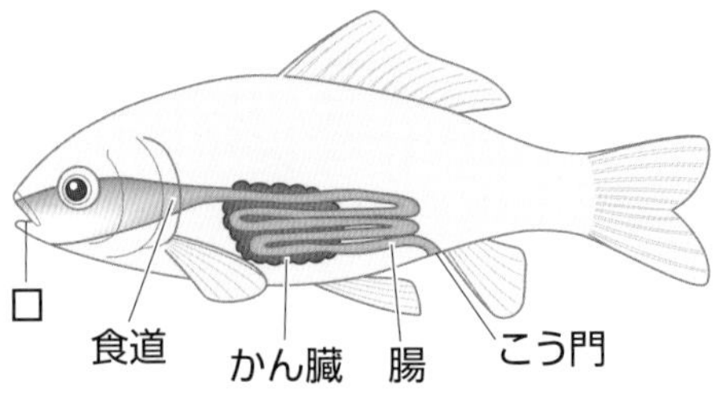
□
食道
かん臓
腸
こう門

ここが、だいじ！

①□から取り入れた食べ物は、消化管の中で消化され、小腸で食べ物の養分に変化し、小腸で吸収される。

②小腸で血液中に入った養分は、全身に運ばれる。かん臓《ぞう》ではその養分をたくわえている。

ぴたトリビア
昔の日本では、ヒトの内臓《ないぞう》には体調や心の状態を変化させる虫がすみついているという考えがありました。「虫の知らせ」などの慣用句はその考え方のなごりという説があります。

2. ヒトや動物の体

①食べ物のゆくえ(2)

学習日　　月　　日

教科書　31〜33ページ　　答え　7ページ

1 食べ物の通り道や変化について調べました。

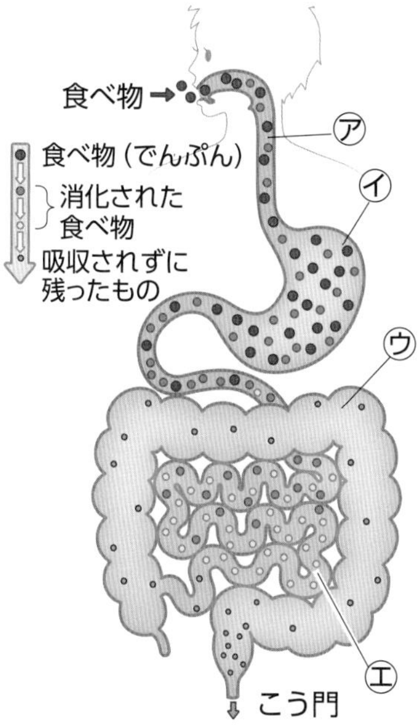

(1) 口から入った食べ物がこう門から出るまでの通り道を、口から順に、記号で答えましょう。

口→（　　）→（　　）→（　　）→（　　）→こう門

(2) ㋐〜㋓の体のつくりの名前をかきましょう。

㋐（　　　　）
㋑（　　　　）
㋒（　　　　）
㋓（　　　　）

(3) 口からこう門までの食べ物の通り道を、何といいますか。

（　　　　）

(4) 口から入った食べ物が消化されて、養分と水分が吸収《きゅうしゅう》されて残ったものは、何としてこう門から出ていきますか。

（　　　　）

2 ヒトの体で、食べ物がどのように消化されるのか調べました。

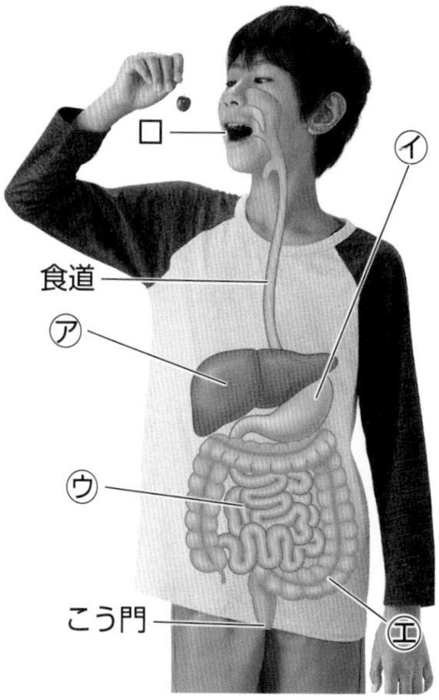

(1) 口で消化された食べ物は、さらに㋑〜㋓のどこで消化されますか。あてはまる記号とその名前を２つかきましょう。

記号（　　）　名前（　　　　）
記号（　　）　名前（　　　　）

(2) 食べ物にふくまれていた養分は、おもに㋑〜㋓のどこで吸収されますか。あてはまる記号とその名前をかきましょう。

記号（　　）　名前（　　　　）

(3) (2)で吸収された養分は、何によって全身に運ばれますか。

（　　　　）

(4) ㋐では、養分の一部をたくわえ、必要なときに全身に送り出すはたらきをしています。㋐の名前をかきましょう。

（　　　　）

2. ヒトや動物の体

②吸《す》う空気とはき出した息

めあて
呼吸のはたらきと、呼吸に関係するつくりをかくにんしよう。

教科書　34～37ページ　答え　8ページ

下の(　)にあてはまる言葉をかこう。

1 空気を吸ったり息をはいたりするときに、何を出し入れしているのだろうか。 教科書　34～37ページ

▶吸う空気とはき出した息のちがいを調べる。

㋐ 吸う空気(周りの空気)

㋑ はき出した息

気体検知管で調べた結果(例)

	㋐吸う空気	㋑はき出した息
酸素	21%	17%
二酸化炭素	(変化なし)	4%

石灰水で調べた結果

㋐吸う空気	㋑はき出した息
変化しなかった。	白くにごった。

・はき出した息は、吸う空気より、(①　　　)が減っていて、(②　　　)が増えている。

・はき出した息を入れたふくろに石灰水《せっかいすい》を入れて軽くふると、石灰水が(③　　　)。

▶空気を吸ったり、息をはき出したりするときに、空気中の(④　　　)の一部を体内に取り入れ、(⑤　　　)を体内から出す。

▶酸素を取り入れて、二酸化炭素を出すことを、(⑥　　　)という。

▶鼻や口から入った空気は、(⑦　　　)を通って、胸《むね》に左右1つずつある(⑧　　　)に入る。

▶空気中の酸素の一部は、肺《はい》の血管を流れる(⑨　　　)に取り入れられ、全身に運ばれる。

▶全身でできた二酸化炭素は、血液にとけこんで(⑩　　　)まで運ばれ、息をはき出すときに体外に出される。

肺での空気のこうかん

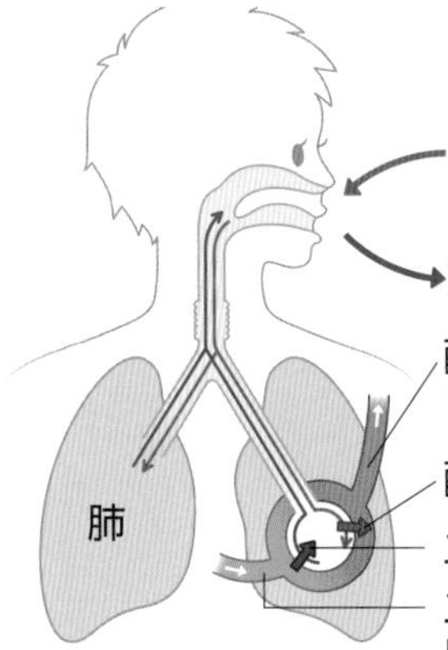
吸う空気
はき出した息
酸素が多い血液(全身へ)
酸素
二酸化炭素
二酸化炭素が多い血液(全身から)
肺

▶いろいろな動物の呼吸《こきゅう》

・イヌはヒトと同じように肺を使って呼吸している。

・フナは(⑪　　　)を使って、水にとけている酸素を取り入れ、二酸化炭素を水中に出している。

フナ

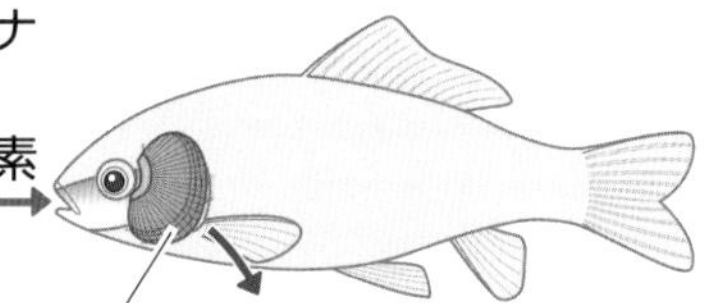
酸素
えら
二酸化炭素

ここが、だいじ! ①体内に酸素を取り入れ、体内から二酸化炭素を出すことを呼吸という。

ぴたトリビア　多くのこん虫の胸や腹《はら》には「気門《きもん》」という穴《あな》があります。こん虫はこの気門から空気を取り入れて呼吸しています。

2. ヒトや動物の体

②吸《す》う空気とはき出した息

教科書 34～37ページ　答え 8ページ

1 気体検知管と石灰水《せっかいすい》を使って、吸う空気とはき出した息のちがいを調べました。㋐、㋑は「吸う空気」と「はき出した息」のいずれかを表しています。

	㋐	㋑
気体検知管①	 約21％	 約17％
気体検知管②	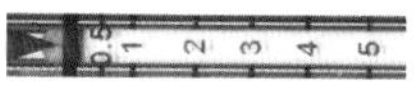 （ほとんど変化なし）	 約4％

石灰水で調べた結果

㋐	㋑
 変化しなかった。	 白くにごった。

⑴ 気体検知管①、②は何という気体を調べた結果ですか。それぞれ答えましょう。
①(　　　　　　)　②(　　　　　　)

⑵「はき出した息」の結果を示しているのは、㋐、㋑のどちらですか。(　　　)

⑶ ㋑の空気が入ったふくろに少量の石灰水を入れ、ふくろの口を閉《と》じて軽くふります。石灰水はどうなりますか。(　　　　　　)

⑷ 結果から、呼吸《こきゅう》によって体内に取り入れられた気体は何であるとわかりますか。(　　　)

2 いろいろな動物の呼吸について調べました。

ヒト

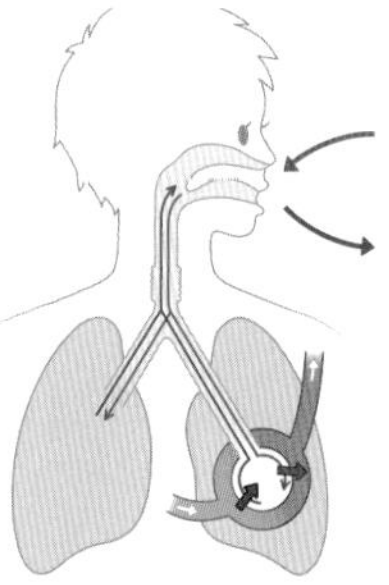

イヌ

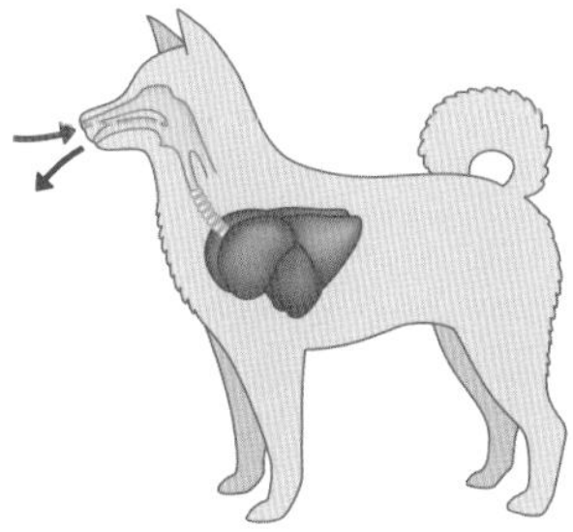

フナ

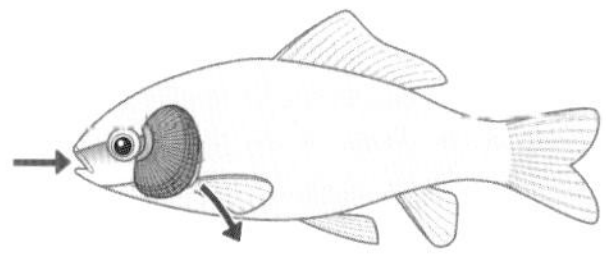

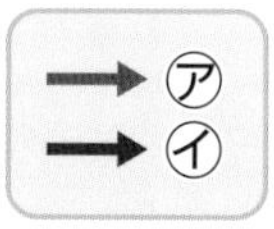

⑴ ㋐、㋑の矢印は呼吸による気体の動きを表しています。それぞれの気体の名前をかきましょう。
㋐(　　　　　　)　㋑(　　　　　　)

⑵ 次の文の(　　)にあてはまる言葉を［　　］から選んで、記号で答えましょう。

・ヒトやイヌなどの動物は、(①　　)を使って呼吸をしている。
・フナなどの魚は、(②　　)で呼吸をしている。
・はき出した息にも(③　　)はふくまれているが、吸う空気より割合《わりあい》は小さい。反対に(④　　)が多くふくまれている。
・呼吸で取り入れられた(③)は、血管を流れる(⑤　　)に取り入れられ、全身に運ばれる。

㋐肺《はい》　㋑胃《い》　㋒えら
㋓ちっ素　㋔酸素
㋕二酸化炭素
㋖血液　㋗だ液

ヒント ❶ 石灰水は、二酸化炭素にふれると、白くにごる性質があります。

ぴったり1 準備

3分でまとめ

2. ヒトや動物の体

③体をめぐる血液

学習日　　月　　日

めあて

血液のはたらきと、血液の流れに関係するつくりをかくにんしよう。

教科書 38～42ページ　答え 9ページ

下の(　　)にあてはまる言葉をかこう。

1 血液は、体の中のどこを流れ、どんなはたらきをしているのだろうか。 教科書 38～42ページ

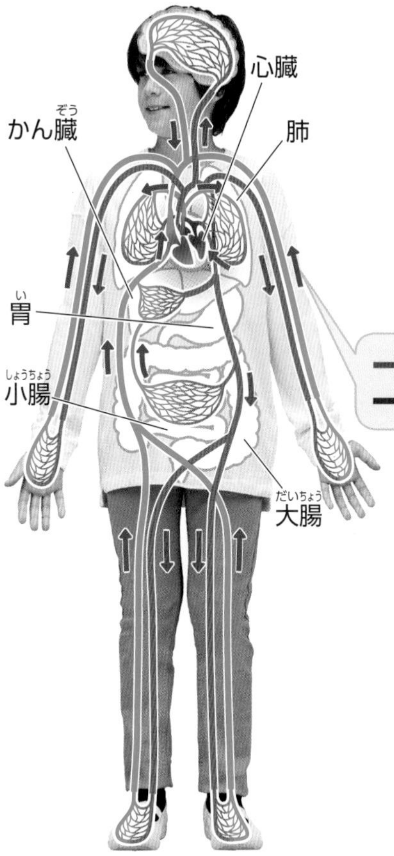
心臓
かん臓《ぞう》
肺
胃《い》
小腸《しょうちょう》
大腸《だいちょう》
酸素が多い血液
二酸化炭素が多い血液

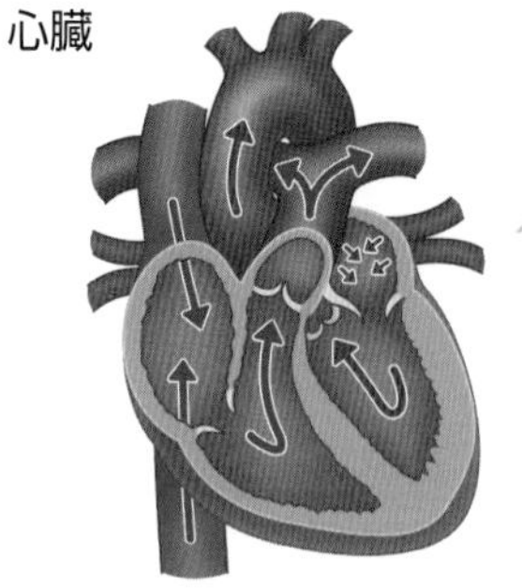
心臓

心臓《しんぞう》が全身に血液を送り出す動きを(①　　　　　)という。

- (　①　)が血管を伝わり、手首などで(②　　　　　)として感じることができる。
- 血液は、全身に(③　　　　　)や養分を届《とど》け、(④　　　　　)や体内でできた不要なものを受け取って、心臓にもどる。
- 心臓にもどってきた血液は、肺《はい》に送られて(⑤　　　　　)を出し、(⑥　　　　　)を受け取る。そして、再び心臓に流れ、心臓から全身に送り出される。

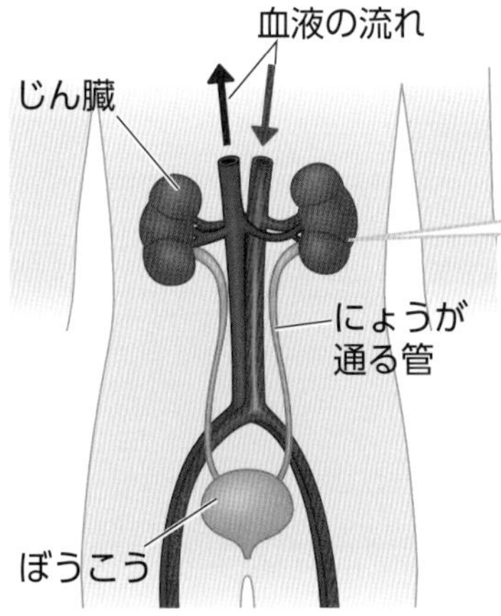
血液の流れ
じん臓
にょうが
通る管
ぼうこう

体内でできた不要なものは、血液で(⑦　　　　　)に運ばれる。

- (　⑦　)では、体内でできた不要なものと、余分な水分が血液中からともにこし出され、(⑧　　　　　)ができる。
- (　⑧　)は、一度(⑨　　　　　)にためられてから、体外に出される。

ここが だいじ!

①血液が、心臓のはたらきで全身をめぐり、酸素や養分、二酸化炭素などを運んでいる。

②じん臓で不要なものがこし出され、にょうができる。

ぴたトリビア

動物の体に吸収《きゅうしゅう》された水は、にょう以外にも、皮ふから出たり、息をはき出すときに水蒸気《すいじょうき》として体外に出たりもしています。

2. ヒトや動物の体

③体をめぐる血液

教科書 38〜42ページ　答え 9ページ

1 心臓《しんぞう》と血液のはたらきを調べました。図の矢印は血液の流れを示しています。

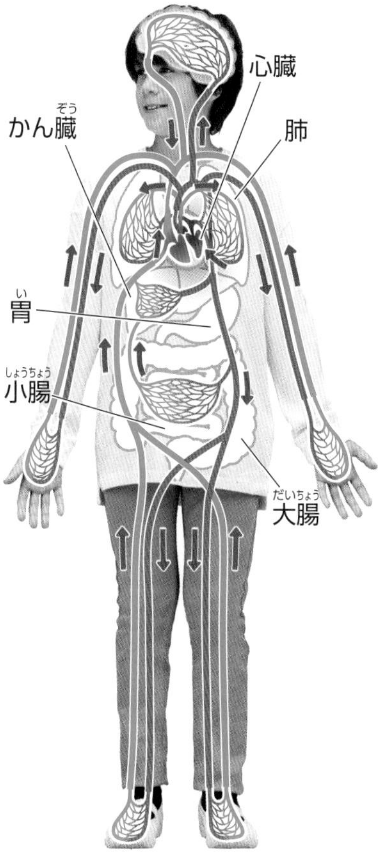

(1) 右の図の赤色の矢印➡で示した血液は、何という気体を多くふくんでいますか。

(　　　　　　)

(2) 右の図の青色の矢印➡で示した血液は、何という気体を多くふくんでいますか。

(　　　　　　)

(3) 心臓はどんなはたらきをしていますか。正しいものに○をつけましょう。

①(　　)酸素を取り入れて、二酸化炭素を出すはたらき。

②(　　)血液を全身に送り出すはたらき。

③(　　)血液の中の不要なものと余分な水分をこし出すはたらき。

(4) 血液のはたらきについて、正しいものには○を、まちがっているものには×をつけましょう。

①(　　)血液は消化管の中を流れ、体内をじゅんかんしている。

②(　　)肺《はい》へ送られた血液は、二酸化炭素を出し、酸素を受け取る。

③(　　)血液は全身に酸素や養分を届《とど》けている。

(5) 次の文の(　　)にあてはまる言葉をかきましょう。

> 心臓が血液を送り出す動きを(①　　　　　)という。
> (①)が血管を伝わり、手首などで(②　　　　　)として感じることができる。

2 体内でできた不要なもののゆくえを調べました。

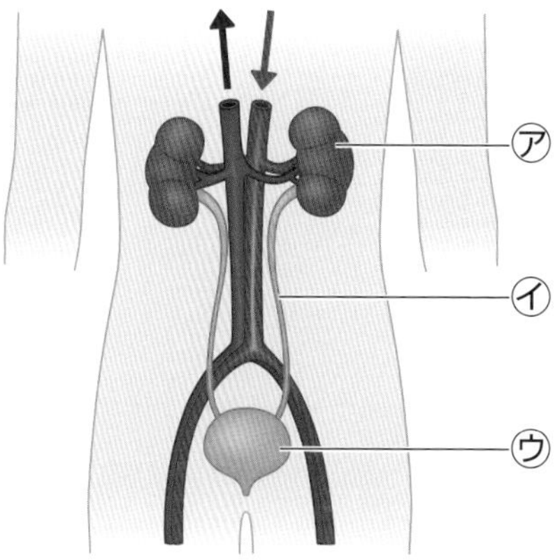

(1) 図の㋐、㋒の名前をかきましょう。

㋐(　　　　　)　㋒(　　　　　)

(2) ㋐で、余分な水分とともに血液中からこし出された不要なものは、何になりますか。(　　　　　)

(3) (2)でできたものは、図の㋐〜㋒のどこにためられますか。記号で答えましょう。(　　)

(4) (2)は、(3)にためられた後、どうなりますか。

(　　　　　　　　　)

ヒント ❷ 図の赤と青の矢印で表されているものは血液の流れです。血液によって、不要なものは㋐に運ばれます。

2. ヒトや動物の体

④生命を支えるしくみ

学習日　　月　　日

めあて
血液の流れを通した臓器どうしのつながりをかくにんしよう。

教科書　43〜44ページ　答え　10ページ

下の(　　)にあてはまる言葉をかこう。

1 臓器《ぞうき》どうしには、どんなつながりがあるのだろうか。

教科書　43〜44ページ

▶体の中には、胃《い》や小腸《しょうちょう》、かん臓《ぞう》、肺《はい》、心臓《しんぞう》、じん臓などがあり、これらを(①　　　　　)という。

▶体の中の(①)は、(②　　　　　)によってたがいにつながり合いながらはたらき、生命を支えている。

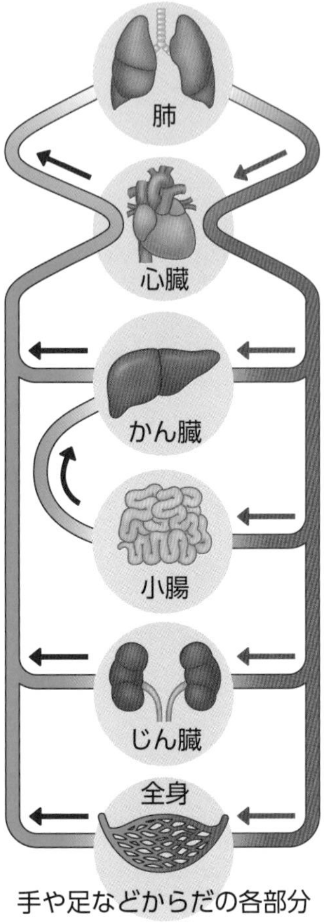
肺
心臓
かん臓
小腸
じん臓
全身
手や足などからだの各部分
血液の流れから見たつながり

▶消化・吸収《きゅうしゅう》にかかわる臓器と体の各部分とのつながり

- 口から取り入れた食べ物は消化管の中で(③　　　　　)され、(④　　　　　)で養分が吸収される。
- (④)で血液中に入った養分は、全身に運ばれる。(⑤　　　　　)ではその養分をたくわえている。

▶呼吸《こきゅう》にかかわる臓器と体の各部分とのつながり

- (⑥　　　　)で取り入れられた酸素は、血液に取り入れられ、全身に運ばれる。
- 全身でできた(⑦　　　　　　　)は、血液にとけこんで肺まで運ばれ、息をはき出すときに体外に出される。

▶血液のじゅんかんにかかわる臓器と体の各部分とのつながり

- 心臓のはたらきで血液が全身をめぐり、(⑧　　　　　)や養分、二酸化炭素などを運ぶ。

▶はい出にかかわる臓器と体の各部分とのつながり

- (⑨　　　　　)では、体内でできた不要なものや余分な水分が血液中からこし出され、(⑩　　　　　)ができる。
- (⑩)は、一度(⑪　　　　　)にためられてから、体外に出される。

体の各部分は、
たがいにつながり合って、
生命を支えているよ。

ここが だいじ!
①体の中の臓器は、血液によって、たがいにつながり合って、はたらいている。

ぴたトリビア
血液は液体のようですが、赤血球などの固形成分もふくまれます。赤血球は酸素を運ぶはたらきがあります。

2. ヒトや動物の体

④生命を支えるしくみ

教科書 43〜44ページ
答え 10ページ

1 図は、ヒトの体の血液の流れから見たつながりを表したものです。

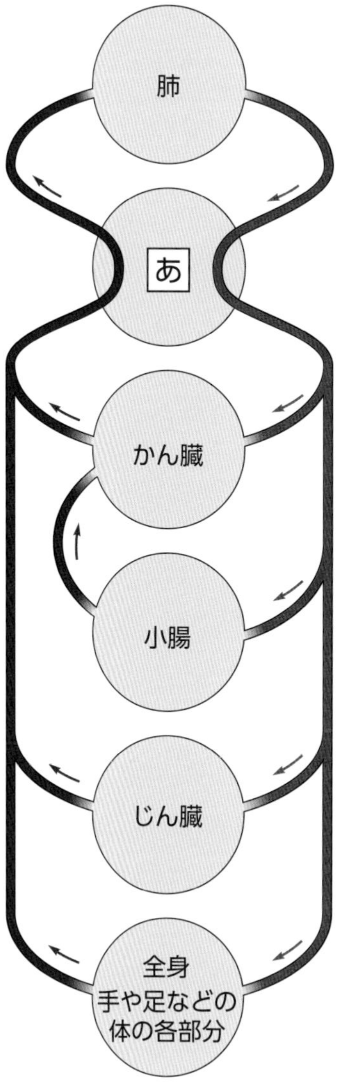
肺
あ
かん臓
小腸
じん臓
全身
手や足などの
体の各部分

(1) あは、全身に血液を送り出すはたらきをしています。
この臓器《ぞうき》の名前を答えましょう。

（　　　　　）

(2) 肺《はい》のはたらきについて、正しいものに○をつけましょう。

①（　　）養分を吸収《きゅうしゅう》するはたらきをしている。

②（　　）水分を吸収するはたらきをしている。

③（　　）酸素を取り入れ、体内でできた二酸化炭素を出すはたらきをしている。

(3) 養分を吸収するのは、どの臓器ですか。

（　　　　　）

(4) 次の文の①、②にあてはまる言葉をかきましょう。

> じん臓《ぞう》で体内で不要となったものと余分な水分が血液中からこし出され、（①　　　　　）ができる。これは一時的に（②　　　　　）にためられ、その後、体外に出される。

2 食べ物の消化と吸収にかかわる体のはたらきを調べました。消化と吸収が行われる順番として、①〜⑤を正しい順に並《なら》べましょう。

①食べ物が歯でかみくだかれて、だ液と混ざる。

②養分が小腸《しょうちょう》で吸収される。

③胃《い》や小腸でさらに消化がすすみ、吸収されやすい養分に変化する。

④大腸《だいちょう》を通り、残ったものが便としてこう門から体外に出される。

⑤口で消化された食べ物は、食道を通って胃に送られる。

（　　→　　→　　→　　→　　）

2. ヒトや動物の体

時間 30 分

／100

合格 70 点

教科書 26～47ページ　答え 11ページ

よく出る

1 消化と吸収《きゅうしゅう》について調べました。

1つ4点(36点)

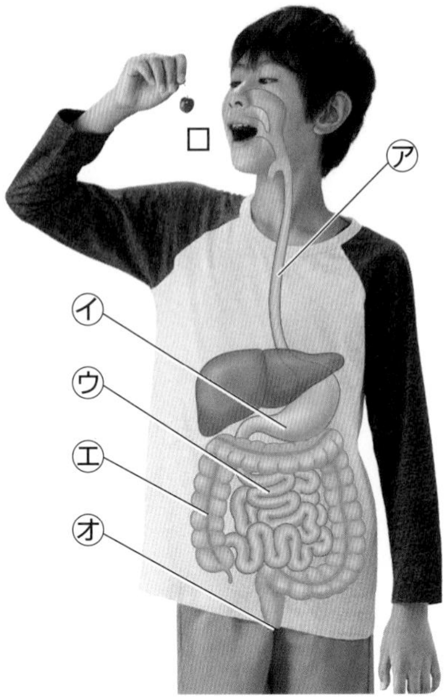
口
ア
イ
ウ
エ
オ

(1) 図の㋐～㋔の体のつくりの名前をかきましょう。

㋐(　　　　) ㋑(　　　　) ㋒(　　　　)

㋓(　　　　) ㋔(　　　　)

(2) 口から㋔までの食べ物の通り道を何といいますか。

(　　　　)

(3) 口では何という消化液が出ますか。(　　　　)

(4) 消化液のはたらきとして、正しいほうに○をつけましょう。

食べ物を、体に吸収されやすいように細かくくだくよ。

①(　　)

食べ物を、体に吸収されやすい別のものに変えるよ。

②(　　)

(5) 食べ物にふくまれていた養分が吸収されるのは、㋐～㋔のどの体のつくりですか。記号で答えましょう。(　　)

2 吸《す》う空気(周りの空気)とはき出した息のちがいについて調べました。

1つ4点、(5)は6点(26点)

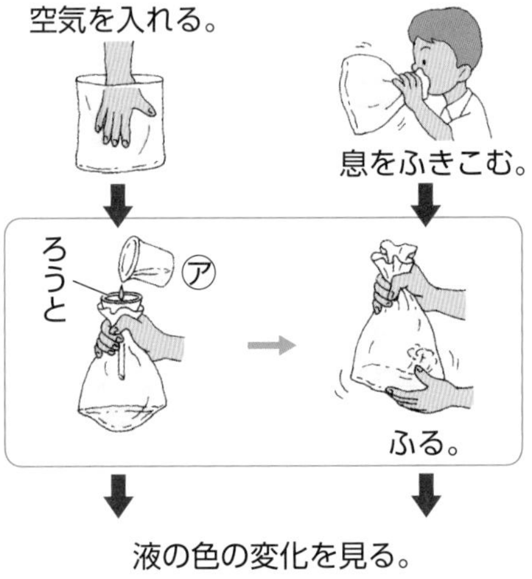
空気を入れる。
息をふきこむ。
ろうと
ア
ふる。
液の色の変化を見る。

(1) 図の㋐は、二酸化炭素にふれると白くにごる性質があります。加えた液㋐は何ですか。 技能

(　　　　)

(2) ㋐の液を少量加えた後、ふくろの口を閉じて軽くふりました。吸う空気、はき出した息それぞれのふくろの液の色はどうなりましたか。

吸う空気(　　　　)

はき出した息(　　　　)

(3) 吸う空気とはき出した息を、それぞれ気体検知管で調べると、ふくまれる酸素の割合《わりあい》が大きいのはどちらですか。

(　　　　)

(4) (3)で、ふくまれる二酸化炭素の割合が大きいのはどちらですか。(　　　　)

(5) 記述 (3)、(4)から、はき出した息は吸う空気と比べて、どのようなちがいがありますか。 思考・表現

(　　　　　　　　)

3 心臓《しんぞう》のはたらきについて調べました。

1つ4点(12点)

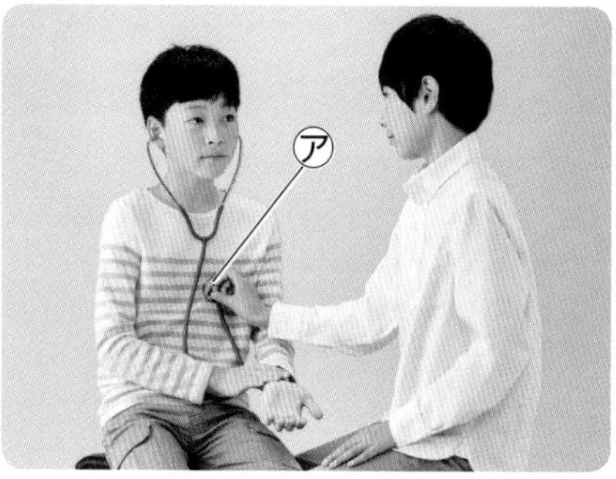

(1) 心臓は縮《ちぢ》んだりゆるんだりして、血液を全身に送り出しています。この動きを何といいますか。

(　　　　)

(2) (1)の音を聞くために使う写真の㋐の道具を何といいますか。

(　　　　)

(3) (1)が血管を伝わり、手首などで感じる動きを何といいますか。

(　　　　)

できたらスゴイ!

4 血液の流れとはたらきを調べました。図の赤い線は、心臓から出ていく血液の流れ、青い線は心臓にもどってくる血液の流れを示しています。

(2)、(4)、(5)は1つ4点、(1)は全部できて4点、(3)は6点(26点)

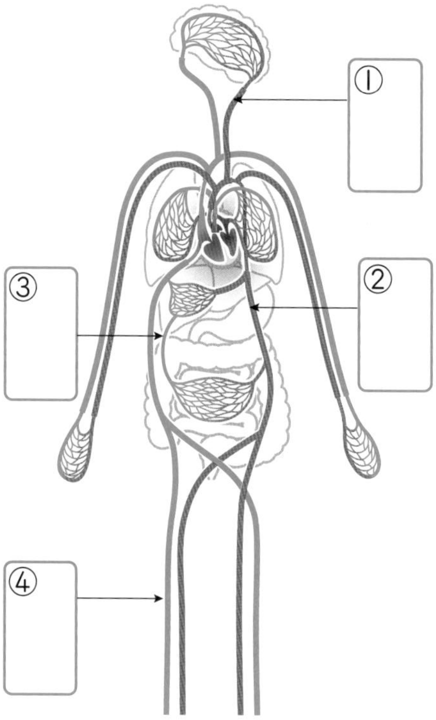

(1) 作図 図の□に血液の流れる向きを矢印でかきこみましょう。

(2) 下の図は、血液の流れから見た臓器《ぞうき》のつながりを表しています。㋐の臓器は何でしょう。

(　　　　)

㋐ ⇄ 心臓 ⇄ 体の各部分

(3) 記述 ㋐の臓器は、どんなはたらきをしていますか。

思考・表現

(　　　　)

(4) 赤い線の血液と青い線の血液には、酸素と二酸化炭素のどちらが多くふくまれていますか。それぞれ答えましょう。

赤い線の血液(　　　　)
青い線の血液(　　　　)

(5) 体の中の臓器は、何によってたがいにつながり合って、はたらいていますか。

(　　　　)

ふりかえり
1がわからないときは、12ページの1にもどって確認《かくにん》しましょう。
4がわからないときは、16ページの1と18ページの1にもどって確認しましょう。

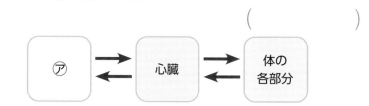

3. 植物のつくりとはたらき

①植物と水

学習日　　月　　日

めあて
植物の水の取り入れ方とそのゆくえをかくにんしよう。

教科書 50～55ページ　答え 12ページ

下の(　)にあてはまる言葉をかくか、あてはまるものを○で囲もう。

1 根から取り入れた水は、植物の体のどこを通って行きわたるのだろうか。

教科書 50～52ページ

- 植物の根を色水にひたし、数時間後に色の変化を観察する。
- 植物の体の中には、根から(①　　　　)、(①)から(②　　　　)へと続く、水の通り道がある。
- 根から取り入れられた(③　　　　)は、この通り道を通って、植物の体全体に行きわたる。

青く染《そ》まったところが色水の通ったところだね。

だっし綿は、くきを固定し、水の蒸発《じょうはつ》をおさえる。
数時間後
色水

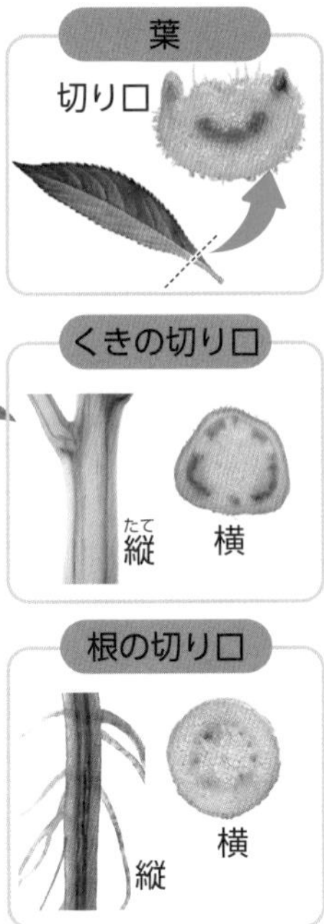
葉
切り口
くきの切り口
縦《たて》
横
根の切り口
縦
横

2 葉まで運ばれた水は、その後、どうなるのだろうか。

教科書 53～55ページ

- 葉のついたものと葉を全部取ったものにふくろをかぶせておき、植物から出る水を調べる。

同じぐらいの大きさの植物を使う。

葉のついたもの
葉を全部取ったもの

約15分後

葉のついたもの
葉を全部取ったもの

水てきがついている。

- (①　　　　)から取り入れられた水は、おもに葉から、(②　水てき　・　水蒸気《すいじょうき》　)として出ていく。
- 植物の体から、水が(②)として出ていくことを(③　　　　)という。
- 植物の体にある水蒸気が出ていく小さな穴《あな》を(④　　　　)という。

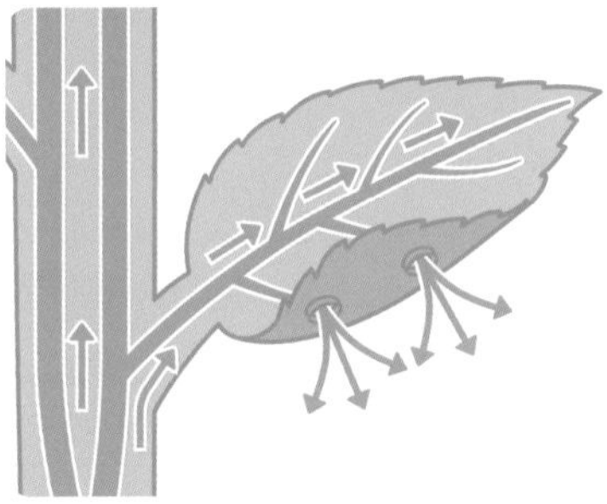

ここが、だいじ!
①植物の体の中には、根・くき・葉へと続く水の通り道がある。
②植物の体から、水が水蒸気として出ていくことを蒸散《じょうさん》という。

ぴたトリビア　植物は、根から水を取り入れるとともに、水にとけている養分などを取り入れています。

ぴったり2
練習

学習日　　月　　日

3. 植物のつくりとはたらき

①植物と水

教科書　50〜55ページ　答え　12ページ

1 ホウセンカの根を色水にひたして、数時間おきました。

(1) 右の写真は、色水にひたして数時間後に、くきを縦《たて》や横に切ったときのようすです。色に染《そ》まったところは、何が通るところですか。

(　　　　)

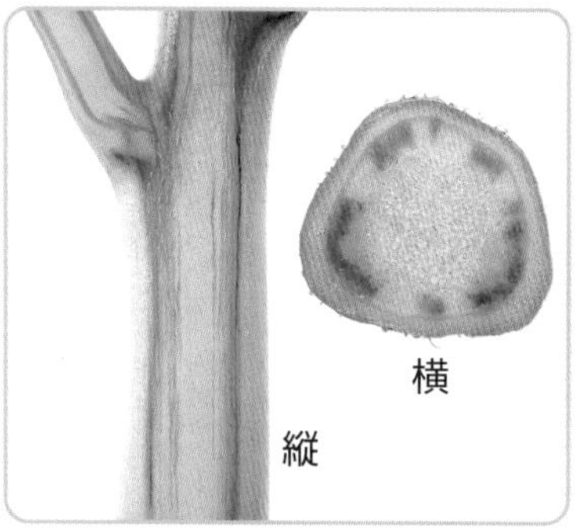

くきの切り口

(2) この実験から、どんなことがわかりますか。次の文の(　)にあてはまる言葉を［　］から選んでかきましょう。

［根　くき　葉　花　水　空気　体全体に　葉や花だけに］

植物には、(①　　　　)から(②　　　　)、(②)から(③　　　　)へと続く(④　　　　)の通り道がある。(①)から取り入れた(④)は、この通り道を通って、植物の(⑤　　　　)行きわたる。

2 晴れた日に、同じぐらいの大きさに育っているホウセンカを2つ選んで、一方は葉をつけたまま、もう一方は葉を全部取って、それぞれにポリエチレンのふくろをかぶせました。

(1) ふくろをかぶせて20分ぐらいたった後、一方のふくろの内側にたくさんの水てきがついていました。たくさんの水てきがついていたのは、㋐、㋑のどちらですか。

(　　　　)

(2) この実験から、(1)の水てきは、おもに植物のどこから出たものと考えられますか。

(　　　　)

(3) 植物にある、水蒸気《すいじょうき》が出ていく小さな穴《あな》を何といいますか。

(　　　　)

ぴったり1
準備

3. 植物のつくりとはたらき
②植物と空気

学習日　　月　　日

めあて
植物における気体の出入りをかくにんしよう。

教科書 56〜58ページ　答え 13ページ

下の(　　)にあてはまる言葉をかくか、あてはまるものを○で囲もう。

1 植物は、どんな気体の出入りを行っているのだろうか。

教科書 56〜58ページ

▶植物における気体の出入りを気体検知管で調べる。

息をふきこみ、
気体検知管で
調べる。

日光を当てる。

約１時間後

もう一度、
気体検知管で
調べる。

結果(例)

	息を入れた直後	約１時間後
酸素	約17％	約20％
二酸化炭素	約4％	約0.5％

(① 酸素 ・ 二酸化炭素)の割合《わりあい》は大きくなり、
(② 酸素 ・ 二酸化炭素)の割合は小さくなっている。

・１時間後の空気は、息を入れた直後よりも(③　　　　)が増えて、(④　　　　)が減った。

▶植物は、葉に日光が当たっているときには、空気中の(⑤　　　　)を取り入れ、(⑥　　　　)を出している。

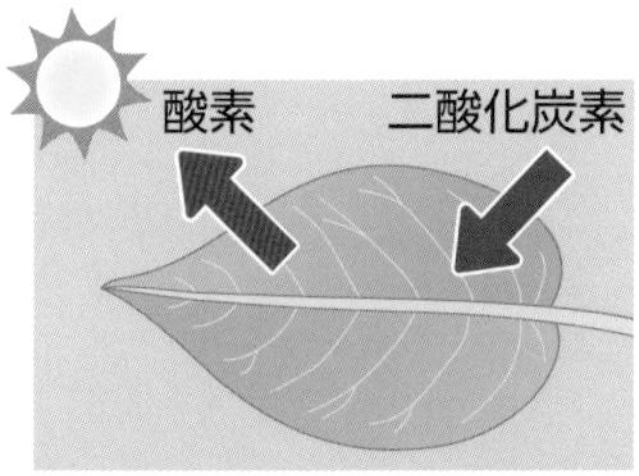
酸素
二酸化炭素

ここがだいじ！ ①植物は、葉に日光が当たっているときは、空気中の二酸化炭素を取り入れ、酸素を出す。

ぴたトリビア 植物は呼吸《こきゅう》も行っていますが、日光が当たっているときは二酸化炭素を取り入れ、酸素を出すはたらきのほうが大きいので、昼間は酸素を出しているように見えます。

ぴったり2 練習

3. 植物のつくりとはたらき

②植物と空気

学習日　　月　　日

教科書 56〜58ページ　答え 13ページ

1 植物での気体の出入りについて調べました。

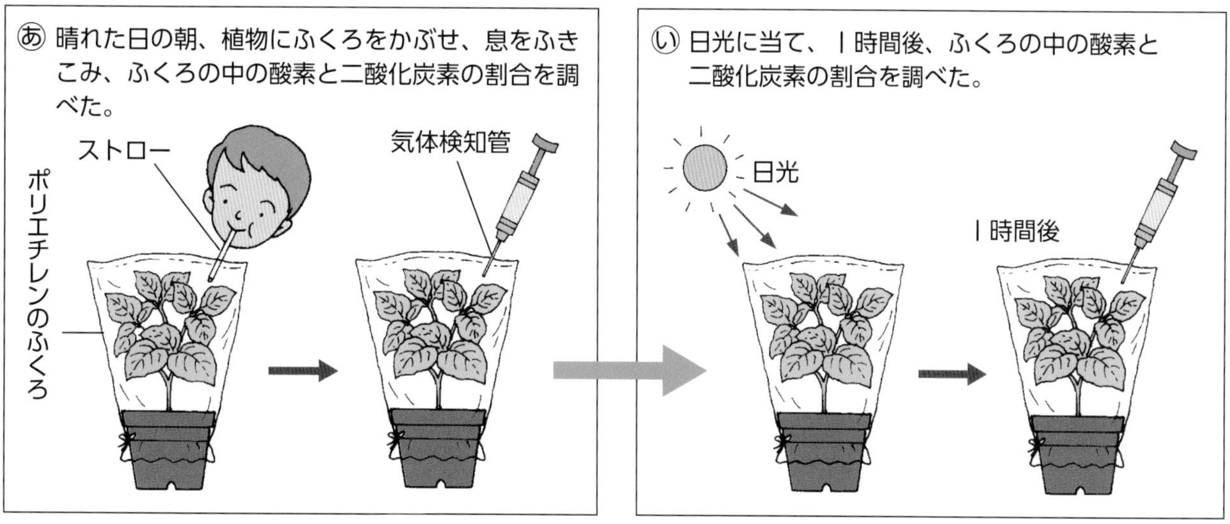
あ 晴れた日の朝、植物にふくろをかぶせ、息をふきこみ、ふくろの中の酸素と二酸化炭素の割合を調べた。
ストロー
気体検知管
ポリエチレンのふくろ
い 日光に当て、１時間後、ふくろの中の酸素と二酸化炭素の割合を調べた。
日光
１時間後

あでの酸素と二酸化炭素の割合《わりあい》を調べた結果は、下のようになりました。

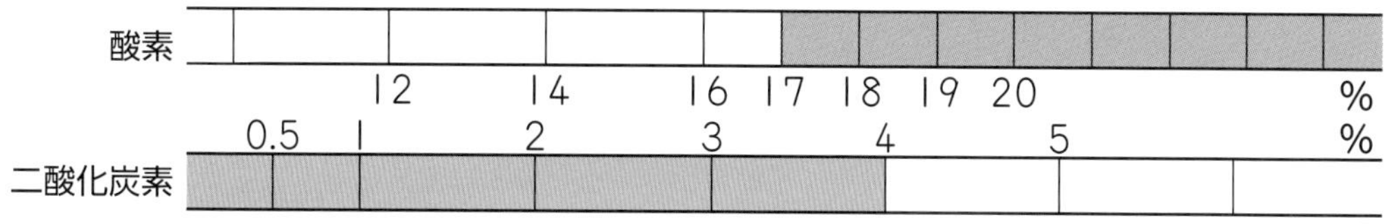
酸素
12
14
16
17
18
19
20
%
0.5
1
2
3
4
5
%
二酸化炭素

(1) いでの酸素の割合を調べた結果は、ア〜ウのどれですか。(　　)に○をつけましょう。

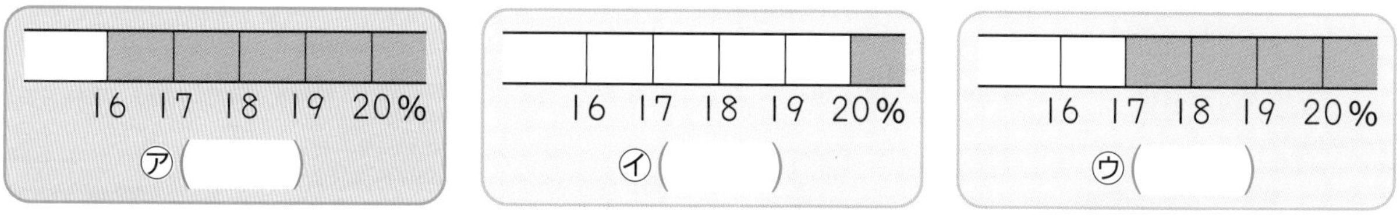
16 17 18 19 20%
ア(　　)
16 17 18 19 20%
イ(　　)
16 17 18 19 20%
ウ(　　)

(2) いでの二酸化炭素の割合を調べた結果は、ア〜ウのどれですか。(　　)に○をつけましょう。

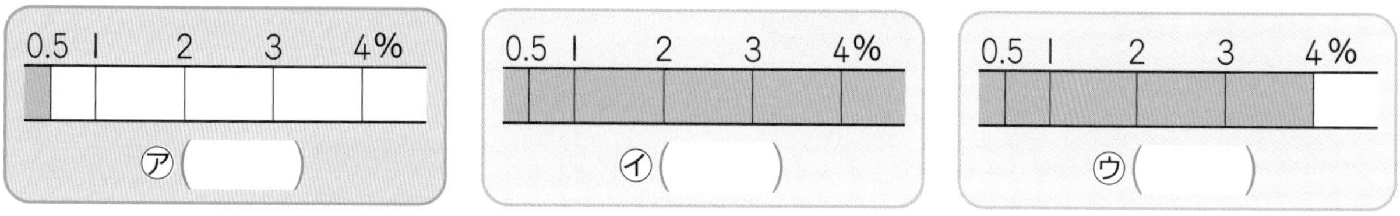
0.5 1 2 3 4%
ア(　　)
0.5 1 2 3 4%
イ(　　)
0.5 1 2 3 4%
ウ(　　)

(3) 次の文の(　　)にあてはまる言葉をかきましょう。

植物は、葉に日光が当たっているときは、空気中の(　　　　　　　　)を取り入れ、(　　　　　)を出している。

ヒント **1** 吸《す》う空気(周りの空気)より、はき出した息のほうが、酸素が少なく、二酸化炭素が多いことを、「2. ヒトや動物の体」で学習しました。

ぴったり1
準備

3. 植物のつくりとはたらき
③植物と養分

学習日　　月　　日

めあて
植物が養分をつくり出すはたらきをかくにんしよう。

教科書　59～64ページ　答え　14ページ

下の(　　)にあてはまる言葉をかくか、あてはまるものを〇で囲もう。

1 植物の葉に日光が当たると、でんぷんができるのだろうか。　教科書　59～64ページ

▶葉は㋐、㋑、㋒の３枚用意し、区別がつくように㋑に１つ、㋒に２つ、切れこみを入れておく。

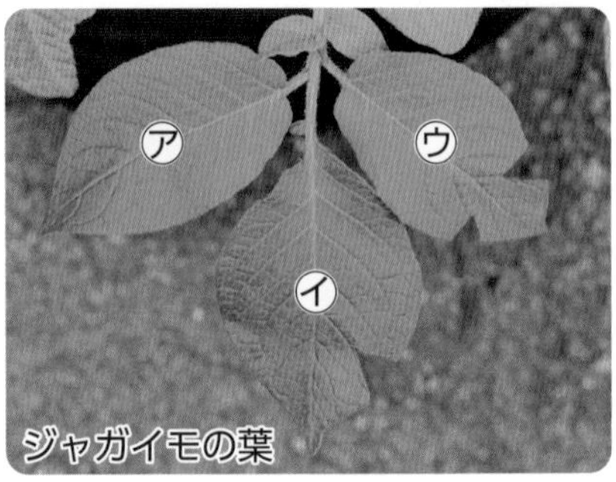

ジャガイモの葉

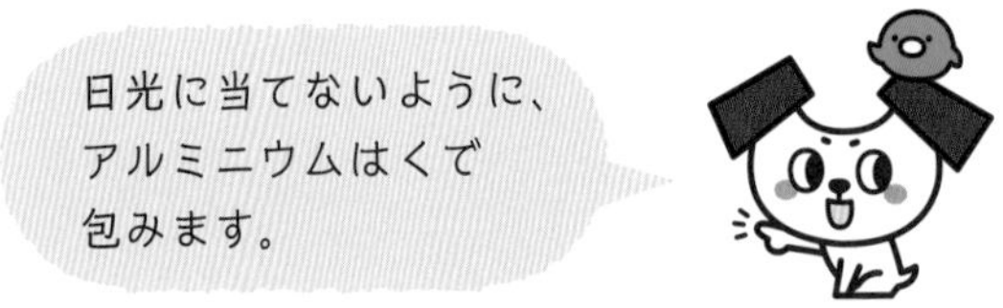

実験前日の午後	実験当日の朝	昼間	4～5時間後
㋐ 	アルミニウムはくを外し、葉のでんぷんを調べる。		
㋑ 	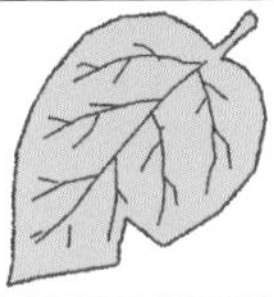 アルミニウムはくを外す。	葉に日光を当てる。	葉のでんぷんを調べる。
㋒ 	 そのまま。	葉におおいをしたまま日光を当てない。	アルミニウムはくを外し、葉のでんぷんを調べる。

・ヨウ素液を使って、葉にでんぷんがあるかどうかを調べる。

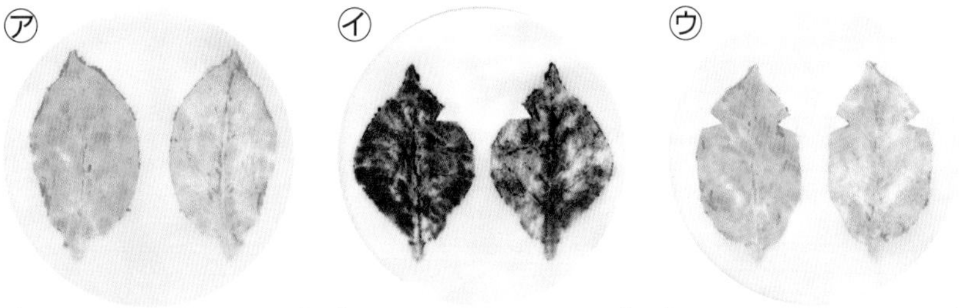

(① ある ・ ない)(② ある ・ ない)(③ ある ・ ない)

葉を１～２分間にた後、ろ紙にはさむ。ビニルシートをかぶせ、木づちで50回ほど軽くたたく。

葉をはがして、ろ紙をうすめたヨウ素液につけた後、水で静かにすすぐ。

▶植物の葉に(④　　　　　)が当たると、(⑤　　　　　)がつくられる。

▶植物は生きていくために必要な(⑥　　　　　)を自分でつくり出している。

ここがだいじ!
①植物の葉に日光が当たると、でんぷんがつくられる。
②植物は、生きていくために必要な養分を自分でつくり出している。

ぴたトリビア　植物の葉に日光が当たるとでんぷんができるはたらきを光合成《こうごうせい》といいます。

3. 植物のつくりとはたらき

③植物と養分

1 **天気のよい日の朝、前日の午後からアルミニウムはくでおおっておいた3枚の葉㋐、㋑、㋒を用意し、次のような実験をしました。**

㋐アルミニウムはくを外して、すぐに葉のでんぷんを調べる。

㋑アルミニウムはくを外して、数時間日光に当ててから葉のでんぷんを調べる。

㋒アルミニウムはくをしたまま日光に当てず、数時間後に葉のでんぷんを調べる。

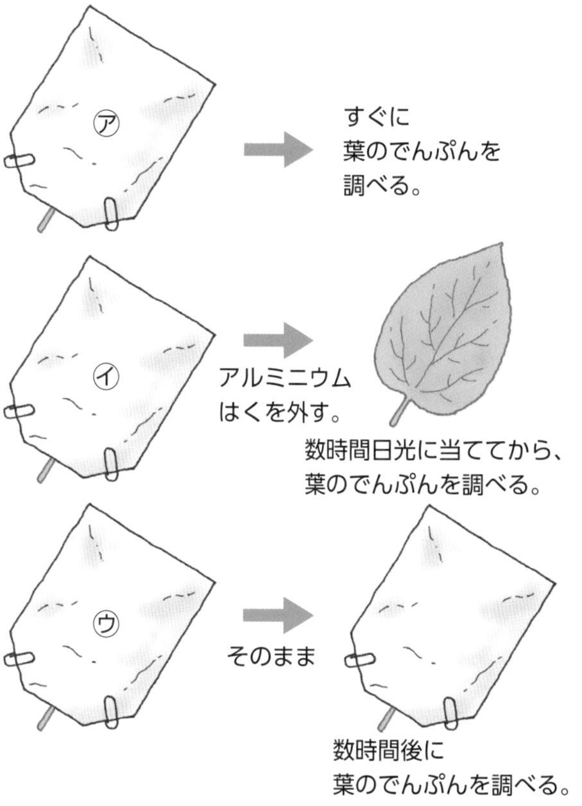
㋐
すぐに
葉のでんぷんを
調べる。
㋑
アルミニウム
はくを外す。
数時間日光に当ててから、
葉のでんぷんを調べる。
㋒
そのまま
数時間後に
葉のでんぷんを調べる。

(1) 葉にでんぷんがあるかどうかを調べるために使う薬品は何ですか。

(　　　　　　　　)

(2) でんぷんに(1)の薬品をつけるとどうなりますか。

(　　　　　　　　　　　　　)

(3) 1～2分間にた葉をろ紙にはさみ、それにビニルシートをかぶせて木づちで50回たたきました。葉をはがしたろ紙をうすめたヨウ素液につけ、その後、水ですすぐと下の写真のようになりました。この中で㋐は色が変わりませんでした。残る2つのうち㋑、㋒はそれぞれどちらですか。(　　)に記号をかきましょう。

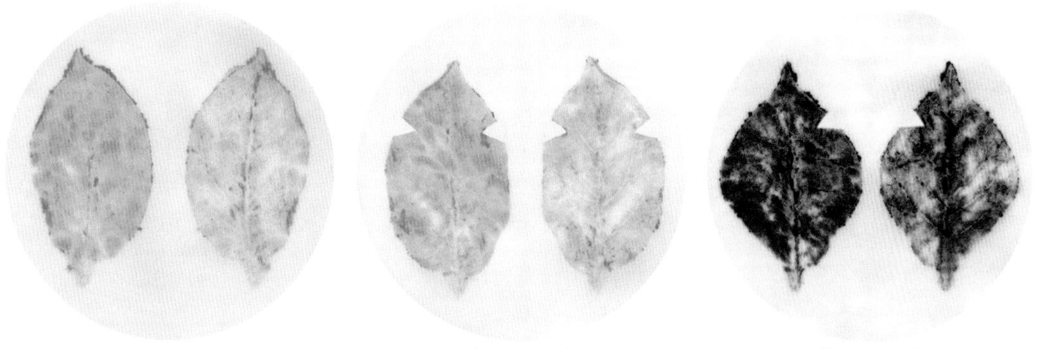

㋐　　　①(　　)　　　②(　　)

(4) 葉にでんぷんがあるのは、㋐～㋒のどれですか。　(　　)

(5) この実験からどんなことがわかりますか。正しいものに○をつけましょう。

①(　　)植物の葉に日光が当たると、でんぷんがつくられる。

②(　　)植物は日光に関係なく、でんぷんをつくることができる。

③(　　)植物はでんぷんをつくることができない。

ぴったり3
確かめのテスト
3. 植物のつくりとはたらき

時間 30 分

／100

合格 70 点

教科書 48〜67ページ　答え 15ページ

1 根がついたままのホウセンカを、数時間色水に入れておきました。

(1)は全部できて5点、(2)は1つ5点(20点)

(1) 色水に入れて数時間おいた後、根・くき・葉を切って、切り口のようすを観察しました。色がついたのはどの部分ですか。あてはまるものすべてに○をつけましょう。

①(　　)根

②(　　)くき

③(　　)葉

(2) 色がついた部分の説明として、正しいものには○を、まちがっているものには×をつけましょう。

①(　　)色がついた部分は、水が通るところである。

②(　　)色がついた部分は、根からくきまでしか続いていない。

③(　　)色がついた部分は、根からくき、くきから葉へと続いている。

よく出る

2 晴れた日に、同じぐらいの大きさに育っているホウセンカを2つ選び、一方は葉をつけたまま、もう一方は葉を全部取り、それぞれにポリエチレンのふくろをかぶせました。

(1)は10点、(2)〜(5)は1つ5点(30点)

(1) 記述 15分後、葉がついているホウセンカのふくろの内側はどうなりましたか。　思考・表現

(　　　　　　　　　　　　　　　　)

(2) 15分後、葉を全部取ったホウセンカのふくろの内側は、ほとんど変化がありませんでした。(1)の結果と合わせて、どのようなことがいえるか、正しいほうに○をつけましょう。

①(　　)植物が取り入れた水は、おもに葉から出ていく。

②(　　)植物が取り入れた水は、おもにくきから出ていく。

(3) 植物は、どこから水を取り入れていますか。

(　　　　　　)

(4) 植物の体から、水が水蒸《すいじょう》気《き》として出ていくことを何といいますか。

(　　　　　　)

(5) 植物の体にある、水蒸気が出ていく小さな穴《あな》を何といいますか。

(　　　　　　)

3 晴れた日に、植物の葉に、穴をあけたポリエチレンのふくろをかぶせて、穴からストローで息をふきこみ、さらに5回ほど吸《す》ったりはいたりしました。その後、ふくろの中の酸素と二酸化炭素の体積の割合《わりあい》を調べました。

(1)、(2)は1つ5点、(3)は全部できて10点(25点)

(1) 右の写真の、空気にふくまれる酸素や二酸化炭素の体積の割合を調べる実験器具の名前をかきましょう。

(　　　　　　)

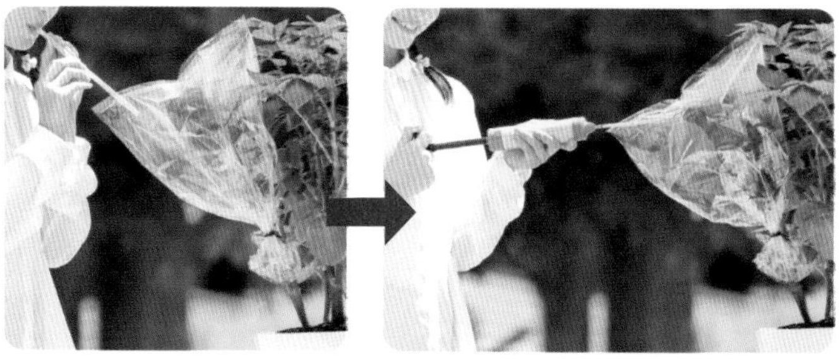

息をふきこむ。　酸素と二酸化炭素の体積の割合を調べる。

	酸素	二酸化炭素
息を入れた直後	約17%	約4%
約1時間後	約20%	約0.5%

(2) ふくろをかぶせた植物に1時間ほど日光を当てて、1時間後にふくろの中の酸素と二酸化炭素の体積の割合を調べたところ、表のようになりました。1時間後の空気は、息をふきこんだ直後と比べて、どうなったといえますか。

酸素(　　　　　)

二酸化炭素(　　　　　)

(3) 植物は、葉に日光が当たるとどうなるといえますか。(　　)にあてはまる言葉をかきましょう。

葉に日光が当たっているときには空気中の(　　　　　　)を取り入れ、(　　　　　　)を出す。

できたらスゴイ!

4 ジャガイモの葉を使って、㋐～㋒の方法で、日光と植物の養分の関係について調べました。

(1)～(3)は1つ5点、(4)は全部できて10点(25点)

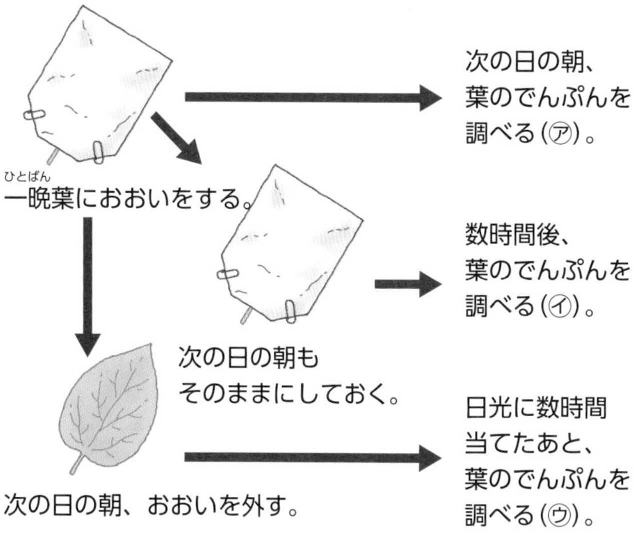

次の日の朝、葉のでんぷんを調べる(㋐)。
一晩《ひとばん》葉におおいをする。
数時間後、葉のでんぷんを調べる(㋑)。
次の日の朝もそのままにしておく。
次の日の朝、おおいを外す。
日光に数時間当てたあと、葉のでんぷんを調べる(㋒)。

(1) でんぷんがふくまれているか調べるために使う薬品の名前をかきましょう。

(　　　　　　)

(2) ㋐では、葉にでんぷんはありますか、ありませんか。

(　　　　　　)

(3) ㋑では、葉にでんぷんはありますか、ありませんか。

(　　　　　　)

(4) 記述 ㋒では、葉にでんぷんはありました。この実験の結果から、どのようなときにでんぷんがつくられるのか、(　　)にあてはまる言葉をかきましょう。

思考・表現

植物の(　　　　　　)に(　　　　　　)が当たると、でんぷんがつくられる。

ふりかえり

2 がわからないときは、22ページの **2** にもどって確認《かくにん》しましょう。
4 がわからないときは、26ページの **1** にもどって確認しましょう。

4. 生物どうしのつながり

①食べ物を通した生物のつながり(1)

学習日　　月　　日

めあて
池や川にすむ生物が食べているものをかくにんしよう。

教科書 70~74ページ　答え 16ページ

下の(　)にあてはまる言葉をかくか、あてはまるものを○で囲もう。

1 自然の池や川にすむメダカは、何を食べているのだろうか。　教科書 70~74ページ

目の細かいあみで、池や川の水を何回かすくい、ビーカーの水に洗《あら》い出す。 → プレパラートをつくり、けんび鏡で観察する。

スライドガラスに見たいものをのせる。 ⋯⋯▶ カバーガラスをかける。はみ出した水は、ろ紙で吸《す》い取る。

(①　　　　) (②　　　　)

スポイト

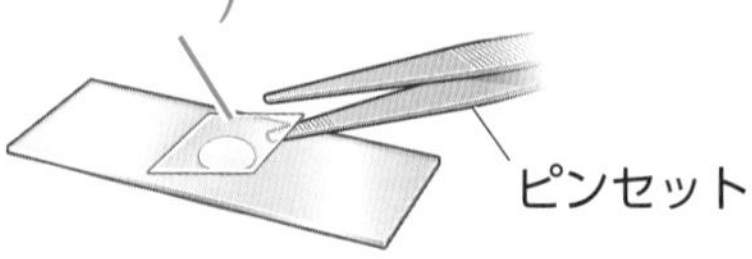
ピンセット

▶池や川の水中には小さな生物が見られる。メダカは、水中の小さな生物を(③ 食べる ・ 食べない)。

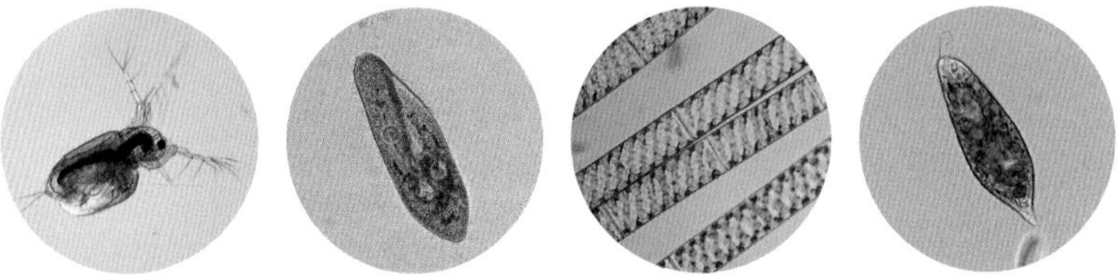

ミジンコ　ゾウリムシ　アオミドロ　ミドリムシ

▶けんび鏡を使うと、観察するものを50~300倍にして見ることができる。

(1) (④　　　　)レンズをいちばん低い倍率のものにする。

(2) 接眼レンズをのぞきながら、(⑤　　　　)を動かして、明るく見えるようにする。

(3) 観察したい部分が対物レンズの真下にくるように、プレパラートを(⑥　　　　)に置いて、クリップで留める。

(4) 横から見ながら(⑦　　　　)を回して、対物レンズとプレパラートをできるだけ近づける。

(5) 接眼レンズをのぞきながら、調節ねじを(4)とは逆向きに(対物レンズとプレパラートを(⑧ 近づける ・ はなす)向きに)ゆっくりと回し、ピントを合わせる。

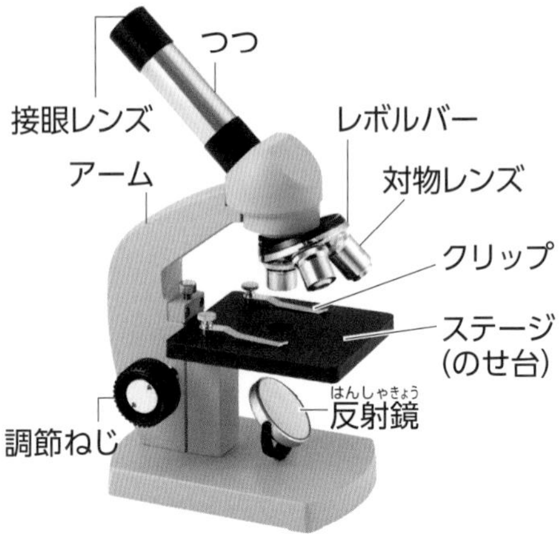
つつ
接眼レンズ
レボルバー
アーム
対物レンズ
クリップ
ステージ
(のせ台)
反射鏡《はんしゃきょう》
調節ねじ

ここが、だいじ!
①自然の池や川にすむメダカは、水中の小さな生物を食べている。

ぴたトリビア　野生のメダカは水の中の小さな生物を食べるので、えさをあたえなくても大きくなります。

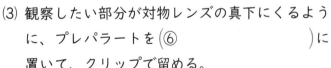

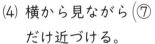

4. 生物どうしのつながり

①食べ物を通した生物のつながり(1)

学習日　　月　　日

教科書 70～74ページ　答え 16ページ

1 池の水をけんび鏡で観察しました。

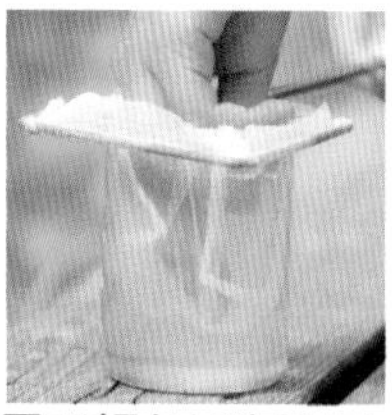

目の細かいあみで、
川の水を何回かすくい、
ビーカーの水に洗《あら》い出す。

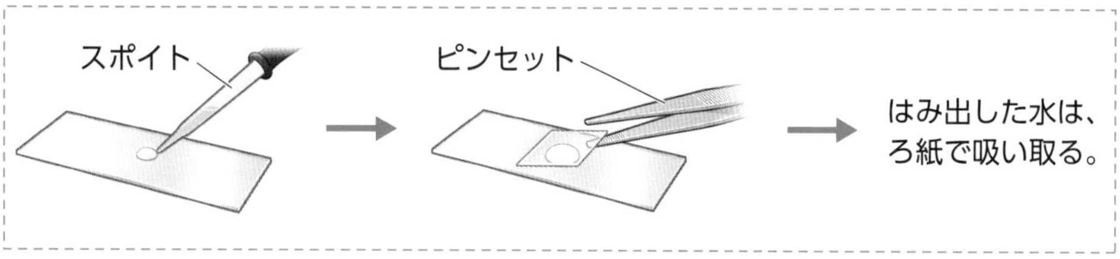

(1) 次の文は上の［　　］を説明しています。(　　)にあてはまる言葉をそれぞれかきましょう。

㋐
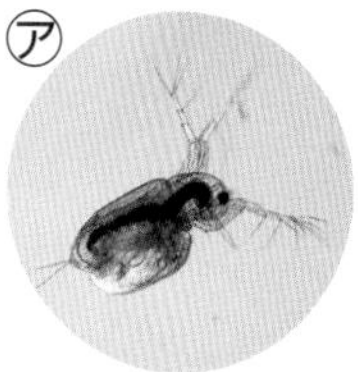
㋑
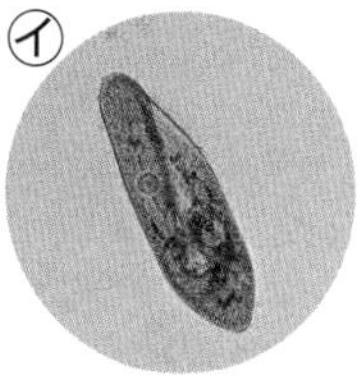

ビーカーの水を1てき(①　　　　　　)にのせ、(②　　　　　　)をかけて、はみ出した水をろ紙で吸《す》い取って、(③　　　　　　)をつくった。

(2) けんび鏡で観察すると、㋐、㋑の生物が見られました。名前をそれぞれかきましょう。

㋐(　　　　　　)　㋑(　　　　　　)

(3) ㋐の生物を飼っているメダカにあたえると、メダカは食べますか。

(　　　　　　)

2 けんび鏡について、次の問いに答えましょう。

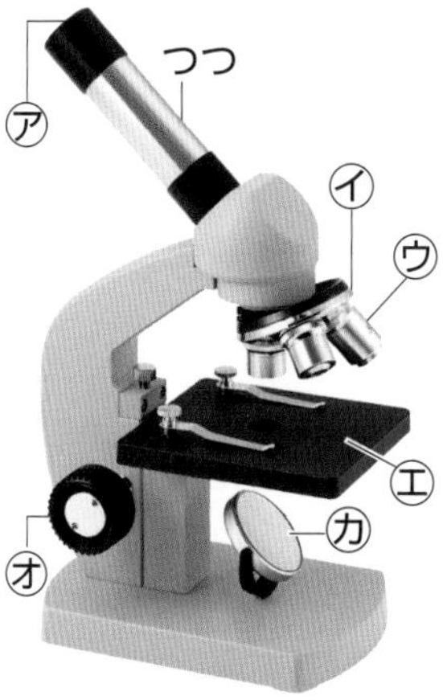

(1) ㋐～㋕の部分の名前をそれぞれかきましょう。

㋐(　　　　　　)　㋑(　　　　　　)
㋒(　　　　　　)　㋓(　　　　　　)
㋔(　　　　　　)　㋕(　　　　　　)

(2) 次の**ア～オ**は、けんび鏡の使い方の説明です。正しい順になるように、1～5の番号をかきましょう。

ア(　　)観察したい部分が対物レンズの真下にくるように、プレパラートをステージに置き、クリップで留める。

イ(　　)横から見ながら、調節ねじを回して、対物レンズとプレパラートをできるだけ近づける。

ウ(　　)対物レンズをいちばん低い倍率のものにする。

エ(　　)接眼レンズをのぞきながら、対物レンズとプレパラートの間をはなしていき、ピントを合わせる。

オ(　　)接眼レンズをのぞきながら、反射鏡《はんしゃきょう》を動かして、明るく見えるようにする。

ぴったり1 準備

学習日　月　日

4. 生物どうしのつながり

①食べ物を通した生物のつながり(2)

めあて
食べ物を通した生物どうしのつながりをかくにんしよう。

教科書 75〜77ページ　答え 17ページ

下の(　)にあてはまる言葉をかくか、あてはまるものを○で囲もう。

1 生物どうしは、食べ物を通して、どのようにつながり合っているのだろうか。

教科書 75〜77ページ

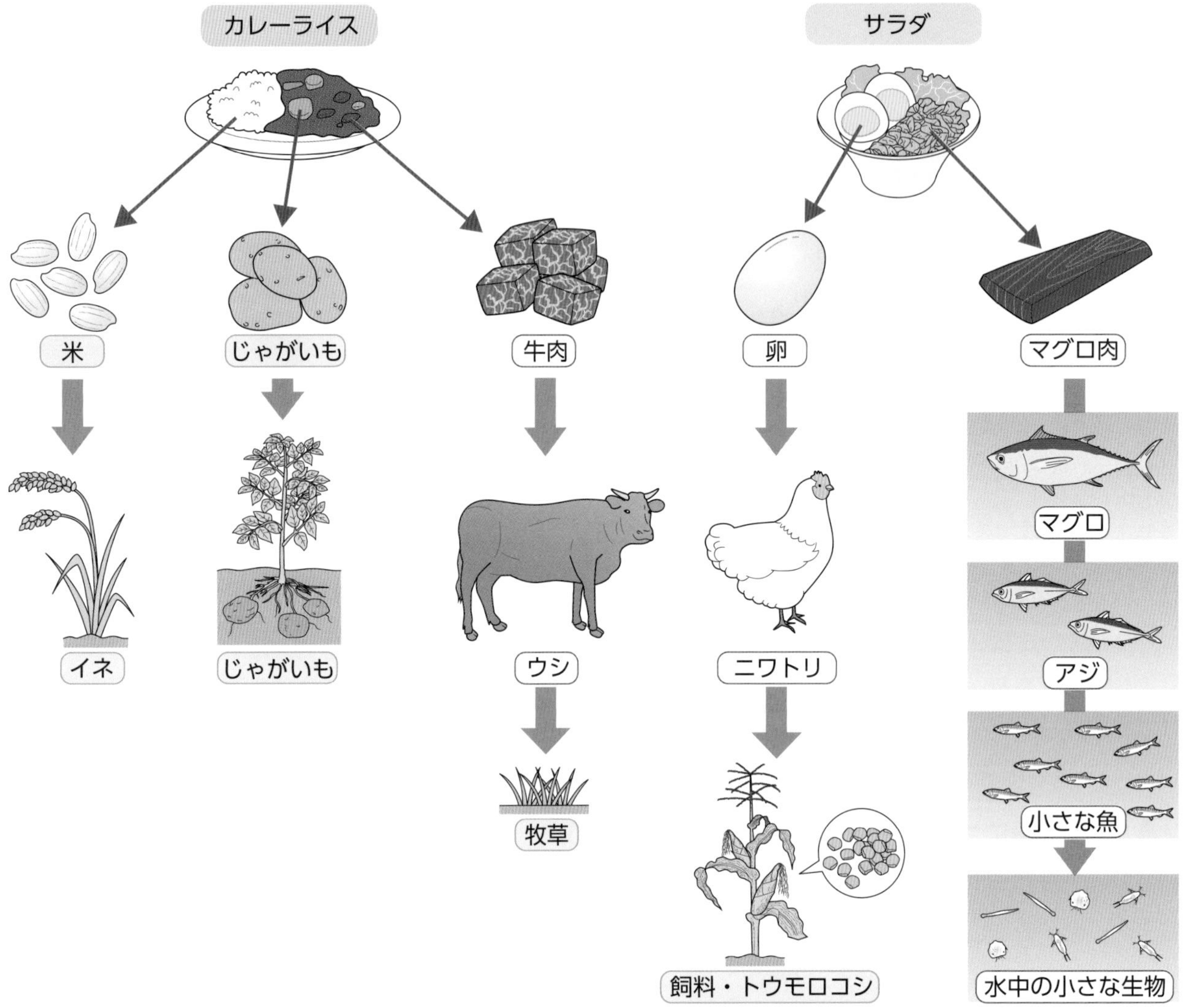

カレーライス
サラダ
米
じゃがいも
牛肉
卵
マグロ肉
イネ
じゃがいも
ウシ
ニワトリ
マグロ
アジ
小さな魚
水中の小さな生物
牧草
飼料・トウモロコシ

植物は、日光に当たることで養分をつくり出すことが(①　できる　・　できない　)。

動物は、自分で養分をつくり出すことが(②　できる　・　できない　)。

- 生物は、(③　　　　　　　)ことを通して、ほかの生物とつながっている。
- 食べ物のもとをたどると、自分で(④　　　　　)をつくり出す生物に行きつく。
- 生物どうしは、「食べる・食べられる」の関係でつながっている。このような生物どうしのひとつながりを(⑤　　　　　　　　)という。

ここが、だいじ！
①生物どうしは、「食べる・食べられる」の関係でつながっている。このひとつながりを食物連鎖《しょくもつれんさ》という。

ぴたトリビア
多くの動物はいろいろな植物や動物を食べます。このため、1種類の生物が多くの食物連鎖に関係し、食物連鎖は複雑にからみ合っています。

ぴったり2 練習

4. 生物どうしのつながり

①食べ物を通した生物のつながり(2)

学習日　月　日

教科書 75~77ページ　答え 17ページ

1 食べ物のもとを調べました。

【おもな材料】
㋐米　㋑卵（たまご）
㋒牛肉　㋓レタス
㋔ジャガイモ
㋕トマト

(1) 給食の材料である㋐~㋕を、植物と動物に分けましょう。

植物(　　　　　)　動物(　　　　　)

(2) 次の文で正しいものには○を、まちがっているものには×をかきましょう。

肉として食べられるウシは、植物を食べているよ。

①(　　)

生物が食べているものをたどっていくと、小さな動物に行きつくよ。

②(　　)

植物は、動物に食べられ、その動物も、ほかの動物に食べられるよ。

③(　　)

2 食べ物を通した生物のつながりについて考えました。

(1) 次の文の(　　)にあてはまる言葉を、[　]の中から選んで記号で答えましょう。

- 植物は、(①　　)に当たることで(②　　)をつくり出すことができる。
- わたしたちが食べている動物はほかの(③　　)を食べている。

㋐植物　㋑動物　㋒生物　㋓日光　㋔養分

(2) 生物どうしは、「食べる・食べられる」の関係でつながっています。このひとつながりを何といいますか。

(　　　　　)

ヒント ❶❷ ヒトや動物は、自分で養分をつくることができず、食べ物を食べることで生きています。

ぴったり1 準備

学習日　　月　　日

4. 生物どうしのつながり

②空気や水を通した生物のつながり

めあて
空気や水を通した生物どうしのつながりをかくにんしよう。

教科書 78〜81ページ　答え 18ページ

下の(　　)にあてはまる言葉をかこう。

1 生物どうしは、空気や水を通して、どのようにかかわり合っているのだろうか。 教科書 78〜81ページ

▶空気を通した生物のつながり

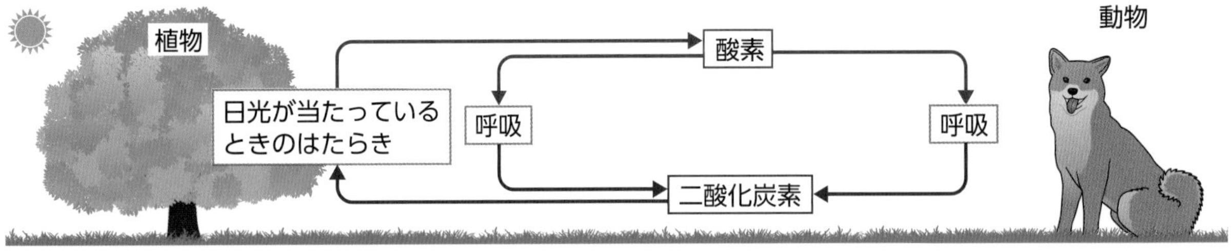

・植物は、日光に当たっているときには、空気中の(①　　　　　　)を取り入れ、(②　　　　　)を出している。また、酸素を取り入れ、二酸化炭素を出す(③　　　　　)も行っている。

・動物は、(④　　　　　)を取り入れ、(⑤　　　　　　　　)を出す呼吸《こきゅう》を行っている。

▶水を通した生物のつながり

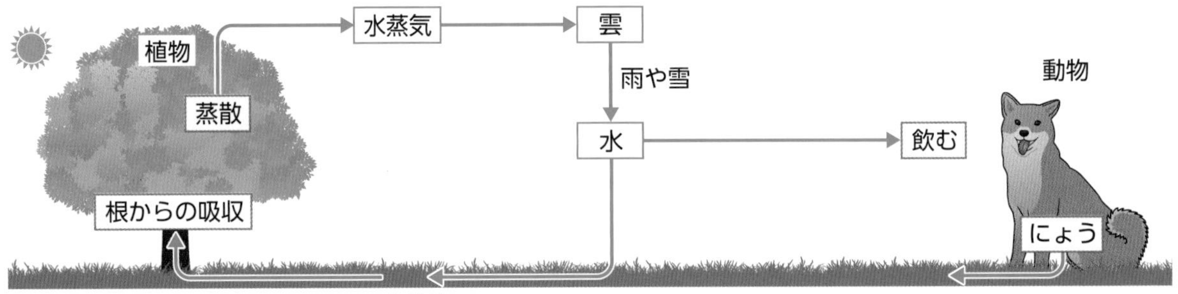

・植物の(⑥　　　　)から水は吸収《きゅうしゅう》され、根・くき・葉にある水の通り道を通って、植物の体全体に行きわたる。(⑥)から吸収された水は、蒸散《じょうさん》によって(⑦　　　　　　)という小さな穴《あな》から水蒸気《すいじょうき》として出ていく。

・動物が飲んだ水は、小腸《しょうちょう》や大腸《だいちょう》で吸収される。余分な水分は、(⑧　　　　　　)として体外に出る。

▶生物は、空気や水を通して、周りの(⑨　　　　　)とかかわり合いながら生きている。

▶酸素や二酸化炭素、水は、植物や動物の体を出たり入ったりしている。

▶(⑩　　　　　)も水も、生物が生きていくのに欠かすことができないものである。

ここが、だいじ!
①酸素や二酸化炭素、水は、植物や動物の体を出たり入ったりしている。
②生物は、空気や水を通して、周りの環境《かんきょう》とかかわり合いながら生きている。

ぴたトリビア 酸素や二酸化炭素、水は生き物の体を出たり入ったりしながら、自然の中をめぐっています。

ぴったり2 練習

学習日　　月　　日

4. 生物どうしのつながり

②空気や水を通した生物のつながり

教科書 78〜81ページ　答え 18ページ

1 図は、空気を通した生物のつながりを表しています。矢印は㋐、㋑の気体の出入りを表しています。

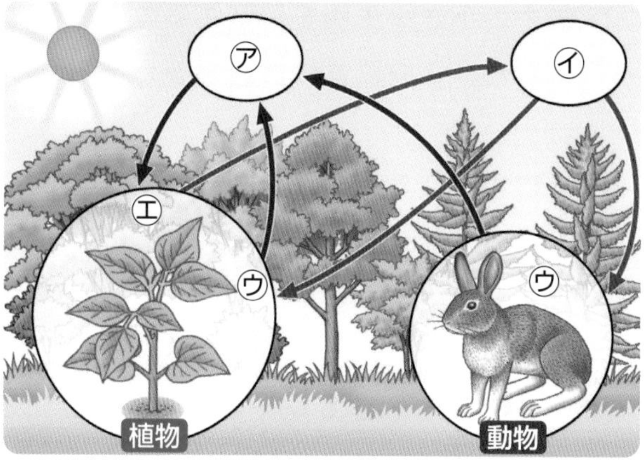

㋐
㋑
㋓
㋒
㋒
植物
動物

(1) ㋐、㋑で表されている気体は、それぞれ何ですか。

㋐(　　　　　　　)
㋑(　　　　　　　)

(2) ㋒は植物も動物も行っているはたらきを表しています。それは何ですか。

(　　　　　　　)

(3) ㋒のはたらきでは、何の気体を取り入れ、何の気体を出しますか。

取り入れる気体(　　　　　　　)
出す気体(　　　　　　　)

(4) ㋓は、植物の葉に日光が当たっているときのはたらきを表しています。㋓のはたらきでは、何の気体を取り入れ、何の気体を出しますか。

取り入れる気体(　　　　　　　)
出す気体(　　　　　　　)

(5) ①〜③で、正しいものには○を、まちがっているものには×をつけましょう。

植物は動物とちがって、呼吸(こきゅう)をしていないよ。

①(　　)

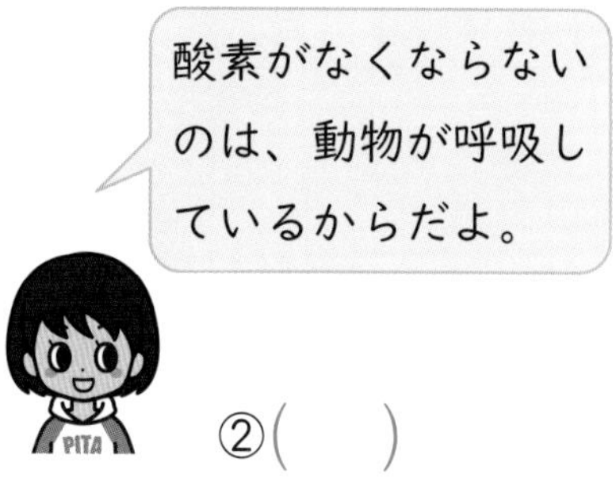

酸素がなくならないのは、動物が呼吸しているからだよ。

②(　　)

酸素や二酸化炭素は、植物や動物の体を出たり入ったりしているよ。

③(　　)

2 植物や動物の体で、水がどのように出たり入ったりしているのかを調べました。

(1) 動物は口から水を飲んで取り入れます。植物はどの部分から水を取り入れますか。

(　　　　　　　)

(2) 動物は水を、にょうとして体外に出します。植物が取り入れた水は、おもに葉から水蒸気(すいじょうき)として出ていきます。

① 植物が取り入れた水が出ていく小さな穴(あな)を何といいますか。

(　　　　　　　)

② ①の穴から、水が水蒸気として出ていくことを何といいますか。

(　　　　　　　)

ヒント ❶ (2)動物も植物も、たえず呼吸をしています。

ぴったり3
確かめのテスト

4. 生物どうしのつながり

時間 30 分

／100

合格 70 点

教科書 68〜85ページ　答え 19ページ

1 池の水中の小さな生物を観察しました。

技能 1つ5点(15点)

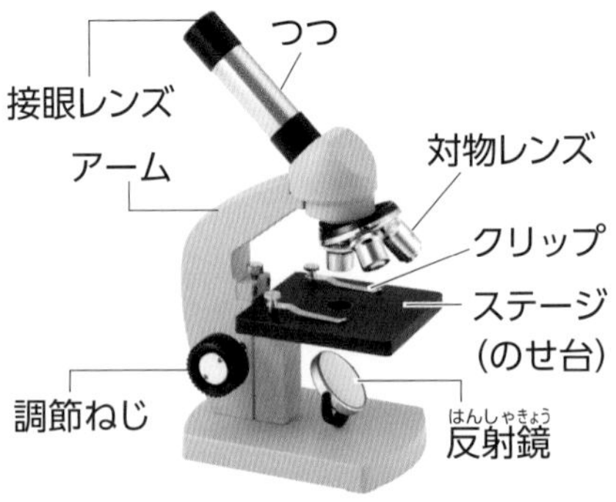
つつ
接眼レンズ
アーム
対物レンズ
クリップ
ステージ
(のせ台)
調節ねじ
反射鏡《はんしゃきょう》

(1) 水中の小さな生物を観察するのに、写真の器具を使いました。この器具の名前を答えましょう。

(　　　　　　)

(2) 池の水をスライドガラスに1てきのせて、プレパラートをつくりました。写真の器具のどこに置いて観察しますか。

(　　　　　　)

(3) プレパラートを置いた後、どのようにしてピントを合わせますか。正しいほうに○をつけましょう。

①(　　)対物レンズをプレパラートに近づけ、接眼レンズをのぞきながら、対物レンズとプレパラートをはなしていく。

②(　　)対物レンズをプレパラートからはなし、接眼レンズをのぞきながら、対物レンズとプレパラートを近づけていく。

2 食べ物のもとをたどり、食べ物を通した生物のつながりについて調べました。

(1)、(2)はそれぞれ全部できて10点(20点)

(1) カレーライスには、次の食材が使われていました。

①牛肉　②ニンジン　③タマネギ
④ジャガイモ　⑤米

①〜⑤のうち、どれが植物で、どれが動物ですか。記号で答えましょう。

植物(　　　　　　)
動物(　　　　　　)

(2) 植物や動物は、どのようにして養分を得ていますか。記号で答えましょう。

①自分で養分をつくり出して得ている。
②ほかの生物を食べて養分を得ている。
③養分がなくても、生きることができる。

植物(　　　　)
動物(　　　　)

よく出る

❸ 池の水中の小さな生物を観察して、生物の食べる・食べられるの関係を調べました。

1つ10点(20点)

(1) 水中の生物は、小さな生物を出発点として、「食べる・食べられる」の関係でつながっていました。この「食べる・食べられる」の関係のつながりを何といいますか。

(　　　　　　　)

(2) 生物の食べ物のもとをたどっていくと、どのような生物に行きつきますか。(　　)にあてはまる言葉をかきましょう。

自分で(　　　　　)をつくり出す生物

❹ 空気や水を通した生物のつながりについて調べました。

(1)、(2)は1つ5点、(3)は全部できて10点(25点)

(1) 図は、空気を通した生物のつながりを表したものです。あ、いにあてはまる気体は何ですか。名前をかきましょう。

あ(　　　　　　　)

い(　　　　　　　)

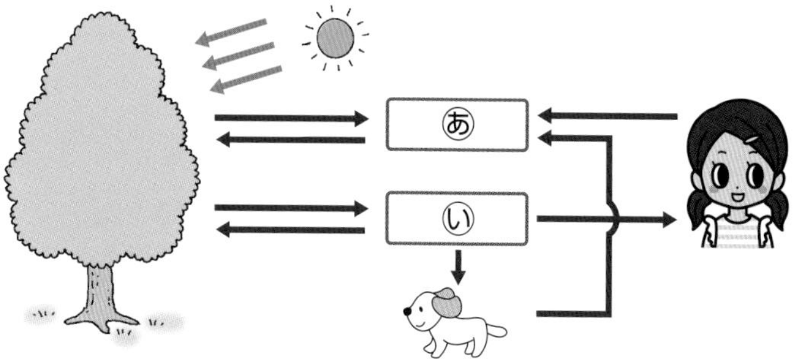

(2) 動物も植物も行っている、いの気体を取り入れ、あの気体を出すはたらきを何といいますか。

(　　　　　　　)

(3) 動物や植物は、どのようにして水を取り入れ、体外に出していますか。次の［　　］から言葉を選んで、(　　)にかきましょう。

- 動物は(　　　　)から水を飲んで、(　　　　　)として体外に出す。
- 植物は(　　　　)から水を取り入れ、おもに(　　　　)から出している。

根　くき　葉　花　口　こう門　だ液　血液　にょう

できたらスゴイ!

❺ 植物と養分、空気、水の関係について、次の文の(　　)にあてはまる言葉をかきましょう。

思考・表現　1つ5点(20点)

植物は、葉に(①　　　　　　)が当たっている昼間は、二酸化炭素を取り入れ、酸素を出している。このとき、(②　　　　　　)がつくられる。植物は、生きていくための養分を自分でつくり出している。

また、植物の葉からは、(③　　　　)から吸収《きゅうしゅう》された水が水蒸《すいじょう》気《き》として出ていく。これを(④　　　　　　)という。

この本の終わりにある「夏のチャレンジテスト」をやってみよう!

ふりかえり
❸がわからないときは、32ページの❶にもどって確認《かくにん》しましょう。
❺がわからないときは、34ページの❶にもどって確認しましょう。

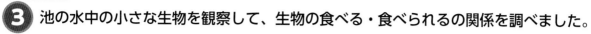

5. 水よう液の性質

①水よう液の区別(1)

学習日　　月　　日

めあて
水よう液の区別のしかたをかくにんしよう。

教科書 96〜100ページ　答え 20ページ

下の(　　)にあてはまる言葉をかくか、あてはまるものを○で囲もう。

1 水よう液は、どうすれば区別することができるのだろうか。

教科書 96〜98ページ

▶こまごめピペットを使うと、(① 固体 ・ 液体)を少量だけはかり取ることができる。

	食塩水	炭酸水	うすい塩酸	重そう水	うすいアンモニア水
見た目	水と変わらなかった。	あわが出ていた。	水と変わらなかった。	水と変わらなかった。	水と変わらなかった。
におい	なかった。	なかった。	つんとしたにおいがした。	なかった。	つんとしたにおいがした。
水を蒸発させたとき	白い固体が残った。	何も残らなかった。	何も残らなかった。	白い固体が残った。	何も残らなかった。

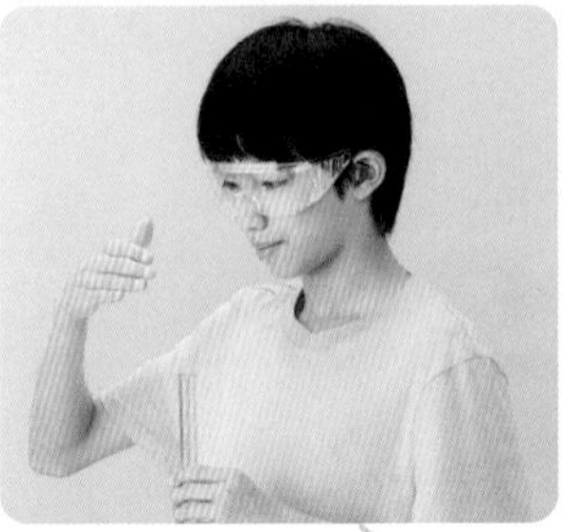

▶食塩水や重そう水は、水を蒸発《じょうはつ》させると、とけている(③ 固体 ・ 液体)を取り出すことができる。

▶水よう液は、見た目やにおい、水を蒸発させたときのようすで、区別できることがある。

・(②　　　　　　)をかけて、かん気をしながら実験する。
・においは、鼻を直接近づけず、手であおいで確かめる。

2 炭酸水には、何がとけているのだろうか。

教科書 99〜100ページ

▶炭酸水から出る気体を試験管に集めて、集めた気体の性質を調べる。

・石灰水《せっかいすい》を入れてふると、石灰水は(①　　　　　　)。

・火のついた線香を入れると、線香の火は(② すぐに消える ・ よく燃える)。

▶炭酸水には、(③　　　　　　)がとけている。

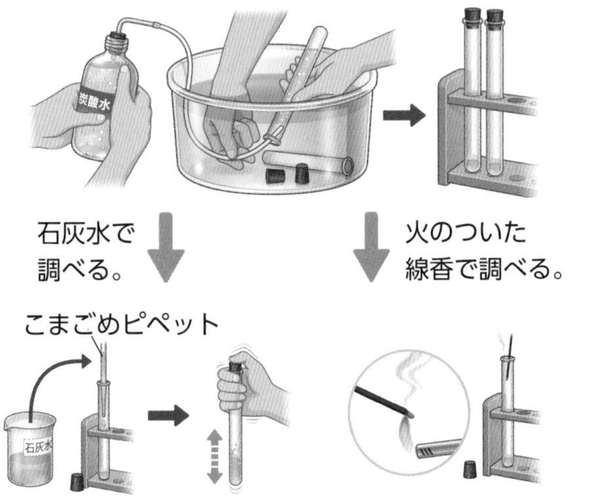
炭酸水
石灰水で調べる。
火のついた線香で調べる。
こまごめピペット
石灰水

▶水よう液には、固体だけではなく、気体がとけているものも(④ ある ・ ない)。

▶塩酸には(⑤　　　　　　)、アンモニア水には(⑥　　　　　　)という気体がとけている。

ここが、だいじ!
①水よう液は、見た目やにおい、水を蒸発させたときのようすで、区別できることがある。
②水よう液には、固体だけでなく、気体がとけているものもある。

ぴたトリビア　固体で水にとけやすいものととけにくいものがあるように、気体にも水にとけやすいものととけにくいものがあります。

5. 水よう液の性質

①水よう液の区別(1)

学習日　月　日

教科書 96～100ページ　答え 20ページ

1 5種類の水よう液のちがいを調べました。

(1) ㋐～㋔の水よう液のうち、見た目で区別できるものを1つ選び、記号で答えましょう。

(　　　)

(2) ㋐～㋔の水よう液をそれぞれ蒸発《じょうはつ》皿《ざら》に少量取り、加熱して水を蒸発させました。蒸発皿に白い固体が残ったものをすべて選び、記号で答えましょう。

(　　　)

㋐　㋑　㋒　㋓　㋔

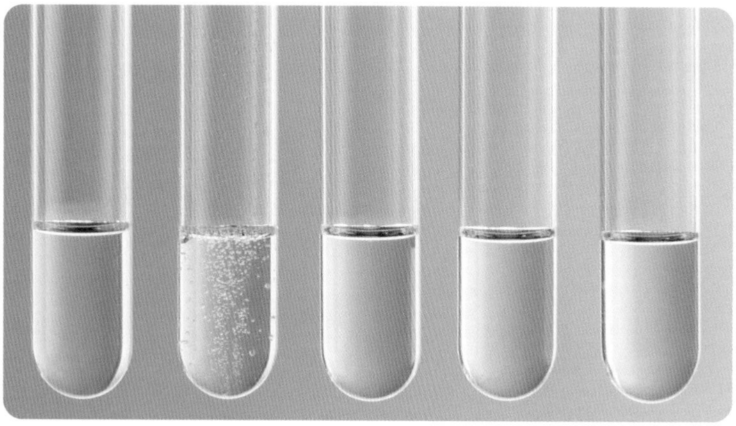

食塩水　炭酸水　うすい塩酸　重そう水　うすいアンモニア水

(3) ㋐～㋔の水よう液を、①固体がとけている水よう液と、②気体がとけている水よう液に仲間分けし、それぞれ記号で答えましょう。

①固体がとけている水よう液(　　　)
②気体がとけている水よう液(　　　)

2 炭酸水にとけているものを調べました。

(1) 炭酸水から出る気体を試験管に集めて、その試験管に火のついたろうそくを入れました。ろうそくの火はどうなりますか。

(　　　)

(2) 炭酸水から出る気体を試験管に集めて、その試験管に石灰水《せっかいすい》を入れてふりました。石灰水はどうなりますか。

(　　　)

(3) この実験から、炭酸水にとけていた気体は何であるとわかりますか。

(　　　)

(4) 塩酸やアンモニア水も、気体がとけている水よう液です。それぞれ、とけている気体の名前をかきましょう。

塩酸(　　　)
アンモニア水(　　　)

ヒント
1 炭酸水だけ、あわが出ていることがわかります。
2 石灰水は、二酸化炭素にふれると白くにごる性質があります。

5. 水よう液の性質

①水よう液の区別(2)

学習日　　月　　日

めあて
リトマス紙によって水よう液の仲間分けができることをかくにんしよう。

教科書 101〜103ページ　答え 21ページ

下の(　　)にあてはまる言葉をかくか、あてはまるものを○で囲もう。

1 リトマス紙を使うと、水よう液をどのように仲間分けできるのだろうか。

教科書 101〜103ページ

▶(①　　　　　　　　)という試験紙を使うと、色の変化で水よう液を仲間分けすることができる。

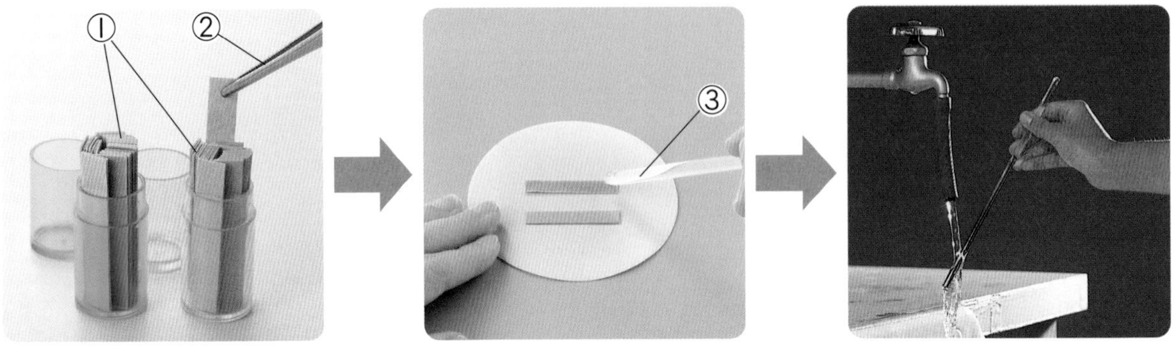

▶リトマス紙の使い方

- リトマス紙を(②　　　　　　　　　)で取り出す。
- 直接手でさわらない。ふたはすぐに閉《し》める。
- (③　　　　　　　　)を使って水よう液をリトマス紙につけて、色の変化を観察する。
- (　③　)は、１回ごとに(④　　　)で洗《あら》う。

▶いろいろな水よう液を青色と赤色のリトマス紙につけて、色の変化を調べる。

水よう液の名前	リトマス紙の色の変化	水よう液の性質
塩酸 炭酸水	赤➡赤 青➡赤　青色のリトマス紙だけが(⑤ 青・赤)色に変化する。	(⑥　　　　性)
食塩水	赤➡赤 青➡青　どちらの色のリトマス紙も変化しない。	(⑦　　　　性)
重そう水 アンモニア水	赤➡青 青➡青　赤色のリトマス紙だけが(⑧ 青・赤)色に変化する。	(⑨　　　　性)

▶水よう液は、リトマス紙の(⑩　　　　)の変化によって、３つの仲間に分けることができる。

ここがだいじ!
①水よう液は、リトマス紙の色の変化によって、酸性・中性・アルカリ性の３つの仲間に分けることができる。

ぴたトリビア
リトマス紙には、リトマスゴケというコケから取れる色素が使われています。

1 写真の試験紙を使って、水よう液の性質を調べました。

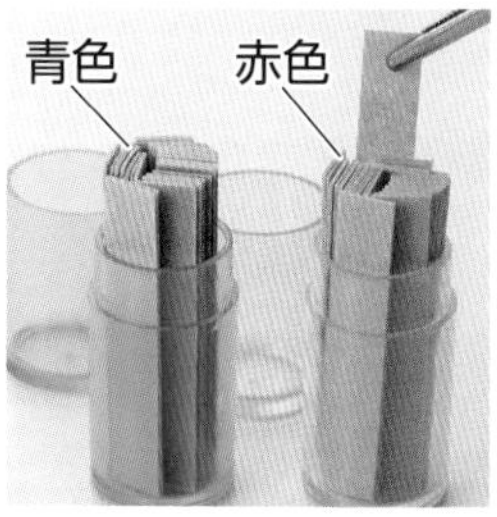

(1) この試験紙を何といいますか。 (　　　　　)

(2) この試験紙の説明として、正しいもの2つに○をつけましょう。

ア(　　)赤色、青色の2種類ある。

イ(　　)赤色、青色、黄色の3種類ある。

ウ(　　)色の変化で、水よう液を2つの仲間に分けることができる。

エ(　　)色の変化で、水よう液を3つの仲間に分けることができる。

(3) 下の文は、この試験紙の使い方を説明したものです。(　　)にあてはまる言葉を、[　　]から選んでかきましょう。

・この試験紙は、(①　　　　　)で取り出し、直接手でさわらない。この試験紙に水よう液をつけるときは、(②　　　　　)を使い、次にこれを使うときは、1回ごとに(③　　　　　)で洗《あら》う。

[手　ピンセット　ガラス棒《ぼう》　温度計　水]

2 水よう液をリトマス紙につけたときの色の変化を見て、水よう液を仲間分けしました。

水よう液の名前	赤色のリトマス紙	青色のリトマス紙
炭酸水	赤色	赤色
食塩水	㋐(　　　)色	㋑(　　　)色
うすい塩酸	㋒(　　　)色	㋓(　　　)色
重そう水	㋔(　　　)色	㋕(　　　)色
うすいアンモニア水	㋖(　　　)色	㋗(　　　)色

(1) 実験の結果、リトマス紙の色は何色になりましたか。表の(　　)にあてはまる色をかきましょう。

(2) (1)の結果から、食塩水、うすい塩酸、重そう水、うすいアンモニア水は、それぞれ酸性・中性・アルカリ性のどれであるといえますか。

食塩水(　　　　　)

うすい塩酸(　　　　　)

重そう水(　　　　　)

うすいアンモニア水(　　　　　)

(3) 炭酸水は、うすい塩酸と同じ仲間ですか。ちがう仲間ですか。 (　　　　　)

5. 水よう液の性質

②水よう液と金属

学習日　　月　　日

めあて
金属を変化させる水よう液があることとそのときの変化をかくにんしよう。

教科書 104〜110ページ　答え 22ページ

下の(　　)にあてはまる言葉をかくか、あてはまるものを○で囲もう。

1 金属にうすい塩酸を加えると、金属はどうなるのだろうか。

教科書 104〜106ページ

- 鉄やアルミニウムにうすい塩酸を加えると、鉄やアルミニウムは(① あわ ・ けむり)を出して小さくなり、見えなくなった。
- 鉄やアルミニウムに水を加えると、(② あわが出た ・ 変化しなかった)。
- 塩酸には、鉄やアルミニウムなどの金属を(③　　　　　　)はたらきがある。

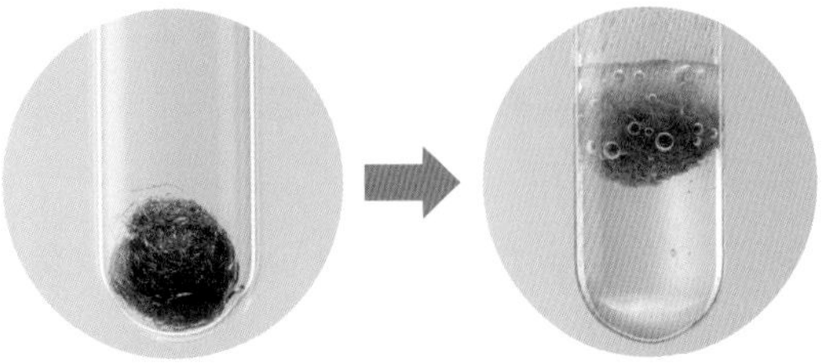
鉄(スチールウール)にうすい塩酸を加えたとき

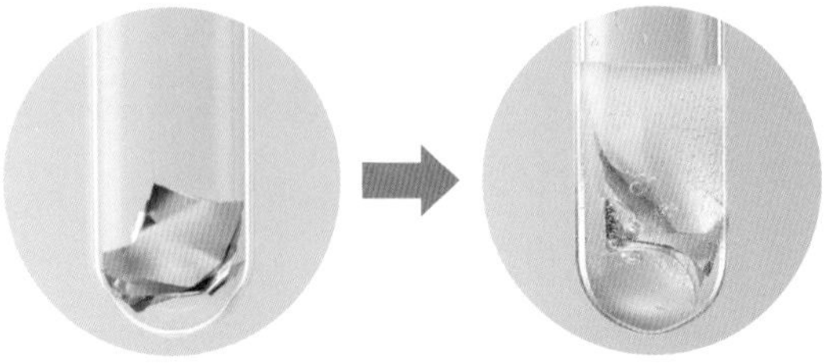
アルミニウム(はく)にうすい塩酸を加えたとき

2 塩酸にとけて見えなくなった金属は、どうなったのだろうか。

教科書 106〜108ページ

- うすい塩酸に鉄やアルミニウムがとけた液体から、それぞれ上《うわ》ずみ液を蒸発皿《じょうはつざら》に取って加熱し、水を蒸発《じょうはつ》させる。
- 塩酸に金属がとけた液体から水を蒸発させると固体が出てくるが、もとの金属と見た目が(① 同じ ・ ちがう)。

鉄がとけた液体を加熱した結果

うすい黄色の固体が残った。

アルミニウムがとけた液体を加熱した結果

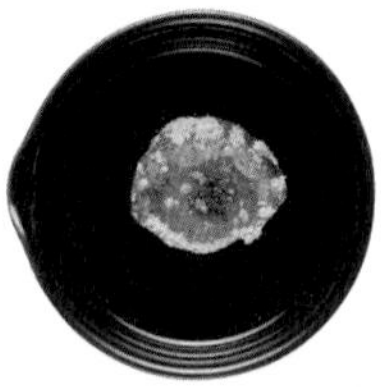
白色の固体が残った。

3 金属がとけた液体から出てきた固体は、もとの金属と同じものだろうか。

教科書 109〜110ページ

- もとの金属(鉄、アルミニウム)と、塩酸に金属がとけた液体から出てきた固体が同じものかどうか、見た目やうすい塩酸を加えたときの変化を比べる。
- 水よう液には、金属を別のものに変化させるはたらきが(① ある ・ ない)。

	鉄	アルミニウム
もとの金属	見た目 黒っぽい銀色。 うすい塩酸 あわを出してとけた。 水 変化は起こらなかった。	見た目 白っぽい銀色で、つやがあった。 うすい塩酸 あわを出してとけた。 水 変化は起こらなかった。
出てきた固体	見た目 うすい黄色の粉。 うすい塩酸 あわを出さずにとけた。 水 あわを出さずにとけた。	見た目 白い粉で、つやはない。 うすい塩酸 あわを出さずにとけた。 水 あわを出さずにとけた。

ここが、だいじ!
①塩酸には、鉄やアルミニウムなどの金属をとかすはたらきがある。
②塩酸に金属がとけた液体を蒸発させると、固体が出てくる。出てきた固体は、もとの金属と性質がちがう。

ぴたトリビア
水よう液は、ふれたものを変化させることがあるので、保管する容器に何を使うかには注意が必要です。

1 **金属にうすい塩酸を加えたときの変化を調べました。**

(1) 試験管に鉄(スチールウール)を少量入れ、うすい塩酸を加えたときにどうなるか調べました。正しいほうに○をつけましょう。

①(　　)鉄は、あわを出して小さくなった。

②(　　)鉄は、変化しなかった。

(2) 小さく切ったアルミニウム(アルミニウムはく)を試験管あ、いに入れ、あには水を、いにはうすい塩酸を加えて観察しました。アルミニウムに変化が起こるのは、あ、いのどちらですか。

(　　　　)

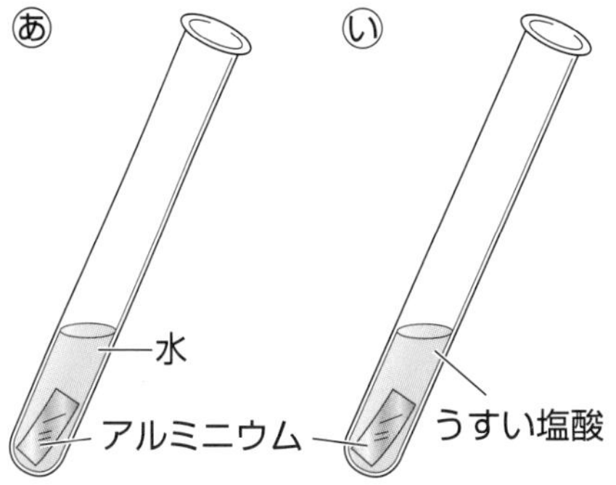

(3) (2)で答えたほうには、どんな変化が起こりますか。正しいほうに○をつけましょう。

①(　　)アルミニウムは、あわを出して小さくなる。

②(　　)アルミニウムは、あわを出さずに小さくなる。

2 **うすい塩酸に鉄がとけた液体から水を蒸発《じょうはつ》させました。あ、いは、一方がとかす前の鉄(スチールウール)、もう一方がとけた液体から水を蒸発させて出てきたものです。**

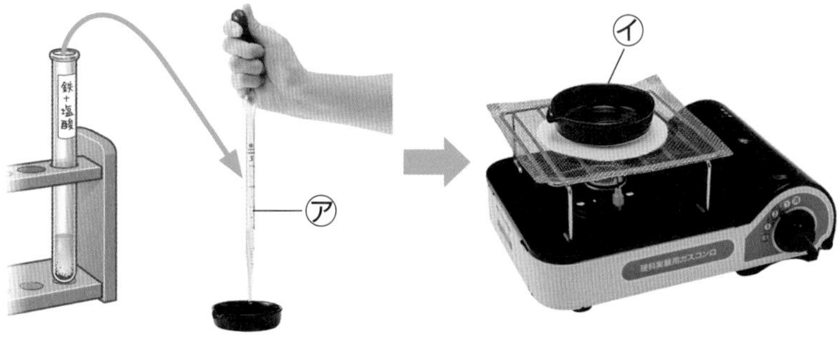

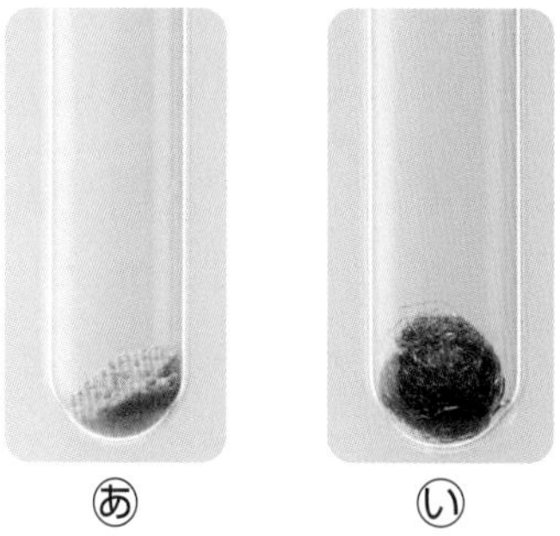

(1) 器具㋐、㋑の名前をかきましょう。

㋐(　　　　　　　　)　㋑(　　　　　　　　)

(2) うすい塩酸に鉄がとけた液体から水を蒸発させて出てきたものは、あ、いのどちらですか。

(　　　　)

(3) あ、いにうすい塩酸を加えたとき、あわを出さずにとけるのはどちらですか。

(　　　　)

(4) あ、いに水を加えたとき、とけるのはどちらですか。

(　　　　)

(5) あ、いは同じものであるといえますか、いえませんか。

(　　　　　　)

ぴったり3
確かめのテスト

5. 水よう液の性質

時間 30 分

／100

合格 70 点

教科書 94〜113ページ　答え 23ページ

1 炭酸水について調べました。

1つ5点(25点)

(1) 炭酸水を蒸発皿《じょうはつざら》に取って加熱したとき、水を蒸発《じょうはつ》させた後のようすは、①、②のどちらですか。正しいほうに○をつけましょう。

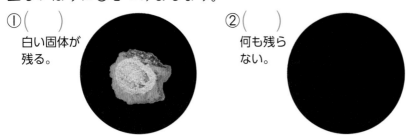

①(　　)
白い固体が残る。

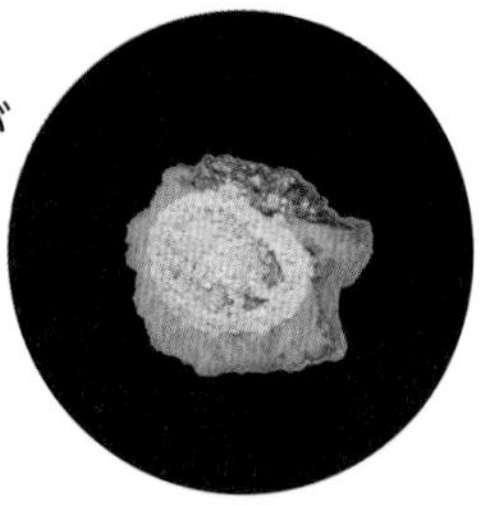

②(　　)
何も残らない。

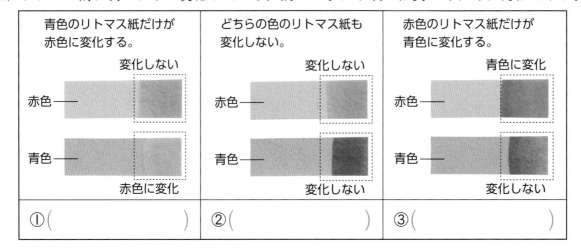

(2) 炭酸水には固体・液体・気体のどれがとけていますか。(　　　　　)

(3) 炭酸水から出てきた気体を集めた試験管に、石灰水《せっかいすい》を入れてふりました。石灰水はどうなりますか。(　　　　　)

(4) 炭酸水から出てきた気体を集めた試験管に、火のついた線香を入れました。線香の火はどうなりますか。(　　　　　)

(5) 炭酸水から出てきた気体は何ですか。(　　　　　)

よく出る

2 リトマス紙を使って、水よう液を仲間分けしました。

技能 1つ5点(25点)

(1) リトマス紙の使い方について、正しいほうに○をつけましょう。

①リトマス紙を取り出すとき

ア(　　)手で取り出す。

イ(　　)ピンセットで取り出す。

②水よう液をつけるとき

ア(　　)ガラス棒《ぼう》で水よう液をリトマス紙につける。

イ(　　)手でリトマス紙を水よう液の中に入れる。

(2) リトマス紙が次のように変化したとき、調べた水よう液の性質はそれぞれ何性ですか。

青色のリトマス紙だけが赤色に変化する。 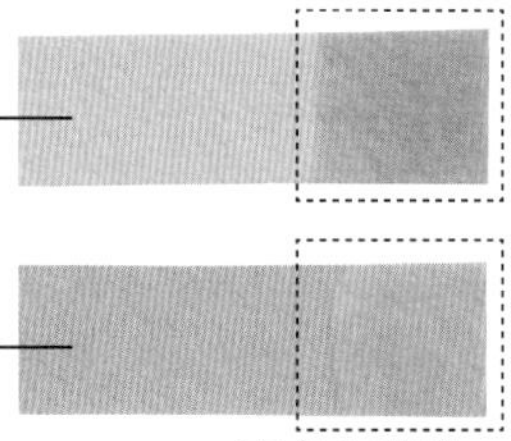	どちらの色のリトマス紙も変化しない。 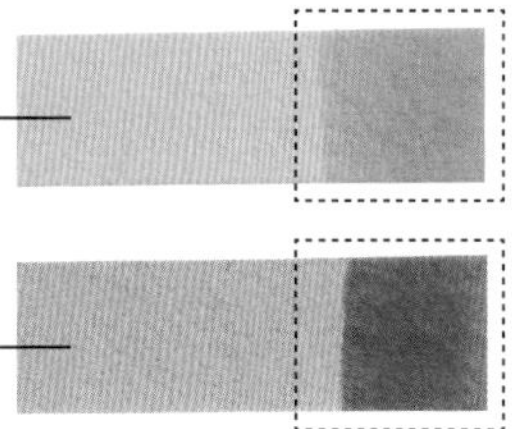	赤色のリトマス紙だけが青色に変化する。 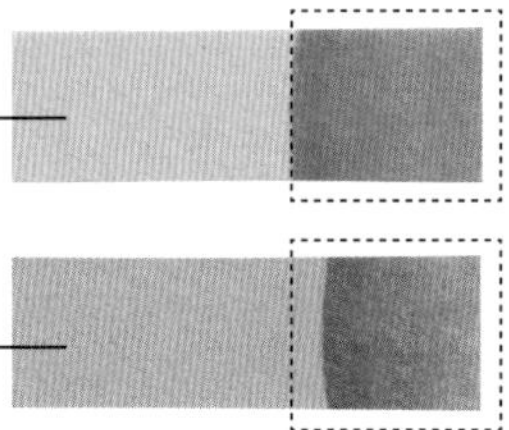
①(　　　　　)	②(　　　　　)	③(　　　　　)

❸ 試験管に入れた鉄（スチールウール）にうすい塩酸を加えて、変化を調べました。

1つ5点（20点）

うすい塩酸を加える

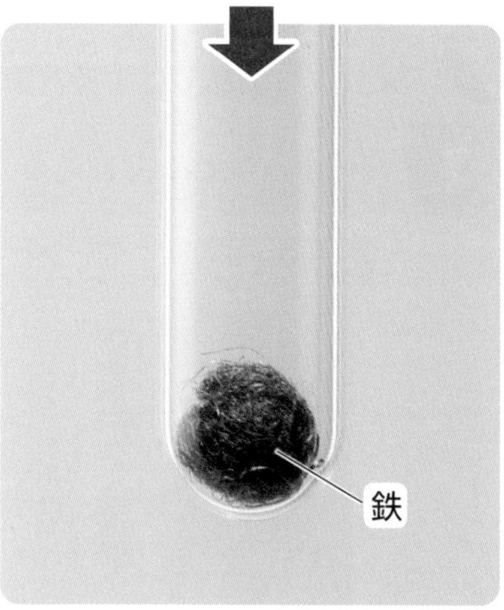

(1) 鉄にうすい塩酸を加えると、どんな変化をしますか。

（　　　　　　　　　　）

(2) 変化が終わった後の液体から水を蒸発させると、どんなものが出てきますか。正しいほうに○をつけましょう。

①（　　）鉄が出てくる。

②（　　）鉄とは別のものが出てくる。

(3) (2)で出てきたものに、うすい塩酸を加えました。どうなりますか。（　　　　　　　　　　）

(4) (2)で出てきたものに、水を加えました。水にとけますか、とけませんか。（　　　　　）

できたらスゴイ！

❹ ①～⑤の試験管の中に、□中の５種類の水よう液が入っています。

思考・表現

(1)、(2)はそれぞれ全部できて10点、(3)、(4)は1つ5点（30点）

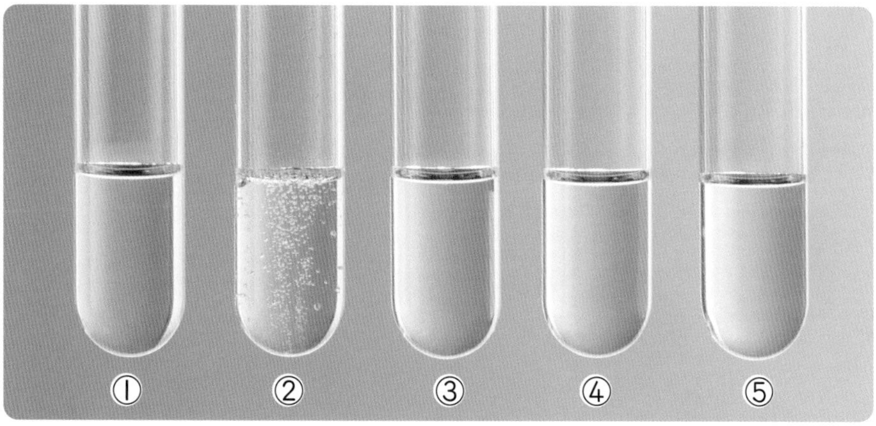

㋐うすい塩酸
㋑うすいアンモニア水
㋒炭酸水
㋓重そう水
㋔食塩水

- ③、⑤はつんとしたにおいがした。
- リトマス紙を使って調べると、(①)、(②、③)、(④、⑤)の３種類に仲間分けできた。

(1) ①～⑤の試験管に入っている水よう液はそれぞれ何ですか。㋐～㋔の記号で答えましょう。

①（　　）　②（　　）　③（　　）　④（　　）　⑤（　　）

(2) ３種類に仲間分けされた(①)、(②、③)（④、⑤)の水よう液は、それぞれ何性ですか。

(①)（　　　　　）

(②、③)（　　　　　）

(④、⑤)（　　　　　）

(3) 蒸発させると何も残らないのは、①～⑤のどの水よう液ですか。３つ答えましょう。

（　　　　　）

(4) アルミニウムに③を加えると、アルミニウムはどうなりますか。

（　　　　　　　　　　）

ふりかえり
❷がわからないときは、40ページの❶にもどって確認《かくにん》しましょう。
❹がわからないときは、38ページの❶と40ページの❶にもどって確認しましょう。

6. 月と太陽

①月の形の変化と太陽(1)

めあて
月の形の変化と太陽の位置関係をかくにんしよう。

教科書 116〜119ページ　答え 24ページ

下の(　　)にあてはまる言葉をかくか、あてはまるものを○で囲もう。

1 月の形が変わって見えるのは、月と太陽の位置と関係があるのだろうか。 教科書 116〜119ページ

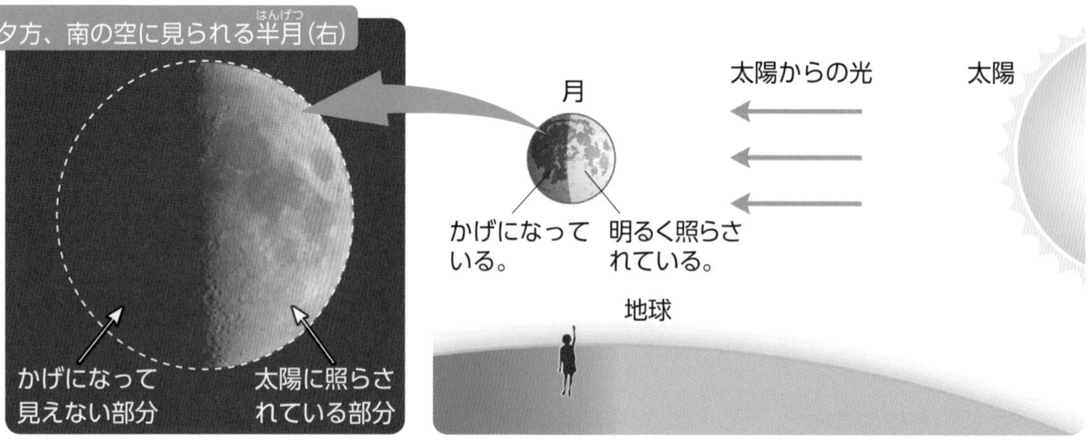
夕方、南の空に見られる半月《はんげつ》(右)
かげになって見えない部分
太陽に照らされている部分
月
太陽からの光
太陽
かげになっている。
明るく照らされている。
地球

▶月は、球の形をしていて、(① 太陽 ・ 地球)の光が当たっている部分だけが明るく光って見えている。

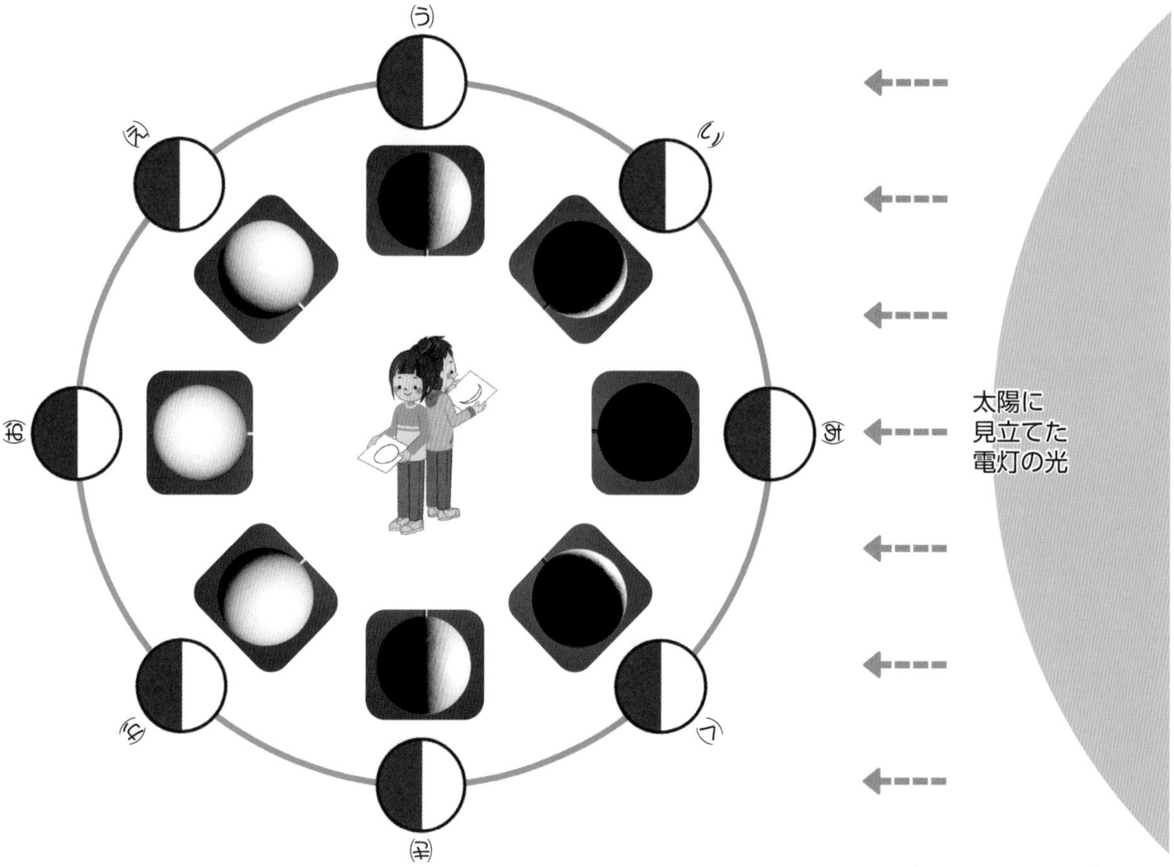
あ
い
う
え
お
か
き
く
太陽に見立てた電灯の光

▶月は、太陽の光を受けてかがやいているため、月のかがやいている側に(②　　　　　)がある。

ここが、だいじ！
①月は、太陽の光が当たっている部分だけが明るく光って見える。

ぴたトリビア
月の表面には、「クレーター」とよばれる円形のくぼみが多く見られます。大きいものでは、直径500 km以上もあり、石や岩などが月にぶつかってできたと考えられています。

6. 月と太陽

①月の形の変化と太陽(1)

教科書 116～119ページ　答え 24ページ

1 写真のようにして、月の見え方を調べました。（　　）にあてはまる言葉を［　］から選んでかきましょう。

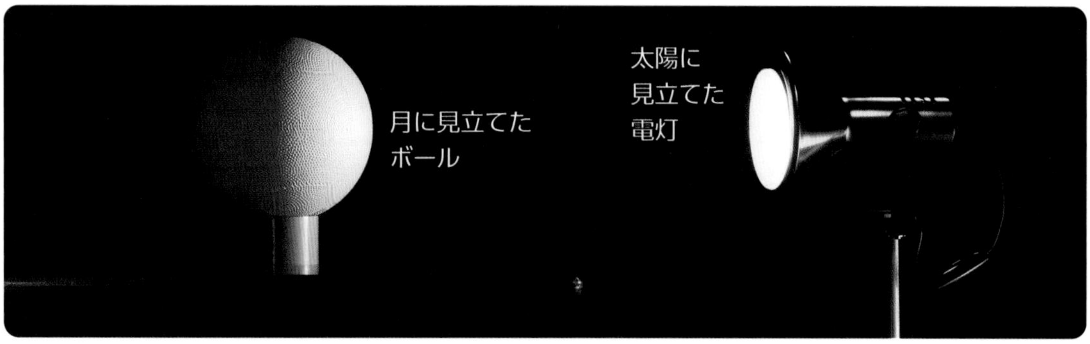

(1) ボールは、電灯の光に照らされている部分だけが（①　　　　　　）光って見え、（②　　　　　）になっている部分は見えない。

(2) 月も、ボールと同じように（③　　　　）の形をしているが、（④　　　　　）の光があたった部分だけが（ ① ）光って見える。

明るく　暗く　かげ　太陽　地球　月　球　円

2 月の見え方の変化について考えました。①～⑧の位置にある月は、地球から見てどんな形に見えるでしょうか。㋐～㋗から選んで記号で答えましょう。

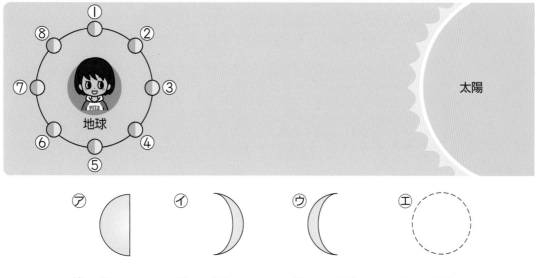

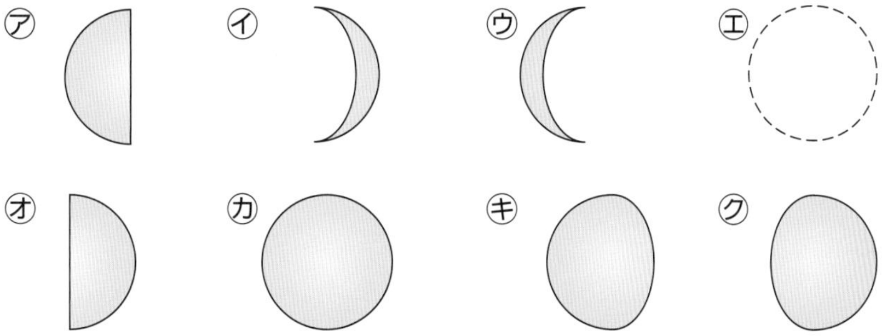

①（　　）　②（　　）　③（　　）　④（　　）
⑤（　　）　⑥（　　）　⑦（　　）　⑧（　　）

ぴったり1 準備

6. 月と太陽

①月の形の変化と太陽(2)

学習日　　月　　日

めあて
月の見え方の変化と、月の形による名前をかくにんしよう。

教科書 118〜120ページ　答え 25ページ

下の(　)にあてはまる言葉をかくか、あてはまるものを○で囲もう。

1 月の見え方は、どのように変化するのだろうか。　教科書 118〜120ページ

▶月の見え方は、毎日少しずつ変わっていく。新月から約 15 日で(①　　　　　　)となり、約 29.5 日で(②　　　　　　)にもどる。

月の見え方の変化

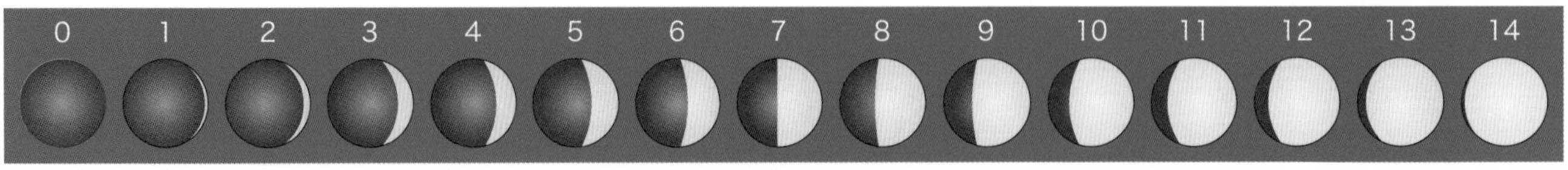
0 1 2 3 4 5 6 7 8 9 10 11 12 13 14

㋐　　㋑　　半月(上弦の月)

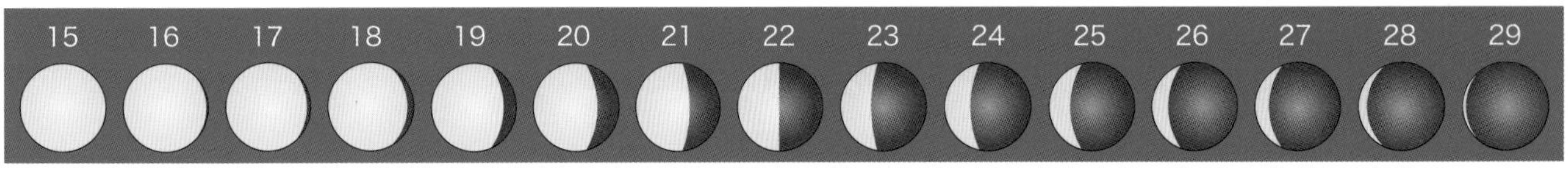
15 16 17 18 19 20 21 22 23 24 25 26 27 28 29

㋒　　半月(下弦の月)

▶㋐の月を(③　　　　　　)、㋑の月を(④　　　　　　)、
㋒の月を(⑤　　　　　　)とよぶ。

▶月の形と、月と太陽の位置関係

月の名前	月と太陽の位置関係
新月	月と太陽は、地球から見て(⑥　同じ側　・　反対側　)にある。
半月(上弦《じょうげん》の月)	地球から見て太陽は、月の(⑦　右側　・　左側　)にある。
満月	月と太陽は、地球をはさんで(⑧　同じ側　・　反対側　)にある。
半月(下弦《かげん》の月)	地球から見て太陽は、月の(⑨　右側　・　左側　)にある。

▶日によって、月と(⑩　　　　　　)の位置関係が変わることで太陽の光を受けてかがやいて見える月の形が変わる。

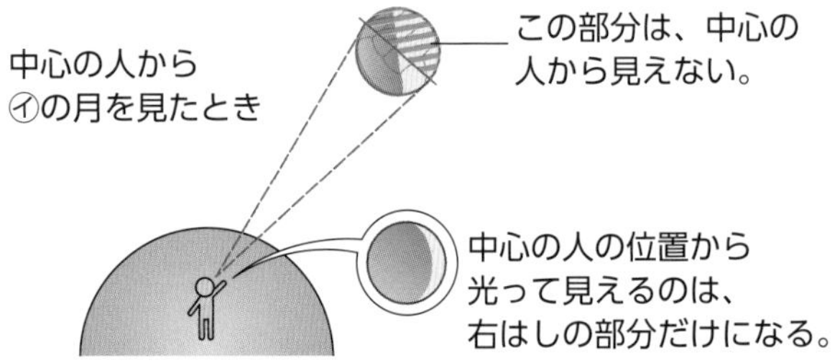
中心の人から
㋑の月を見たとき
この部分は、中心の
人から見えない。
中心の人の位置から
光って見えるのは、
右はしの部分だけになる。

ここが、だいじ!
①日によって、月と太陽の位置関係が変わることで、太陽の光を受けてかがやいて見える月の形が変わる。

ぴたトリビア
地球は太陽の周りをまわっていて、「わく星」といいます。そのわく星の周りを回っている月のような天体を「衛星」といいます。

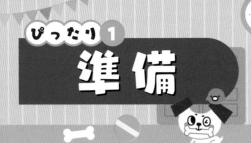

6. 月と太陽

①月の形の変化と太陽(2)

教科書 118〜120ページ　答え 25ページ

1 月の見え方の変化について調べました。

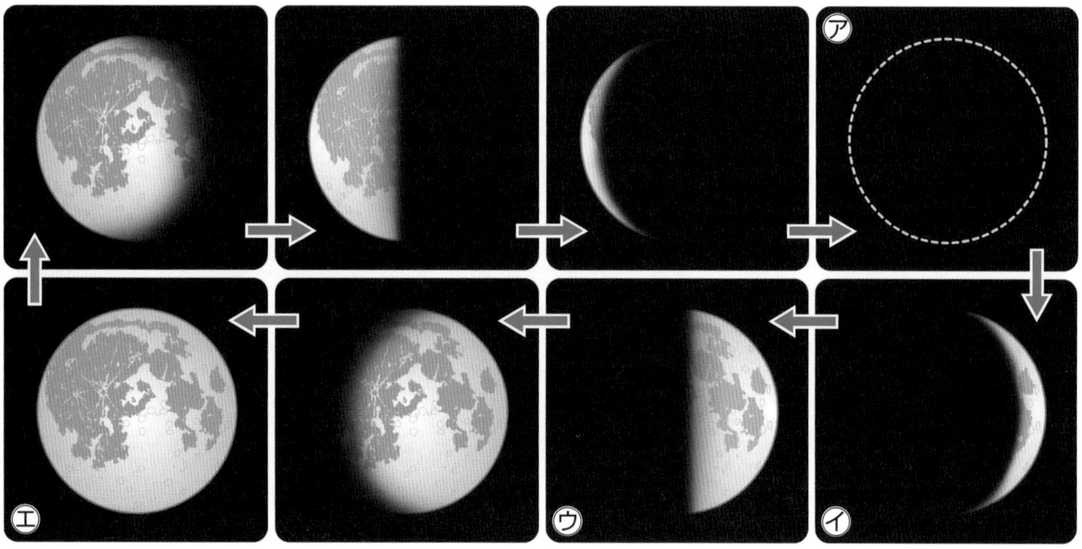

(1) ㋐〜㋓の月の形を、それぞれ何とよびますか。

㋐(　　　　　)　㋑(　　　　　)
㋒(　　　　　)　㋓(　　　　　)

(2) ①〜④の説明で、正しいものには○を、まちがっているものには×をつけましょう。

①(　　)月は、みずから光を出して明るくかがやいている。
②(　　)月には、もともといろいろな形をしたものがある。
③(　　)新月から満月になるまで、約1か月かかる。
④(　　)月のかがやいている側には太陽がある。

2 ある日の夕方に、南西の空に見えた月を観察しました。

(1) 月の観察記録として、正しいものは、㋐、㋑のどちらですか。

(　　　　)

(2) 観察したとき、太陽は東側、南側、西側のうちのどちらにありますか。

(　　　　)

ヒント 2 太陽の位置は、東から南の空の高いところを通り、西へと変わります。夕方には、太陽はどちらにあるでしょうか。

ぴったり3 確かめのテスト

6. 月と太陽

時間 30 分

／100

合格 70 点

教科書 114〜123ページ　答え 26ページ

よく出る

1 月と太陽の位置と、月の見え方と形の変化について調べました。

(1)は全部できて10点、(2)は1つ10点(40点)

(1) 電灯とボールを使って、月の見え方と形の変化について調べるとき、どのようにすればよいですか。次の文の(　　)にあてはまる言葉をかきましょう。

技能

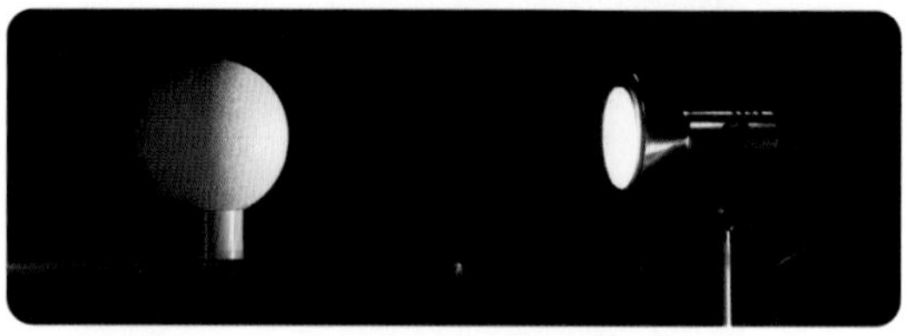

月は、(　　　　　)の形をしていて、(　　　　　)の光が当たっている部分だけが明るく光って見える。
　そこで、暗くした部屋で(　　　　　)に見立てたボールに、太陽に見立てた電灯の光を当てて、球の位置を変えたとき、明るく照らされた部分の形がどのように変わるかを調べる。

(2) 作図 月の形と太陽の位置関係を調べると、図のようになりました。**イ**、**ウ**、**カ**のときに見える月の形をかきましょう。

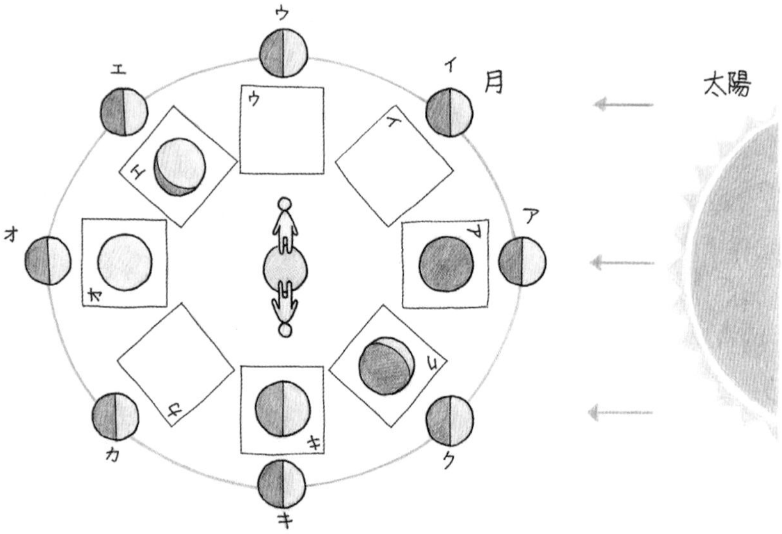

イ

ウ

カ

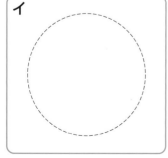

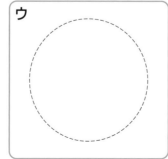

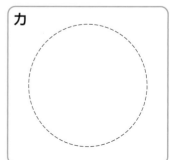

2 月の形や見え方について調べました。

(1)、(3)は1つ5点、(2)は10点(30点)

(1) ①は半月(上弦《じょうげん》の月)です。②～④の月の名前をかきましょう。

①半月(上弦の月)　②(　　　　)　③(　　　　)　④(　　　　)

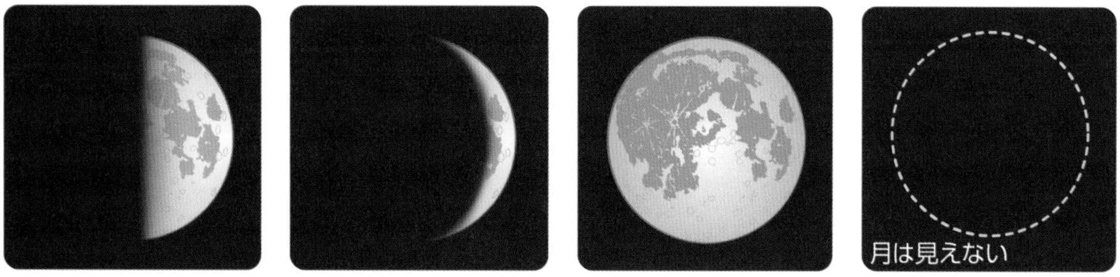
月は見えない

(2) 10月9日と10月12日の午後5時に、それぞれ見える月の形と月の位置を観察して記録しました。太陽は東、西、南、北のどちらのほうにありましたか。

(　　　　)

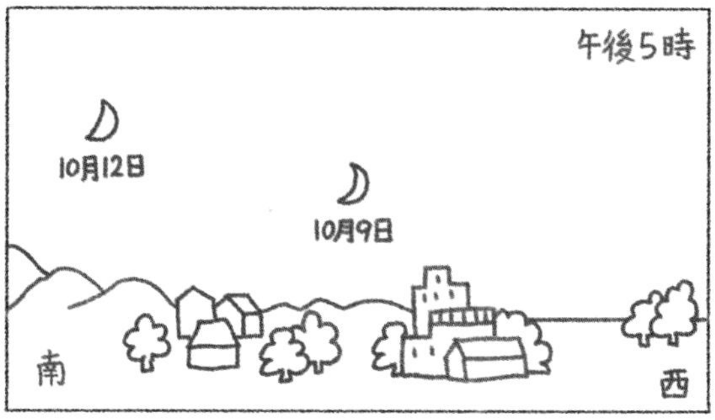
午後5時
10月12日
10月9日
南
西

(3) 月と太陽の位置関係はどのようになっていますか。正しいものに○をつけましょう。

①(　　)太陽は、月の暗い側にある。

②(　　)太陽は、月がかがやいている側にある。

③(　　)月の形と太陽の位置関係に、きまりはない。

できたらスゴイ!

3 図のように、半月(下弦《かげん》の月)が南の空に出ていました。

思考・表現　1つ10点(30点)

(1) このとき、太陽は東のほうか、西のほうか、どちらにありますか。

(　　　　)

(2) 図のようになるのは、明け方、昼ごろ、夜中のいつですか。

(　　　　)

(3) この月が西にしずむのは、明け方、昼ごろ、夜中のいつですか。

(　　　　)

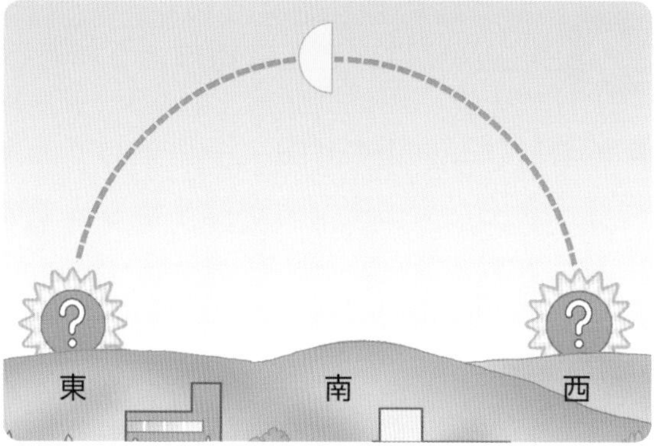
?
?
東
南
西

ふりかえり
1 がわからないときは、46ページの 1 にもどって確認《かくにん》しましょう。
3 がわからないときは、48ページの 1 にもどって確認しましょう。

7. 大地のつくりと変化

①大地のつくり

めあて
地層のつくりと、火山灰の特ちょうをかくにんしよう。

教科書 126～132ページ　答え 27ページ

下の(　)にあてはまる言葉をかくか、あてはまるものを○で囲もう。

1 地層《ちそう》がしま模様《もよう》に見えるのは、どうしてだろうか。

教科書 126～130ページ

▶れき(石)、砂《すな》、どろ、火山灰《かざんばい》などがそれぞれ層《そう》になって積み重なっているので、(①　　　　)はしま模様に見える。(①)は、横にもおくにも広がっている。

(②　　　　)

(③　　　　)

(④　　　　)

つぶの大きさが2mm以上の石をれきという。

▶(①)にふくまれている、大昔の生物の体や生活のあとなどを(⑤　　　　)という。

アンモナイトの化石

2 火山灰には、どんな特ちょうがあるのだろうか。

教科書 131～132ページ

▶地層には、火山の(①　　　　)で、火口からふき出た火山灰などが降《ふ》り積もってできたものもある。

▶火山灰のつぶは、(②　角ばった　・　丸い　)ものが多く、とうめいなガラスのかけらのようなものもある。

つぶが角ばっている。

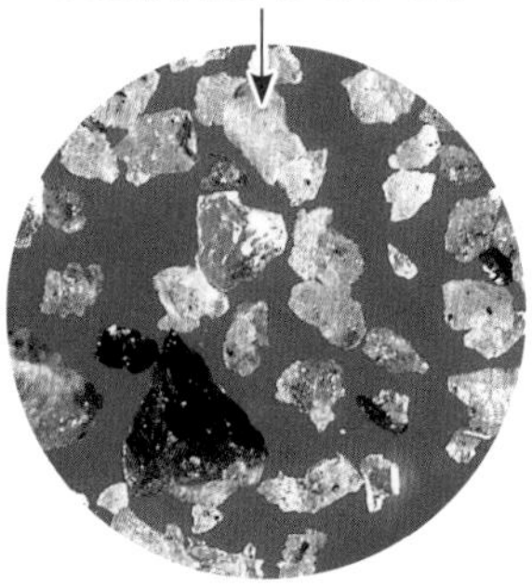
水で洗《あら》った火山灰のつぶ

火山灰などが集まってできた地層

ここがだいじ!

①地層は、れき・砂・どろ、火山灰などが層になって積み重なり、横にも、おくにも広がっている。

②地層の中には、化石がふくまれていることがある。

③火山の噴火《ふんか》で、火山灰などが降り積もってできた地層もある。

ぴたトリビア　火山灰は、火山の地下にあるマグマがふき出すときできた細かい破片《はへん》のことです。木や紙などを燃やしてできる灰とはちがいます。

1 がけに見られるしま模様《もよう》について調べました。

(1) 写真のような、しま模様に見える層《そう》の重なりを何といいますか。（　　　）

(2) (1)は、れき・砂《すな》・どろが積み重なってできています。これらをつぶの大きい順に並《なら》べてかきましょう。

（　　　）→（　　　）→（　　　）

(3) 「れき」とはどのようなものですか。正しいものに○をつけましょう。

ア（　）つぶの細かい砂
イ（　）大きさが2mm以上の石
ウ（　）こぶしくらいの大きさの石

2 地層の中で見つかった化石について調べました。

(1) 写真は、何の生物の化石ですか。正しいものに○をつけましょう。

ア（　）サンゴ　　イ（　）タニシ
ウ（　）ビカリア　エ（　）アンモナイト

(2) 下の文は、化石の説明をしたものです。（　）にあてはまる言葉をかきましょう。

・地層《ちそう》には、大昔の（①　　　）の体や（②　　　）のあとなどがふくまれることがあり、これを化石という。

3 火山灰《かざんばい》のつぶと砂を比べます。

㋐

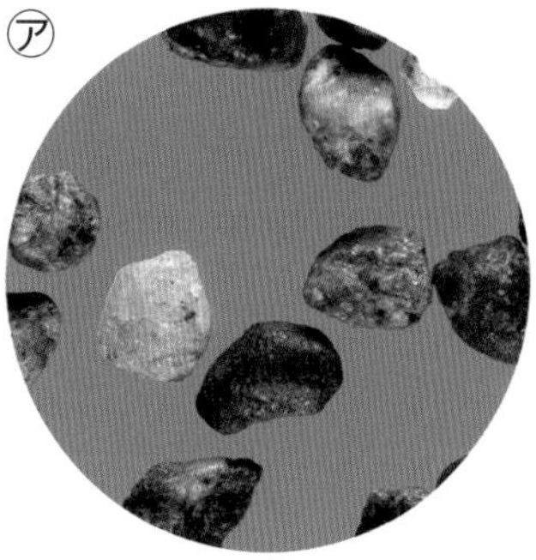

㋑

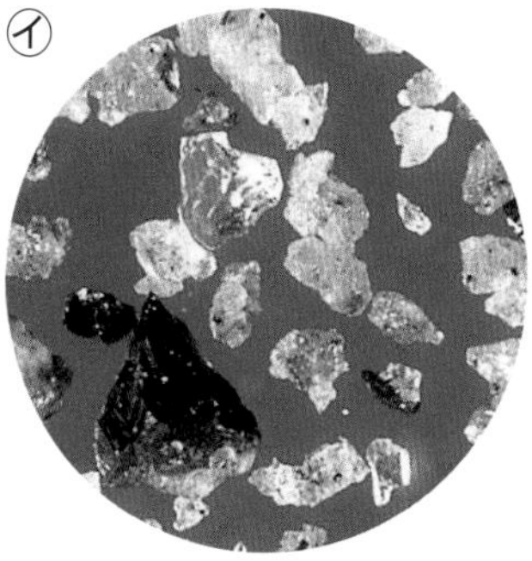

(1) 火山灰のつぶは、㋐、㋑のどちらですか。記号で答えましょう。

（　　　）

(2) 火山灰の説明として、正しいほうに○をつけましょう。

ア（　）丸みのある形をしている。
イ（　）角ばったものが多く、とうめいなガラスのかけらのようなものもある。

7. 大地のつくりと変化

②地層《ちそう》のでき方

学習日　　月　　日

めあて
水のはたらきによる地層のでき方をかくにんしよう。

教科書 133〜137ページ　答え 28ページ

下の(　)にあてはまる言葉をかくか、あてはまるものを○で囲もう。

1 水のはたらきによる地層は、どのようにしてできたのだろうか。 教科書 133〜137ページ

▶れき・砂《すな》・どろを混ぜた土をペットボトルに3分の1ほど入れ、さらに水を8分めぐらいまで入れてふたをして、ペットボトルをよくふる。

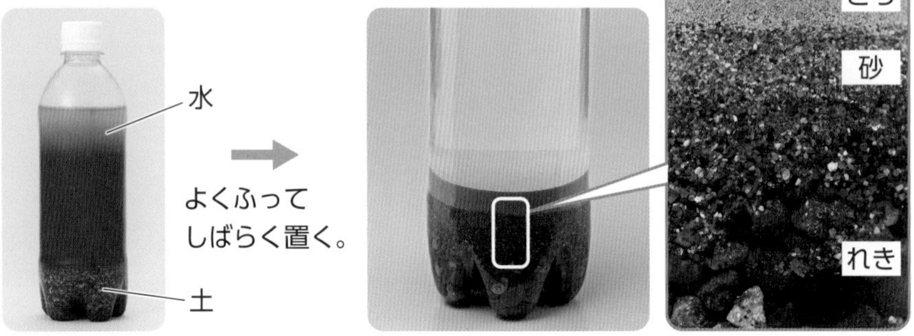
水
土
よくふって
しばらく置く。
ペットボトルにたい積
した土のようす
どろ
砂
れき

▶水のはたらきによって(①　　　　　)されたれき・砂・どろは、つぶの大きさによって分かれて、水底に(②　　　　　)する。

▶地層は、このような(②)が何度もくり返されてできる。

▶地層は、流れる(③　　　　)のはたらきや火山の噴火《ふんか》によってできる。

▶たい積したれき・砂・どろや火山灰《かざんばい》などは、長い年月の間に固まると、かたい(④　　　　)になる。

(⑤　　　　　)

れきが、砂などと混じり、固まってできている。

(⑥　　　　　)

同じような大きさの砂のつぶが固まってできている。

(⑦　　　　　)

細かいどろのつぶが固まってできている。

ここがだいじ！
①水のはたらきによる地層は、れき・砂・どろなどが水底にたい積してできる。
②地層が固まってできた岩石には、れき岩・砂岩《さがん》・でい岩の3つがある。

ぴたトリビア　化石には、例えば花粉の化石のように、けんび鏡で見ないとわからない小さな化石もあります。

ぴったり2 練習

7. 大地のつくりと変化

②地《ち》層《そう》のでき方

学習日　　月　　日

教科書 133～137ページ　答え 28ページ

1 れき・砂《すな》・どろを混ぜた土をといにのせ、その土を水で水そうに流しこみ、土の積もるようすを観察しました。

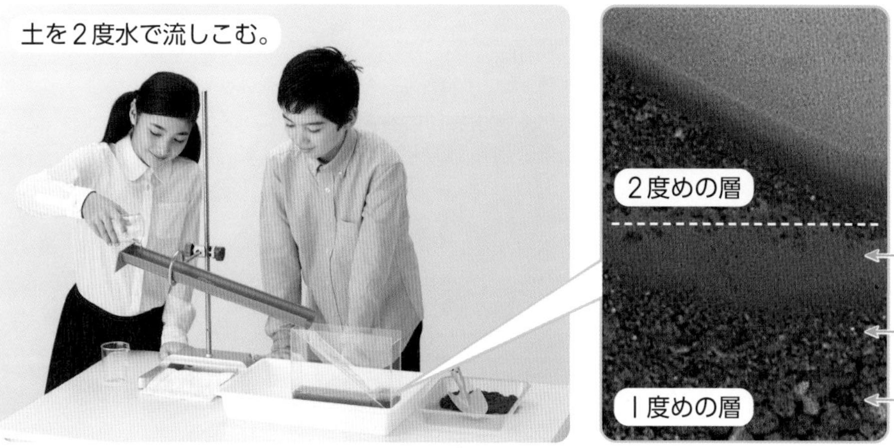

㋐(　　　　)
㋑(　　　　)
㋒(　　　　)

(1) ㋐～㋒はそれぞれ、れき・砂・どろのどの層《そう》かかきましょう。

(2) ２度めの層のれき・砂・どろが積もる順番は、１度めの層と同じですか、ちがいますか。

(　　　　)

(3) 写真のように、㋒→㋑→㋐の順に下から積もるのは、つぶが何によって分かれるからですか。正しいものに○をつけましょう。

ア(　　)色　　**イ**(　　)大きさ　　**ウ**(　　)かたさ

(4) 流れる水のはたらきで運ばれた土が積もることを何といいますか。

ア(　　)しん食　　**イ**(　　)運ぱん　　**ウ**(　　)たい積

2 岩石になった地層を虫眼鏡《むしめがね》で観察します。

(1) 次の文は㋐～㋒の岩石の特ちょうを説明しています。あてはまる岩石を記号で答えましょう。

①同じような大きさの砂のつぶが固まってできている。(　　　　)

②れきが、砂などと混じり、固まってできている。(　　　　)

③細かいどろのつぶが固まってできている。(　　　　)

(2) ㋐～㋒の岩石の名前をかきましょう。

㋐(　　　　　　)　㋑(　　　　　　)　㋒(　　　　　　)

7. 大地のつくりと変化

③火山や地震《じしん》と大地の変化

学習日　　月　　日

めあて
火山活動や地震による大地の変化や災害についてかくにんしよう。

教科書 138～143ページ　答え 29ページ

下の(　　)にあてはまる言葉をかこう。

1 火山活動や地震によって、どんな大地の変化や災害が起こるのだろうか。 教科書 138～143ページ

▶火山が噴火《ふんか》すると、火口から(①　　　　　　)などがふき出たり、(②　　　　　　)が流れ出たりする。

よう岩が流れ出す火山

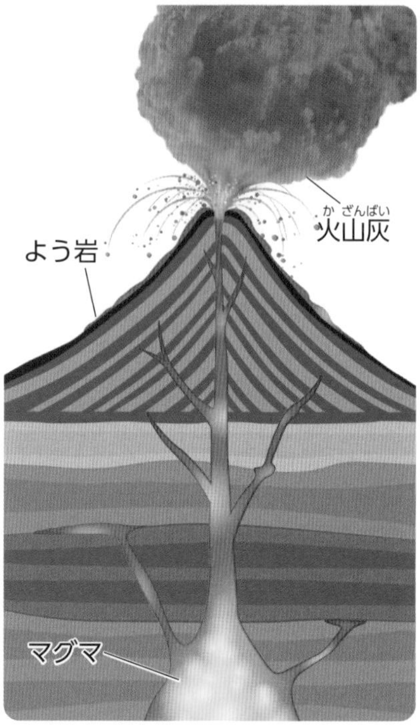

火山の地下には、高温のために岩石がどろどろにとけたマグマがあるよ。

▶地震は、地下で大きな力がはたらき、大地にずれができることで起こる。この大地のずれを(③　　　　　　)という。大きな地震では、山くずれが起こったり、土地の高さが変わったりすることもある。

▶地震が海底で起こると、(④　　　　　　)が発生することがある。

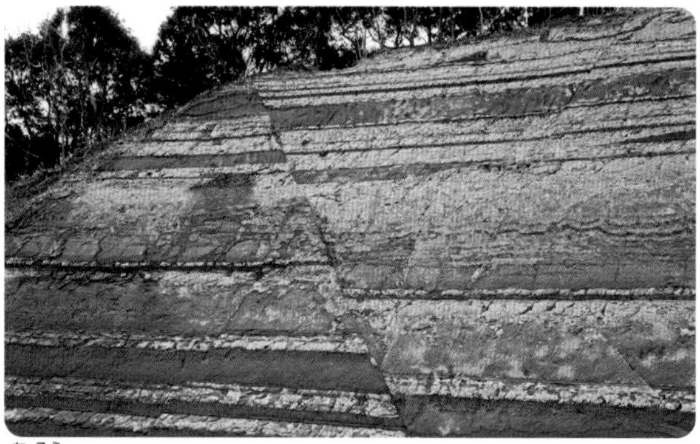

地層《ちそう》に見られる断層

▶火山活動や地震が多い日本では、(⑤　　　　　　)に備えることが大切である。一方、大地の活動から、多くのめぐみも受けている。

ここが だいじ!

①火山活動によって、山や陸地ができたり、くぼ地ができたりするなど、大地が変化することがある。

②断層《だんそう》ができることで地震が起こり、山くずれや土地の高さが変わるなど、大地が変化することがある。

ぴたトリビア 火山活動や地震《じしん》はひ害《がい》だけでなく、温泉《おんせん》やわき水、美しい景観などをもたらし、生活を豊かにすることもあります。

7. 大地のつくりと変化

③火山や地震《じしん》と大地の変化

教科書 138〜143ページ　答え 29ページ

1 火山活動による大地の変化について調べました。図は、火山の噴火《ふんか》のようすを表しています。

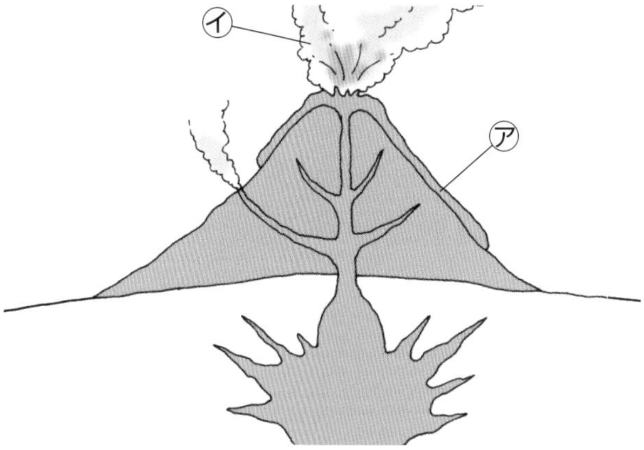

(1) 火山の噴火によって、火口から流れ出た㋐を何といいますか。

(　　　　　)

(2) 火山の噴火によって、火口からふき出た㋑を何といいますか。

(　　　　　)

2 地震による大地の変化について調べました。

(1) 地震は、地下で大きな力がはたらき、大地にずれができることで起こります。このような大地のずれを何といいますか。

(　　　　　)

(2) 地震が海底で起こると、これにより大きな波が陸におし寄せることがあります。このような波を何といいますか。

(　　　　　)

3 火山活動や地震による大地の活動で災害が発生することもある一方で、多くのめぐみも受けています。

(1) 火山活動による災害の例を［　　］から選び、記号で答えましょう。

(　　　　　)

(2) 火山の利用の例を［　　］から選び、記号で答えましょう。

(　　　　　)

㋐ゆれによって山くずれが起こる。　㋑火山の熱を利用して発電する。
㋒火山灰《かざんばい》やよう岩で町がうもれる。　㋓大きなゆれで建物がこわれ、火災が起こる。

7. 大地のつくりと変化

時間 30 分
／100
合格 70 点

教科書 124～153ページ　答え 30ページ

よく出る

1 がけに見られたしま模様《もよう》を調べました。

1つ6点(30点)

(1) わたしたちが生活をしている地面の下も、いくつかの層《そう》が重なったしま模様になっていることがあります。このような層の重なりを何といいますか。

（　　　　　）

(2) このしま模様には、れき・砂《すな》・どろが積み重なっているものが観察できました。れき・砂・どろの中で、つぶの大きさがいちばん小さいのはどれですか。

（　　　　　）

(3) 地層《ちそう》には、化石がふくまれていることがあります。①～③で、正しいものには○を、まちがっているものには×をつけましょう。

①（　　）化石になった生物は、すべて陸で生活している生き物だけである。

②（　　）生物の生活のあとが化石として残っていることがある。

③（　　）地層から化石が出てくると、大地がどのようにできたかを知る手がかりになる。

2 がけの下などに見られるしま模様には、火山灰《かざんばい》がふくまれているものもありました。

1つ6点(12点)

(1) 火山灰のつぶには、どのような特ちょうがありますか。正しいものに○をつけましょう。

①（　　）丸みのあるものが多く、とうめいなガラスのかけらのようなものもある。

②（　　）角ばったものが多く、とうめいなガラスのかけらのようなものもある。

③（　　）丸みのあるものが多く、色は黒いものが多い。

④（　　）角ばったものが多く、色は黒いものが多い。

(2) 火山灰をふくむ地層のでき方について、正しいほうに○をつけましょう。

①（　　）火山灰は、流れる水のない場所でも降《ふ》り積もり、地層をつくる。

②（　　）火山灰は、流れる水のはたらきによってたい積し、地層をつくる。

3 水の中にれき・砂・どろの混じった土を入れて、よくかき混ぜてしばらく置いておいたところ、れき・砂・どろは分かれてたい積しました。

技能 (1)は全部できて10点、(2)は6点(16点)

(1) れき・砂・どろは、どのようにたい積しましたか。①〜③に、あてはまるものをかきましょう。

①(　　　　　　)
②(　　　　　　)
③(　　　　　　)

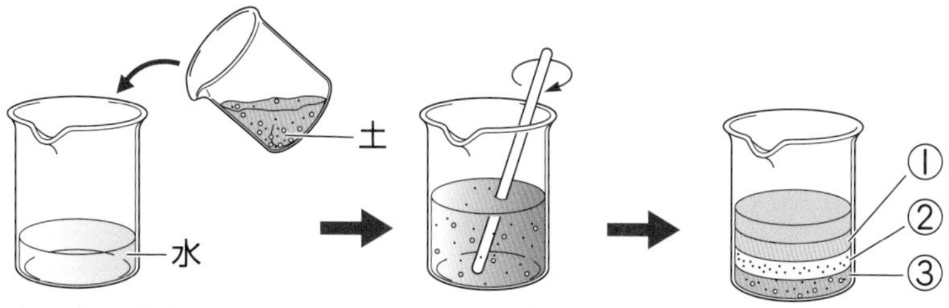

水の中に土を入れる。　かき混ぜる。　しばらく置く。

(2) 水底に土がたい積するとき、何によって分かれてたい積しますか。あてはまるものに○をつけましょう。

ア(　　)つぶの形　イ(　　)つぶの色　ウ(　　)つぶの大きさ

4 たい積したれき・砂・どろなどは、長い年月の間に固まると、かたい岩石になります。(1)〜(3)にあてはまる岩石を、それぞれ記号で答えましょう。

1つ6点(18点)

①でい岩　②砂岩《さがん》　③れき岩

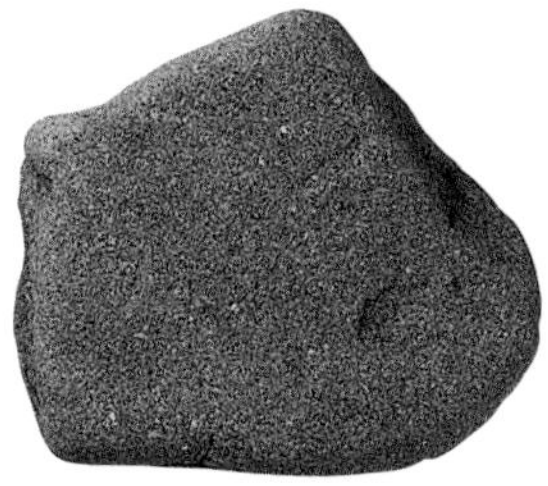

(1) 同じような大きさの砂のつぶが固まってできている。

(　　　　)

(2) れきが、砂などと混じり、固まってできている。

(　　　　)

(3) 細かいどろのつぶが固まってできている。

(　　　　)

できたらスゴイ!

5 火山活動や地震《じしん》による大地の変化とくらしについて調べました。

(1)、(2)①は1つ7点、(2)②は10点(24点)

(1) 地下で大きな力がはたらき、大地にずれが起こると地震が起こります。このずれのことを何といいますか。

(　　　　　　)

(2) 記述 地震により津波《つなみ》が発生することがあります。　思考・表現

① 地震により津波が発生するのは、どのようなところで地震が起こったときですか。

(　　　　　　)

② 津波に対する備えとして考えられることや取り組みについて、１つかきましょう。

(　　　　　　　　　　　　　　　　　　　　)

ふりかえり
1 がわからないときは、52 ページの **1** にもどって確認《かくにん》しましょう。
5 がわからないときは、56 ページの **1** にもどって確認しましょう。

この本の終わりにある「冬のチャレンジテスト」をやってみよう！

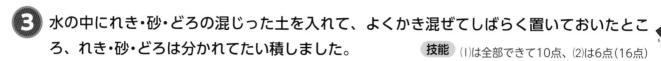

3分でまとめ

学習日　　月　　日

8. てこのはたらき

①棒《ぼう》を使った「てこ」

めあて
てこのしくみやそのはたらきをかくにんしよう。

教科書 156～158ページ　答え 31ページ

下の(　　)にあてはまる言葉をかくか、あてはまるものを○で囲もう。

1 てこをどう使えば、重いものを小さな力で持ち上げられるだろうか。

教科書 156～158ページ

▶棒の１点を支えにして、棒の一部に力を加えることで、ものを動かすことができるものを(①　　　　)という。

- (②　　　　　)…棒を支えるところ。
- (③　　　　　)…棒に力を加えるところ。
- (④　　　　　)…棒からものに力がはたらくところ。

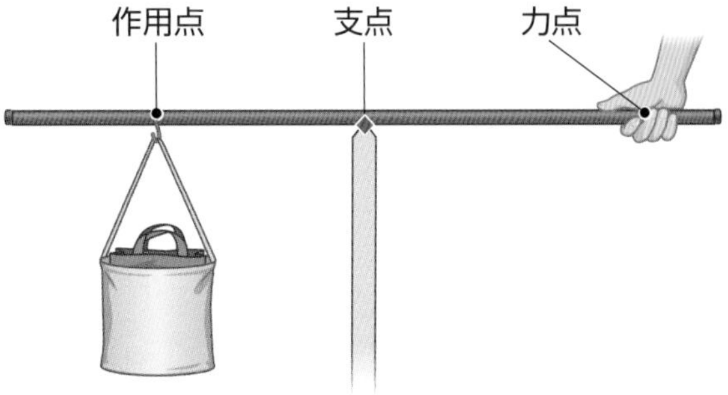

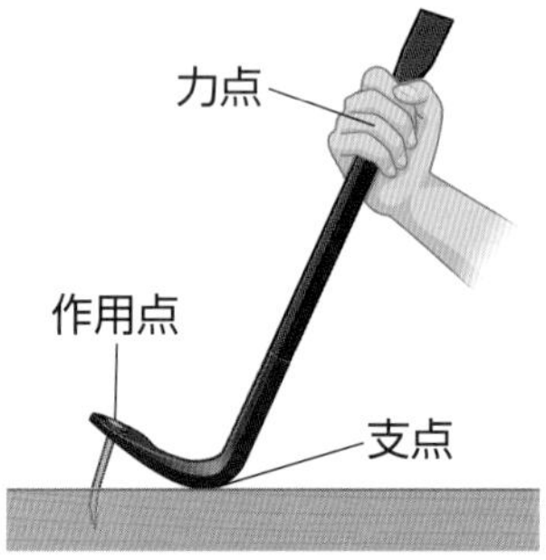

▶作用点の位置だけを動かして、おもりを持ち上げたときの手ごたえを比べる。

- 支点から作用点までのきょりが(⑤　短く　・　長く　)なるほど、手ごたえは小さくなった。

変える条件	作用点の位置
同じ条件	支点と力点の位置

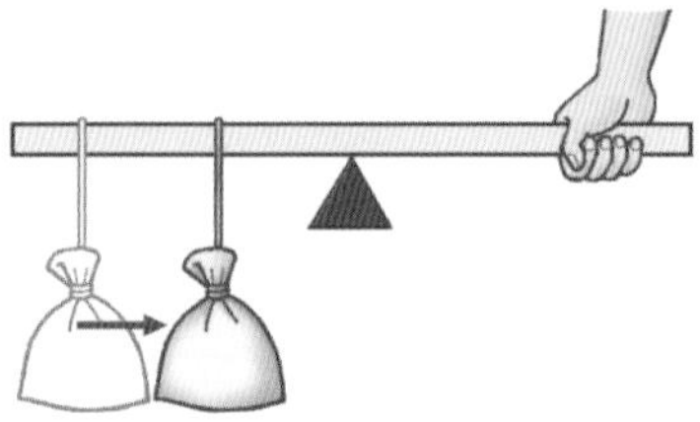

▶力点の位置だけを動かして、おもりを持ち上げたときの手ごたえを比べる。

- 支点から力点までのきょりが(⑥　短く　・　長く　)なるほど、手ごたえは小さくなった。

変える条件	力点の位置
同じ条件	作用点と支点の位置

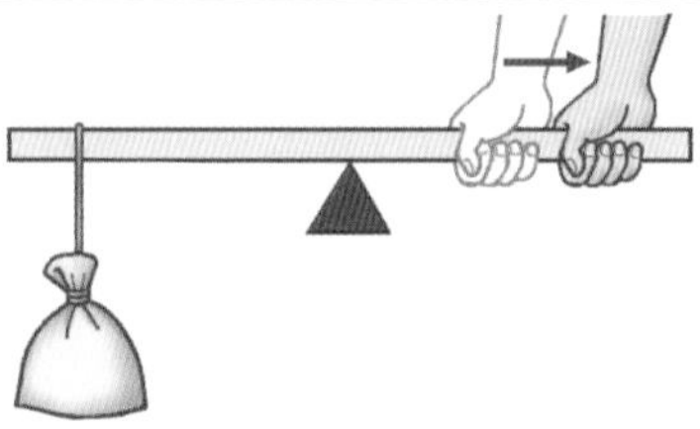

▶てこは、支点から(⑦　　　　　　)までのきょりが短いほど、また、支点から(⑧　　　　　)までのきょりが長いほど、重いものを小さな力で持ち上げることができる。

ここがだいじ！
①てこには、支点・力点・作用点がある。
②てこは、支点から作用点までのきょりが短いほど、また、支点から力点までのきょりが長いほど、重いものを小さな力で持ち上げることができる。

ぴたトリビア てこのしくみを利用すると、そのままでは動かすことができない重いものも、人の力で動かすことができます。

8. てこのはたらき

①棒《ぼう》を使った「てこ」

1 棒を使ったてこで、砂《すな》ぶくろを持ち上げました。

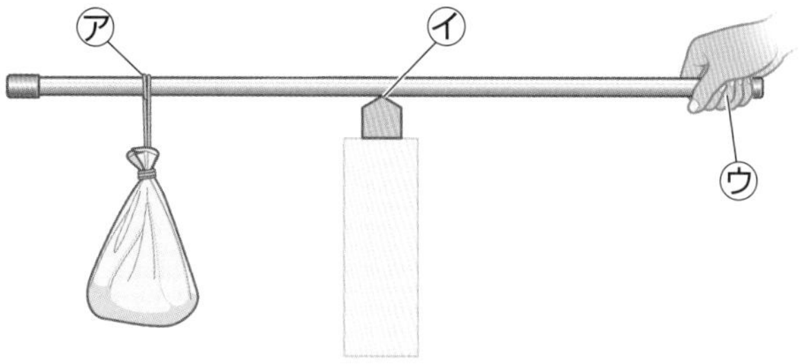

(1) 砂ぶくろを持ち上げるには、どのようにすればよいですか。正しいほうに○をつけましょう。

①(　　)㋒をおし上げる。

②(　　)㋒をおし下げる。

(2) ㋐、㋑、㋒は、支点・力点・作用点のどれですか。

㋐(　　　　)　㋑(　　　　)　㋒(　　　　)

2 てこに力を加える位置や、砂ぶくろの位置を変えて、手ごたえを比べました。

(1) ㋐と㋑では、支点・力点・作用点のうち、どの位置を変えていますか。

(　　　　)

㋐

㋑

(2) ㋐、㋑のうち、より小さな力で砂ぶくろを持ち上げることができるのはどちらですか。

(　　　　)

(3) ㋒と㋓では、支点・力点・作用点のうち、どの位置を変えていますか。

(　　　　)

㋒

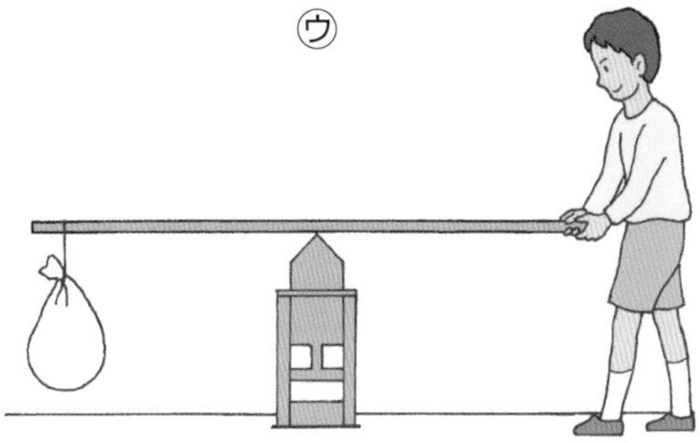

㋓

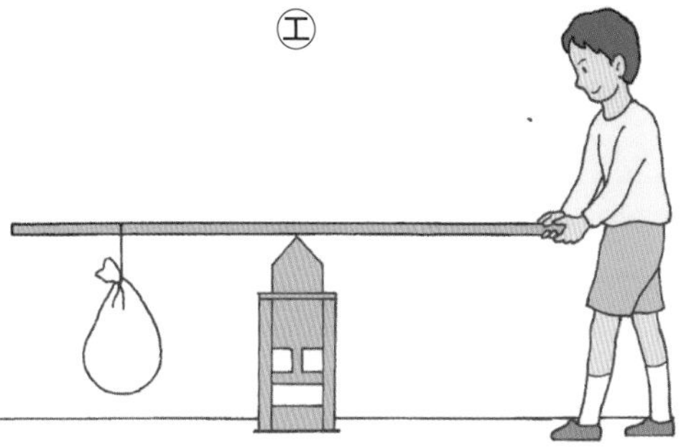

(4) ㋒、㋓のうち、より小さな力で砂ぶくろを持ち上げることができるのはどちらですか。

(　　　　)

ヒント 2 ㋐～㋓はどれも同じ棒を使っていて、支点の位置は棒の真ん中にあります。棒のはしや支点からのきょりを見て、どの位置を変えているか考えます。

8. てこのはたらき

②てこのうでをかたむけるはたらき

学習日　月　日

めあて
てこのうでをかたむけるはたらきや、つり合うときのきまりをかくにんしよう。

教科書 159～163ページ　答え 32ページ

下の(　)にあてはまる言葉をかくか、あてはまるものを○で囲もう。

1 てこが水平につり合うときには、どんなきまりがあるのだろうか。 教科書 159～163ページ

▶おもりをつるす位置や、おもりの重さ(数)を変えて、てこが水平につり合うきまりを調べる。

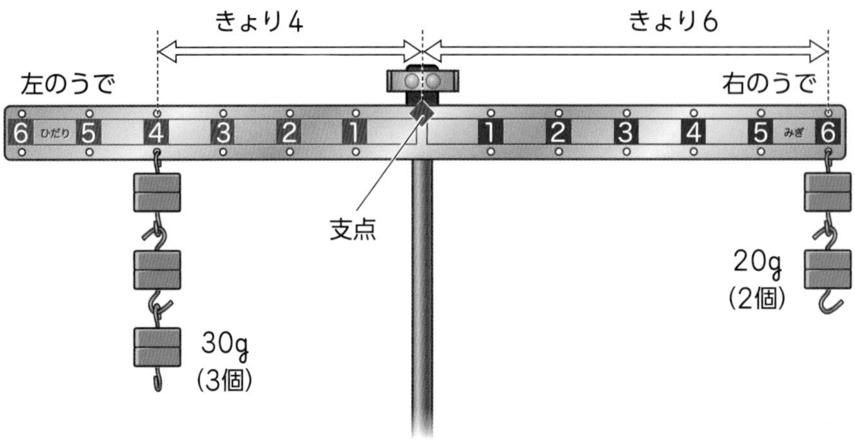

	左のうで	右のうで					
きょり(目盛《めも》り)	4	1	2	3	4	5	6
重さ(g)	30	(①　　)	60	(②　　)	30	×	20

きょり２倍、重さ半分

つり合う重さのおもりがない。

▶てこが水平につり合っているとき、おもりの重さ(うでを下に引く力の大きさ)は、支点からのきょりに(③　比例　・　反比例　)する。

▶てこのうでをかたむけるはたらきは、「おもりの重さ(力の大きさ)」×「支点からのきょり」で表すことができ、このはたらきが支点の左右で(④　　　)とき、てこは水平につり合う。

左のうでをかたむけるはたらき		=	右のうでをかたむけるはたらき	
おもりの(⑤　　)(力の大きさ) × 支点からの(⑥　　)		=	おもりの(⑤)(力の大きさ) × 支点からの(⑥)	

ここが だいじ！

①てこが水平につり合っているとき、おもりの重さ(うでを下に引く力の大きさ)は、支点からのきょりに反比例する。

②てこのうでをかたむけるはたらきは、「おもりの重さ(力の大きさ)」×「支点からのきょり」で表され、このはたらきが支点の左右で等しいとき、てこは水平につり合う。

ぴたトリビア　上皿《うわざら》てんびんは、左右のうでの長さが同じなので、左右に同じ重さのものをのせると水平につり合うことを利用して、重さをはかる道具です。

8. てこのはたらき

②てこのうでをかたむけるはたらき

教科書 159~163ページ　答え 32ページ

1 実験用てこを使って、てこが水平につり合うきまりを調べました。

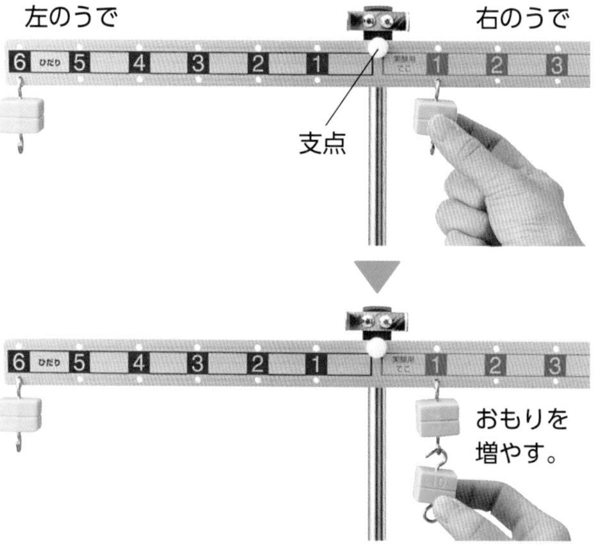

⑴ 左のうでの6の位置におもりを1個(10g)つるしました。右のうでにおもり1個をつり下げるとき、てこが水平につり合うのはどの位置ですか。

右のうでの(　　　　)の位置

⑵ ⑴でつり下げたおもりのうち、右のうでのおもり1個を、右のうでの1の位置につり下げたところ、てこのうではかたむきました。このとき、左と右のどちらのうでが下がりますか。

(　　　　)

⑶ 右のうでの1~5の位置についても、1個10gのおもりの数を増やしながらつるしていき、てこが水平になるまで調べたところ、表のようになりました。なお、×のところは、つり合う重さのおもりがなかったところです。

	左のうで	右のうで					
きょり(目《め》盛《も》り)	6	1	2	3	4	5	6
重さ(g)	10	60	㋐	㋑	×	×	10

①てこが水平になっているとき、左のうでをかたむけるはたらきと、右のうでをかたむけるはたらきは、それぞれいくつになりますか。

左のうで(　　　　)
右のうで(　　　　)

②表の㋐、㋑にあてはまる数をかきましょう。

㋐(　　　　)
㋑(　　　　)

⑷ てこが水平につり合っているとき、おもりの重さ(うでを下に引く力の大きさ)と支点からのきょりの関係について、正しいほうに○をつけましょう。

①(　　)おもりの重さ(うでを下に引く力の大きさ)は、支点からのきょりに比例する。
②(　　)おもりの重さ(うでを下に引く力の大きさ)は、支点からのきょりに反比例する。

学習日　　月　　日

8. てこのはたらき

③てこを利用した道具

めあて
てこを利用した道具のしくみをかくにんしよう。

教科書 164～167ページ　答え 33ページ

下の(　　)にあてはまる言葉をかくか、あてはまるものを○で囲もう。

1 てこを利用した道具は、どんなしくみになっているのだろうか。 教科書 164～167ページ

▶身の回りのてこを利用した道具について、支点･力点･作用点をかき入れましょう。

▶支点から力点までのきょりが(① 長い ・ 短い)ほど、支点から作用点までのきょりが(② 長い ・ 短い)ほど、より小さな力で作業することができる。

支点が力点と作用点の間にある道具

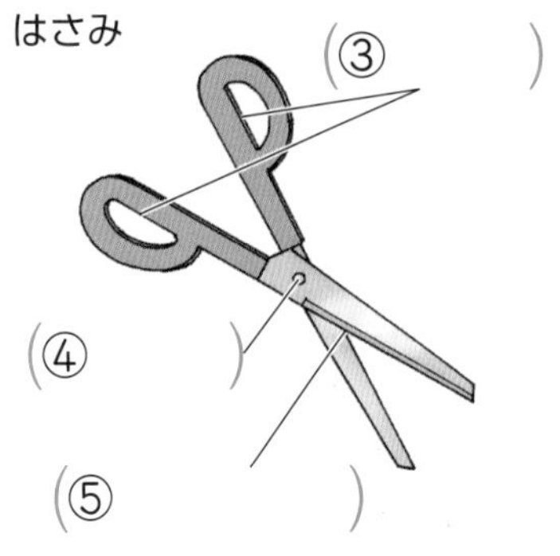
はさみ
③(　　)
④(　　)
⑤(　　)

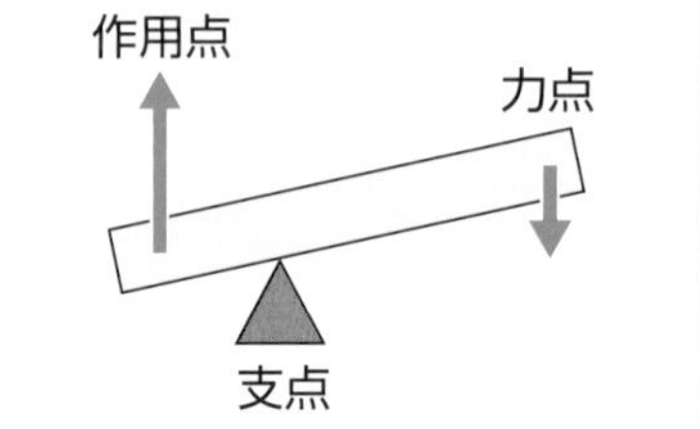
作用点
力点
支点

【そのほかの道具】
バール、ペンチ、クリップ

▶力点よりも、作用点のほうが支点の(⑥ 近く ・ 遠く)にあるため、力点での力を、作用点で大きくすることができる。

作用点が支点と力点の間にある道具

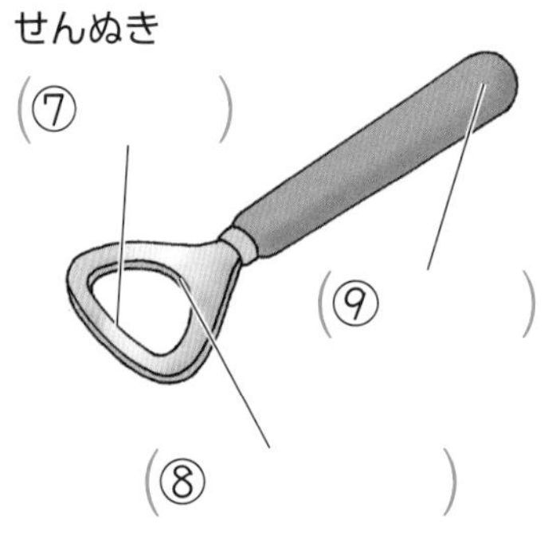
せんぬき
⑦(　　)
⑨(　　)
⑧(　　)

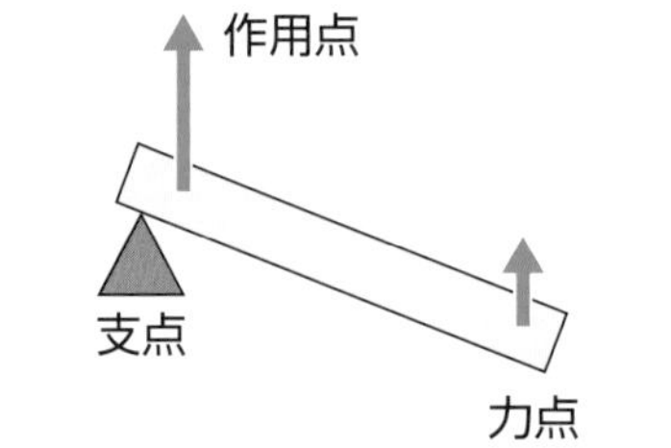
作用点
支点
力点

【そのほかの道具】
空きかんつぶし、穴《あな》あけパンチ

▶作用点よりも、力点のほうが支点の(⑩ 近く ・ 遠く)にあるため、力点での力は、作用点で小さくなる。

力点が支点と作用点の間にある道具

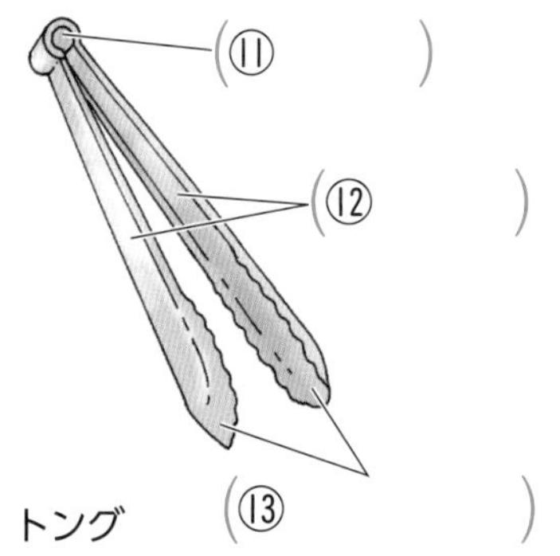
⑪(　　)
⑫(　　)
トング
⑬(　　)

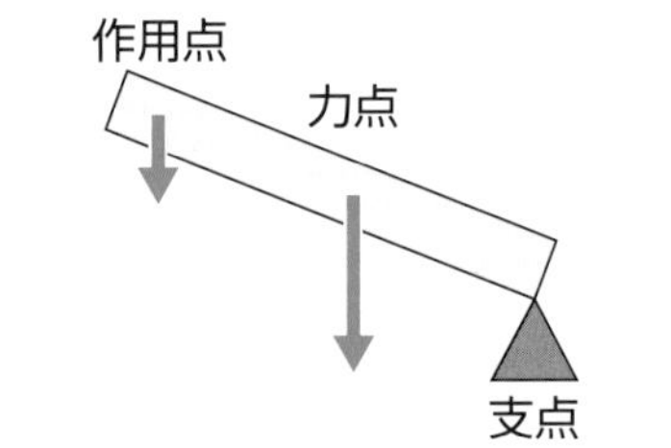
作用点
力点
支点

【そのほかの道具】
ピンセット、糸切りばさみ

ここが、だいじ!
①てこを利用した道具は、支点・力点・作用点の並《なら》び方や位置をくふうすることで、はたらく力を大きくしたり、小さくしたりしている。

ぴたトリビア てこのしくみは2000年以上も前から知られていて、道具などに利用されてきました。

8. てこのはたらき

③てこを利用した道具

1 **身の回りのてこを利用した道具のしくみについて調べました。図の①〜③は、表のア〜ウのどれにあたりますか。(　　)に記号をかきましょう。**

㋐支点が力点と作用点の間にある道具

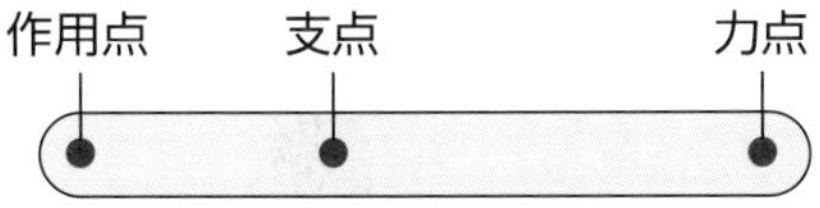
作用点
支点
力点

㋑作用点が支点と力点の間にある道具

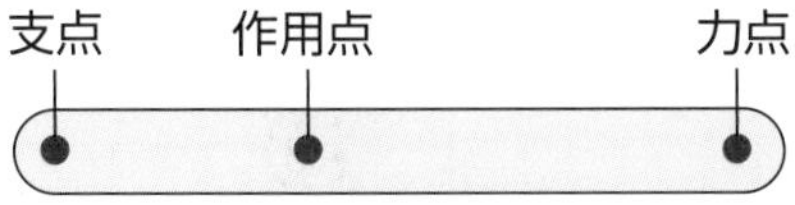
支点
作用点
力点

㋒力点が支点と作用点の間にある道具

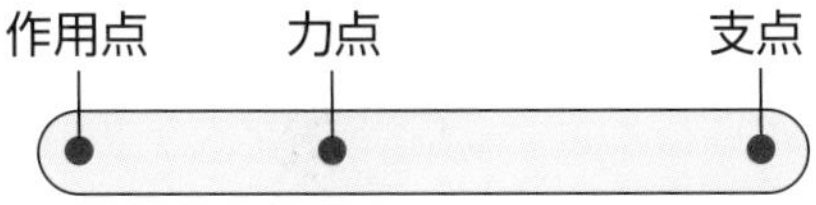
作用点
力点
支点

① ピンセット
(　　　　)

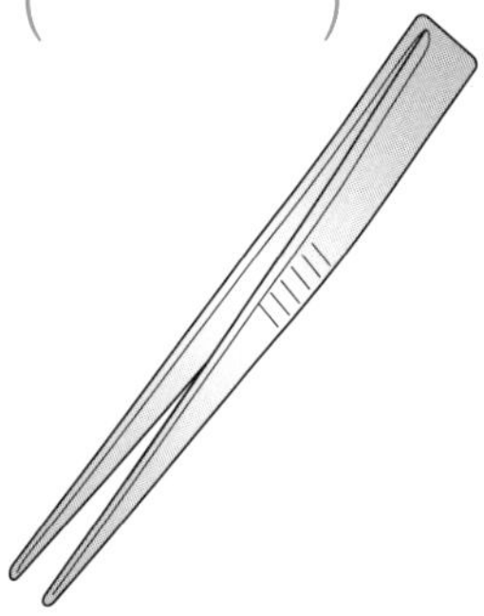

② バール
(　　　　)

③ 空きかんつぶし
(　　　　)

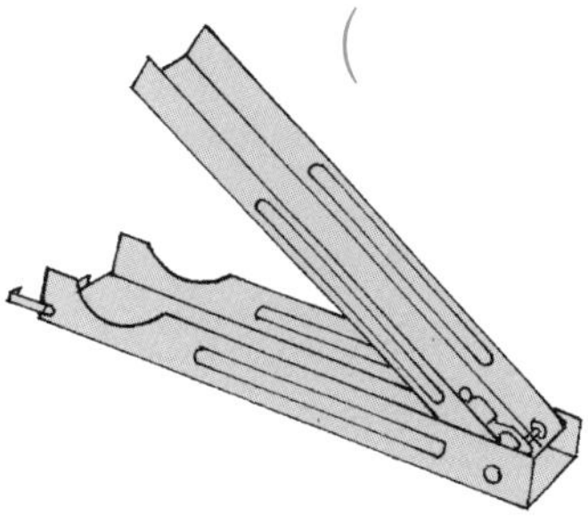

2 **バールでくぎをぬくときのてこの利用について調べました。**

(1) ㋐〜㋒は、支点・力点・作用点のどれですか。

㋐(　　　　)　㋑(　　　　)　㋒(　　　　)

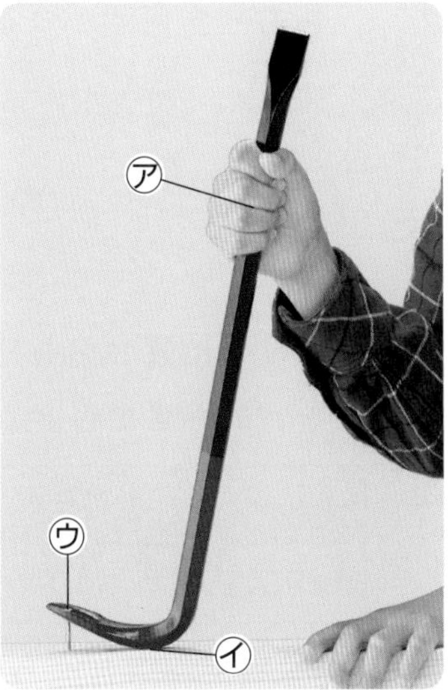
㋐
㋒
㋑

(2) バールの説明として、正しいほうに○をつけましょう。

㋐の位置が㋑に近いほど、くぎにはたらく力は大きくなるよ。

①(　　)

㋐の位置が㋑から遠いほど、くぎにはたらく力は大きくなるよ。

②(　　)

(3) 支点・力点・作用点の位置関係が、バールと同じ道具は何ですか。次の中から、あてはまるものに○をつけましょう。

①(　　)せんぬき　②(　　)糸切りばさみ　③(　　)ペンチ

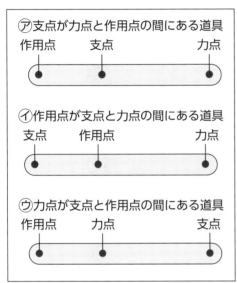

ぴったり3 確かめのテスト

8. てこのはたらき

時間 30分

/100

合格 70点

教科書 154〜171ページ　答え 34ページ

よく出る

1 棒《ぼう》を使ったてこで、砂《すな》ぶくろを持ち上げました。

1つ4点(32点)

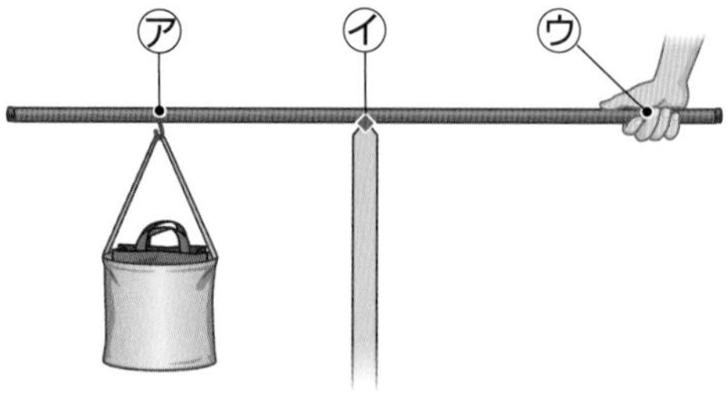

(1) ㋐〜㋒は、支点・力点・作用点のどれですか。

㋐(　　　　　)
㋑(　　　　　)
㋒(　　　　　)

(2) 次の文は、㋐〜㋒の点を説明したものです。
あてはまる点の記号を(　　)にかきましょう。
①棒からものに力がはたらくところ。(　　)
②棒に力を加えるところ。(　　)
③棒を支えるところ。(　　)

(3) 図の㋐を㋑から遠ざけると、㋒をおす手ごたえはどうなりますか。(　　　　　)

(4) 図の㋒を㋑から遠ざけると、㋒をおす手ごたえはどうなりますか。(　　　　　)

2 実験用てこと、1個10gのおもりを使って、てこがつり合うときのきまりを調べました。

(1)は1つ4点、(2)は8点(32点)

・左のうでの4の位置におもりを3個つるしました。てこが水平につり合うように、右のうでにおもりを何個かつるします。

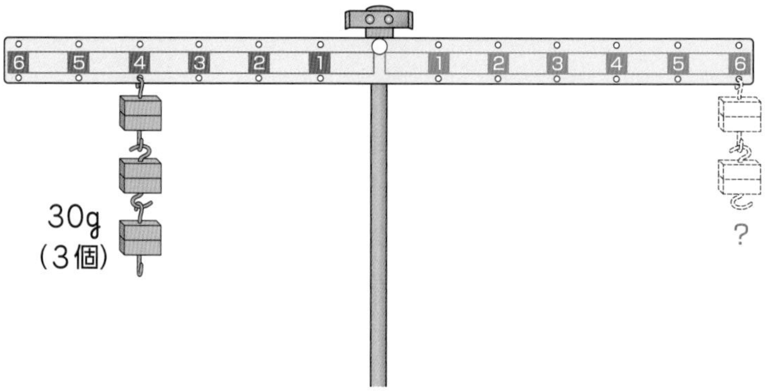

(1) 目盛《めも》りの位置とおもりの重さの関係について、下の表の(　　)にあてはまる数字をかき入れ、表を完成させましょう。つり合う重さのおもりがないときは、×をかきましょう。 技能

	左のうで	右のうで					
きょり(目盛り)	4	1	2	3	4	5	6
重さ(g)	30	(①　　)	(②　　)	(③　　)	(④　　)	(⑤　　)	(⑥　　)

(2) てこのうでをかたむけるはたらきを、「おもりの重さ」と「支点からのきょり」という言葉を使って表すと、どのように表されますか。

(　　　　　　　　　　　　　)

3 身の回りのてこを利用した道具について調べました。

思考・表現

(1)、(2)は1つ4点、(3)は8点(24点)

(1) はさみの支点・力点・作用点は、それぞれ㋐～㋒のどれですか。

支点(　　)
力点(　　)
作用点(　　)

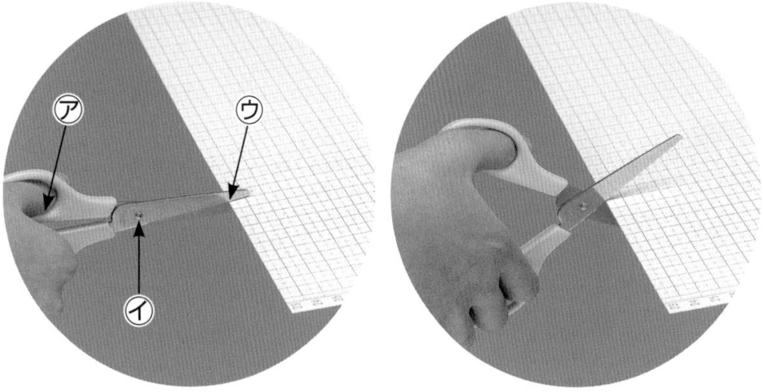

(2) はさみで厚紙を切るときは、「はの先」「はの中央」「はの根もと」のうち、どの位置に紙をはさむと、より小さな力で切れますか。

(　　　　)

(3) 記述 (2)のように答えたのはなぜですか。次の ⋯ の中の言葉を使って、説明しましょう。

支点　　作用点　　きょり

(　　　　　　　　　　)

できたらスゴイ!

4 実験用てこを使って、てこのつり合いについて調べました。

(1)は4点、(2)は8点(12点)

(1) このてこの支点はどこですか。図の㋐～㋒から選んで答えましょう。

(　　)

(2) ㋒(右のうでの2)の位置を手でおして、てこが水平につり合うようにしたとき、手は何gのおもりと同じ力でおしていることになりますか。

(　　)

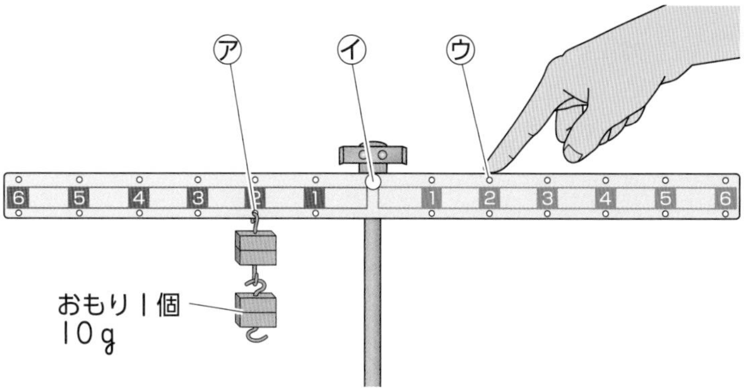

ふりかえり
❶がわからないときは、60ページの❶にもどって確認《かくにん》しましょう。
❹がわからないときは、62ページの❶にもどって確認しましょう。

ぴったり1

準備

3分でまとめ

9. 発電と電気の利用

①電気をつくる(1)

学習日　　月　　日

めあて
手回し発電機や光電池での発電のしくみをかくにんしよう。

教科書 173～176ページ　答え 35ページ

下の(　　)にあてはまる言葉をかくか、あてはまるものを○で囲もう。

1 手回し発電機や光電《こうでん》池《ち》は、かん電池と同じようなはたらきをするのだろうか。　教科書 173～176ページ

▶手回し発電機や光電池を使うと、電気をつくることができる。電気をつくることを(①　　　　　)という。

▶手回し発電機とモーターをつないで回路をつくり、手回し発電機のハンドルを回す向きや速さを変えて、モーターの回る向きや速さを調べる。

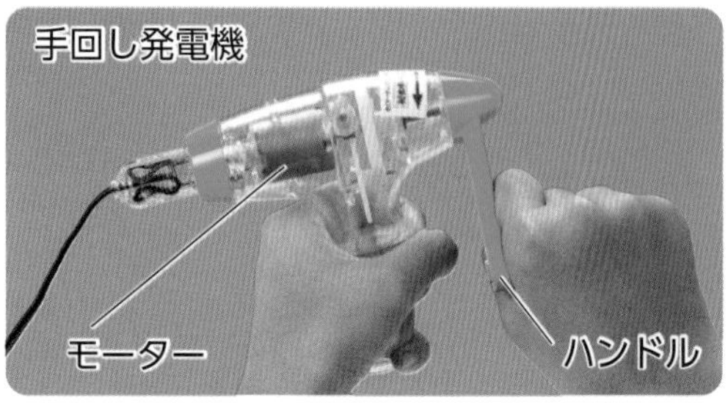

手回し発電機
モーター
ハンドル

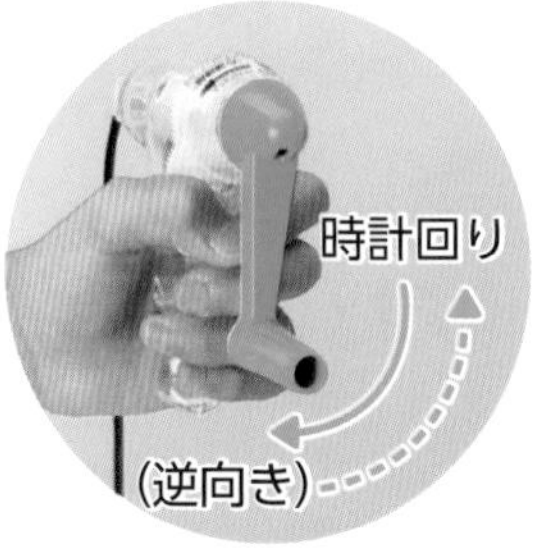

時計回り
(逆向き)

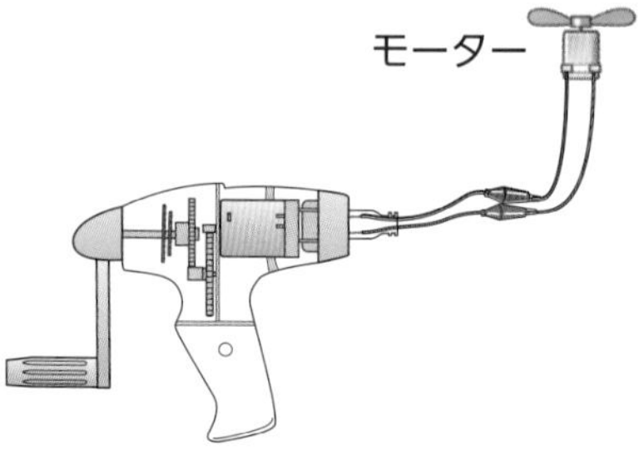

モーター

ハンドルを回す向きや速さ	あゆっくりと回したとき	い逆向きに回したとき	う速く回したとき
モーター	モーターが回った。	あと(② 同じ ・ 逆)向きに回った。	あより(③ 速く ・ ゆっくりと)回った。

▶光電池とモーターをつないで回路をつくり、光電池をつなぐ向きや当てる光の強さを変えて、モーターの回る向きや速さを調べる。

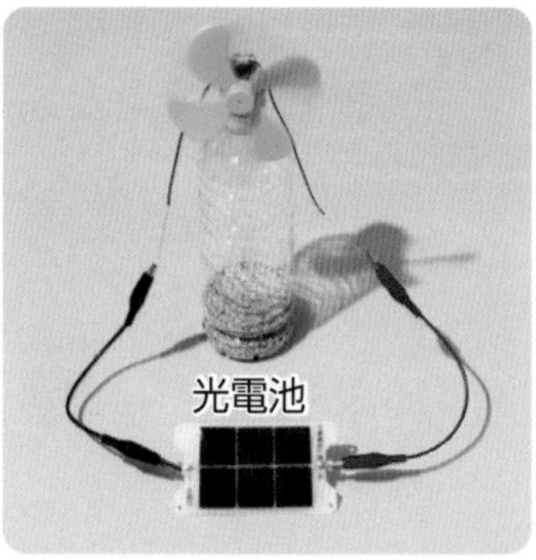

光電池

つなぐ向きや当たる光の強さ	ア鏡1枚で光を当てたとき	イつなぐ向きを逆にしたとき	ウ当たる光を強くしたとき
モーター	モーターが回った。	アと(④ 同じ ・ 逆)向きに回った。	アより(⑤ 速く ・ ゆっくりと)回った。

ここが だいじ!
①手回し発電機や光電池を使うことで、発電することができる。

ぴたトリビア
火力発電は、燃料を燃やして水を水蒸《すいじょう》気《き》に変えて、その水蒸気で発電機を回転させて発電するしくみです。

9. 発電と電気の利用

①電気をつくる(1)

教科書 173〜176ページ　答え 35ページ

1 手回し発電機について調べました。

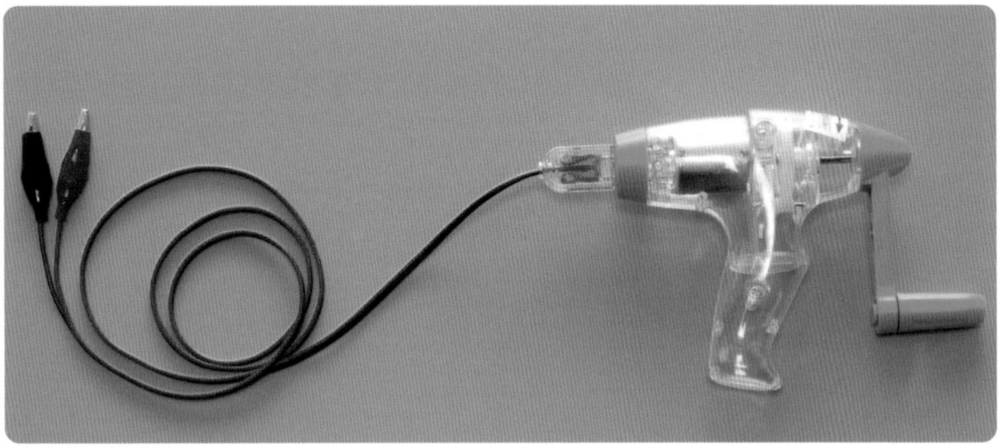

(1) 手回し発電機を使うと、電気をつくることができます。電気をつくることを何といいますか。

(　　　　　)

(2) 手回し発電機について、正しいものには○を、まちがっているものには×をつけましょう。

①(　　)手回し発電機にモーターをつないで、ハンドルを回すとモーターが回る。

②(　　)手回し発電機のハンドルを1回回すと、その後もずっとモーターが回り続ける。

③(　　)手回し発電機のハンドルを逆向きに回すと、モーターは回らない。

2 光電池《こうでんち》にプロペラをつけたモーターをつないで回路をつくり、光電池に光を当ててモーターを回しました。

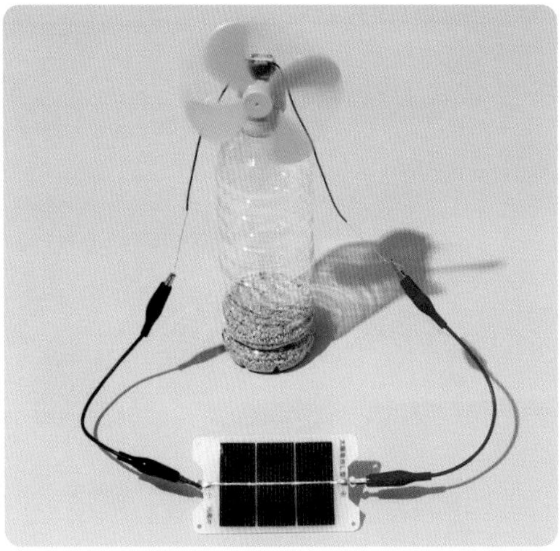

(1) 光電池をつなぐ向きを逆にしたとき、モーターの回り方はどうなりますか。正しいものに○をつけましょう。

①(　　)もとと同じ向きに回る。

②(　　)もとと逆向きに回る。

③(　　)モーターは回らない。

(2) 光電池に当たる光の強さを強くすると、モーターの回る速さはどうなりますか。正しいほうに○をつけましょう。

①(　　)モーターの回り方は速くなる。

②(　　)モーターの回り方はゆっくりになる。

ヒント **1** **2** かん電池にモーターをつないで回路をつくり、かん電池の向きを変えると、モーターの回る向きが変わります。

ぴったり1 準備

9. 発電と電気の利用

①電気をつくる(2)

②電気をたくわえて使う

学習日　　月　　日

めあて
コンデンサーにたくわえて電気を利用できることをかくにんしよう。

教科書 176〜180ページ　答え 36ページ

下の(　)にあてはまる言葉をかくか、あてはまるものを○で囲もう。

1 手回し発電機や光電《こうでん》池《ち》のはたらきをまとめよう。　教科書 176〜177ページ

▶手回し発電機のハンドルを回したり、光電池に光を当てたりすると、かん電池と同じように、(①　　　　)が流れる。

▶手回し発電機のハンドルを回す向きを逆にしたり、光電池をつなぐ向きを逆にしたりすると、電流の(②　　　　)が逆になる。

▶手回し発電機のハンドルを回す速さを変えたり、光電池に当てる光の強さを変えたりすると電流の(③　　　　)が変わる。

2 発電した電気は、どのようにたくわえて使うことができるのだろうか。　教科書 178〜180ページ

▶コンデンサーには、電気を(①　　　　)ことができる。

▶同じだけ電気をたくわえたコンデンサーを豆電球と発光ダイオードにつなぎ、明かりがつく時間を調べる。

豆電球に明かりがついた時間	発光ダイオードに明かりがついた時間
14秒	2分20秒

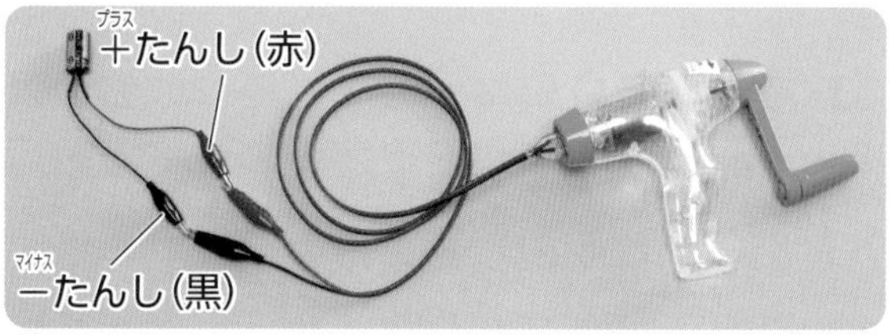

コンデンサーと手回し発電機を、赤色の導線どうし、黒色の導線どうしでつなぐ。

▶豆電球より発光ダイオードのほうが、使う電気の量が(②　少ない・多い　)。

ここが だいじ!

①手回し発電機のハンドルを回す向きを逆にしたり、光電池をつなぐ向きを逆にしたりすると、電流の向きも逆になる。
②手回し発電機のハンドルを回す速さを変えたり、光電池に当てる光の強さを変えたりすると、電流の大きさが変わる。
③発電した電気は、コンデンサーなどにたくわえて使うことができる。
④コンデンサーにたくわえた同じ量の電気は、使う器具によって使える時間が変わる。

ぴたトリビア　電灯に明かりをつけるとあたたかくなるように、電灯は電気を光だけでなく熱にも変かんしています。

ぴったり2 練習

9. 発電と電気の利用

①電気をつくる(2)
②電気をたくわえて使う

学習日　月　日

教科書 176〜180ページ　答え 36ページ

1 手回し発電機や光電《こうでん》池《ち》にそれぞれモーターをつないで回路をつくり、はたらきをを調べました。

(1) 手回し発電機のハンドルを回す向きを逆にすると、モーターに流れる電流の向きはどうなりますか。正しいものに○をつけましょう。

①(　　)もとと同じ向きに流れる。

②(　　)もとと逆向きに流れる。

③(　　)電流は流れない。

(2) 光電池をつなぐ向きを逆にすると、モーターに流れる電流の向きはどうなりますか。正しいものに○をつけましょう。

①(　　)もとと同じ向きに流れる。

②(　　)もとと逆向きに流れる。

③(　　)電流は流れない。

(3) 手回し発電機のハンドルを回す速さを変えると、電流の大きさはどうなりますか。正しいほうに○をつけましょう。

①(　　)電流の大きさは変わる。

②(　　)電流の大きさは変わらない。

(4) 光電池に当たる光の強さを変えると、電流の大きさはどうなりますか。正しいほうに○をつけましょう。

①(　　)電流の大きさは変わる。

②(　　)電流の大きさは変わらない。

2 コンデンサーと手回し発電機をつないで、コンデンサーに電気をたくわえました。

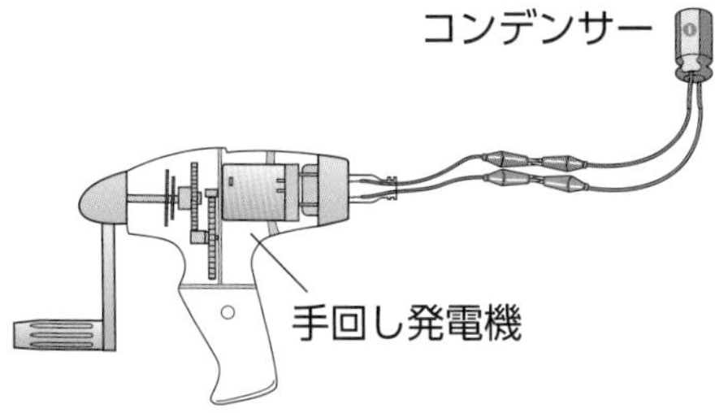

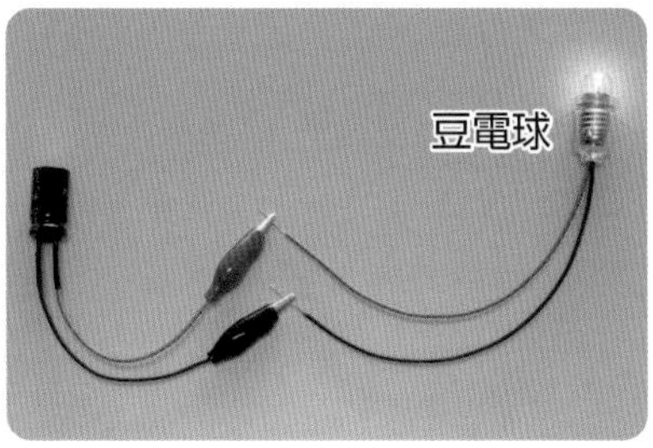

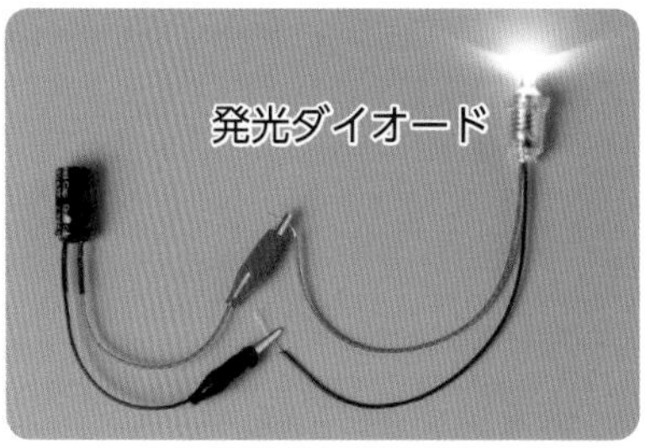

(1) 同じ量の電気をたくわえた2つのコンデンサーを、豆電球と発光ダイオードにそれぞれつないだとき、長く明かりがついているのは、豆電球と発光ダイオードのどちらですか。

(　　　　　　　)

(2) 豆電球と発光ダイオードで、少しの電気で長く明かりをつけることができるのはどちらですか。

(　　　　　　　)

ヒント ❶ 電流の向きが変わると、モーターの回る向きが変わります。電流が大きくなると、モーターの回る速さが速くなります。

9. 発電と電気の利用

③電気の利用とむだなく使うくふう

学習日　月　日

めあて
身の回りの電気の利用やむだなく使うためのくふうをかくにんしよう。

教科書 181〜186ページ　答え 37ページ

下の(　)にあてはまる言葉をかこう。

1 電気をどのように利用し、むだなく使うためにどんなくふうがあるのだろうか。 教科書 181〜186ページ

▶電気は、光や音、熱、運動などに変えて利用されている。電気をむだなく使うために、必要なときだけ電気を使うようなくふうがされているものもある。

電気を(①　　)に変える

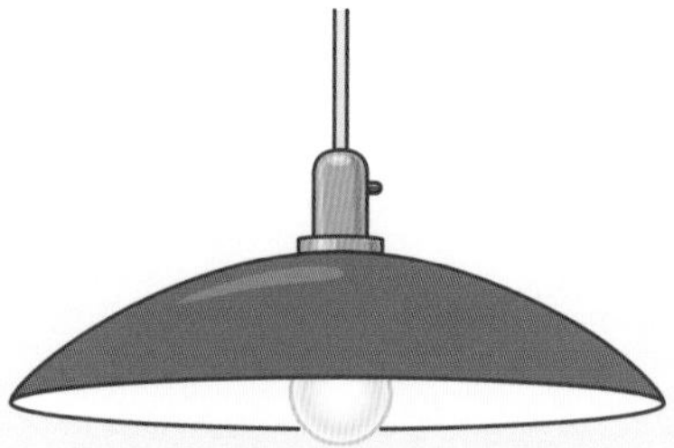

電灯

電気を(②　　)に変える

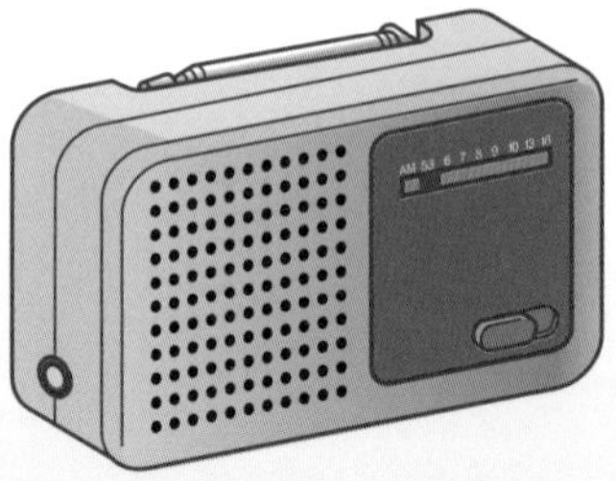

ラジオ

電気を(③　　)に変える

アイロン

電気を(④　　)に変える

せんぷう機

▶コンピュータが動作するための手順や指示のことを(⑤　　　　)といい、(⑤)をつくることを(⑥　　　　)という。

▶(⑥)によって、電気を必要なときだけ、むだなく使うくふうがされているものがある。

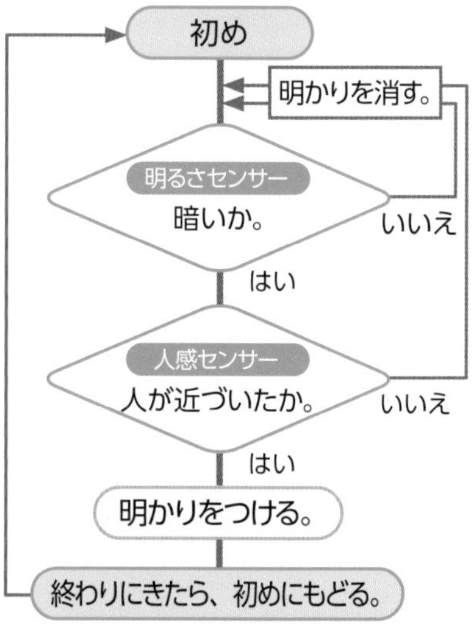
初め
明かりを消す。
明るさセンサー
暗いか。
いいえ
はい
人感センサー
人が近づいたか。
いいえ
はい
明かりをつける。
終わりにきたら、初めにもどる。

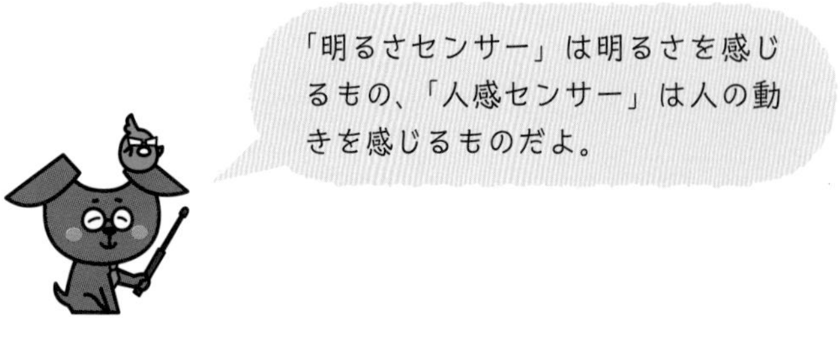
「明るさセンサー」は明るさを感じるもの、「人感センサー」は人の動きを感じるものだよ。

ここが、だいじ!
①身の回りの電気製品は、電気を光や音、熱、運動などに変えて利用している。
②プログラミングによって、電気を必要なときだけ、むだなく使うくふうがされているものがある。

ぴたトリビア
電気は、光や熱、音、運動などに変かんしやすく、導線(電線)で送りやすいので、おもなエネルギーとして利用されています。

9. 発電と電気の利用

③電気の利用とむだなく使うくふう

教科書 181～186ページ　答え 37ページ

1 **身の回りの電気製品は、電気を光や音、熱、運動などに変えて使っています。そこで、電気の利用のしかたについて調べました。**

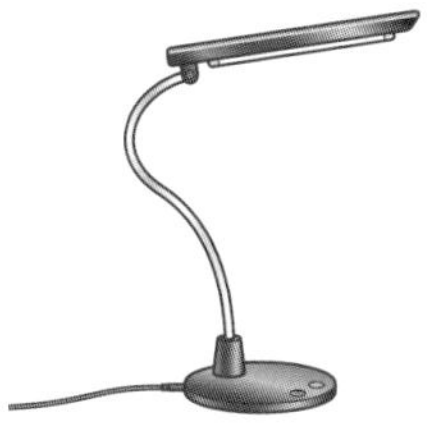
けい光灯

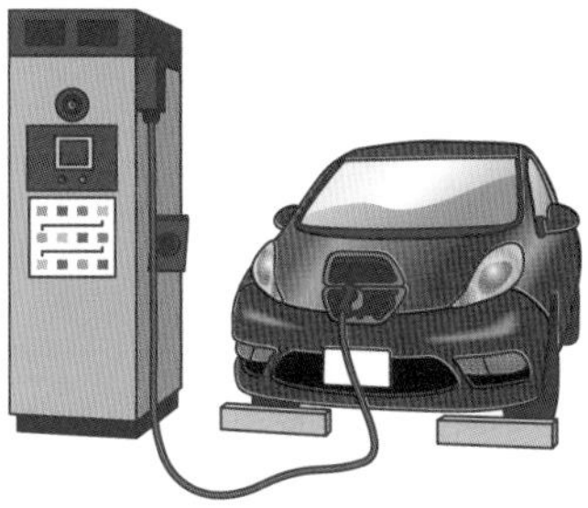
電気自動車

オーブントースター

テレビ

(1) けい光灯は、電気を何に変えて使っていますか。

( )

(2) 電気自動車は、電気を何に変えて使っていますか。

( )

(3) オーブントースターは、電気を何に変えて使っていますか。

( )

(4) テレビは、電気を何と何に変えて使っていますか。

( ) ( )

2 **電気を必要なときだけ、むだなく使うためのくふうとして、自動的に電球の明かりがつく器具があります。これはコンピュータに、動作させる条件に合うかどうかを判断させ、明かりをつける動作をさせています。**

(1) コンピュータが動作するための手順や指示のことを、何といいますか。

( )

(2) (1)をつくることを何といいますか。

( )

(3) 図は、人の動きを感じたときに、自動的に明かりをつけるときの条件と動作の手順を表したものです。

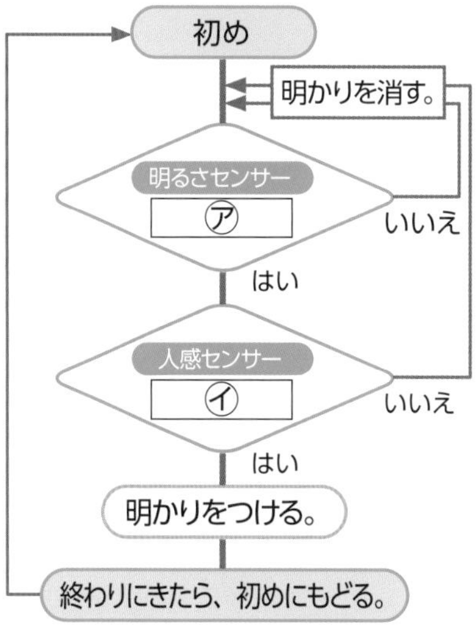

①㋐に入る文として正しいほうに○をつけましょう。

ア( )明るいか。

イ( )暗いか。

②㋑に入る文として正しいほうに○をつけましょう。

ア( )人が近づいたか。

イ( )人がいなくなったか。

9. 発電と電気の利用

時間 30 分

／100

合格 70 点

教科書 172〜191ページ　答え 38ページ

よく出る

1 手回し発電機とプロペラつきモーターをつないで回路をつくり、手回し発電機のハンドルをゆっくりと一定の速さで回すと、モーターは回りました。

1つ5点(25点)

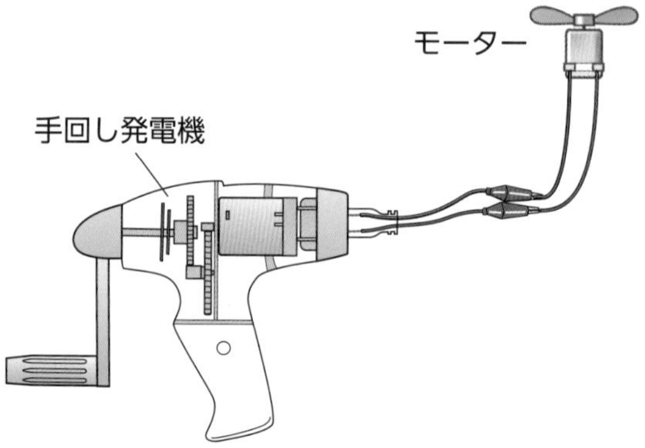

(1) 手回し発電機のハンドルを回すのをやめると、モーターはどうなりますか。

（　　　　　）

(2) 手回し発電機のハンドルを回すのを速くすると、モーターの回る速さと向きはどうなりますか。

速さ（　　　　　）

向き（　　　　　）

(3) 手回し発電機のハンドルを回す速さは変えず、回す向きを逆にすると、モーターの回る速さと向きはどうなりますか。

速さ（　　　　　）

向き（　　　　　）

2 光電《こうでん》池《ち》とモーターをつないで回路をつくり、光電池に光を当てると、モーターは回りました。

1つ5点(25点)

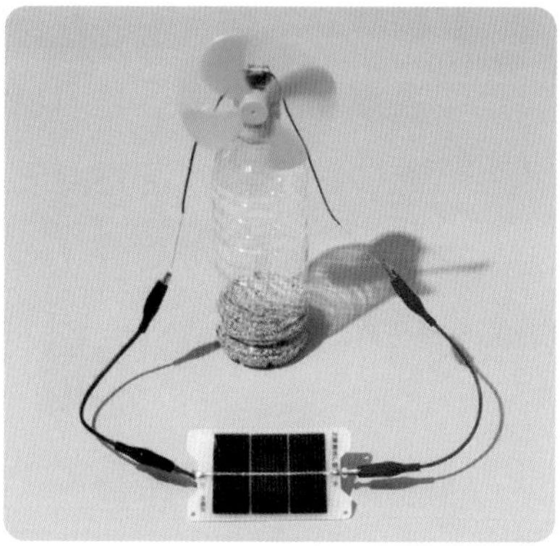

(1) 光電池をつなぐ向きを逆にすると、モーターの回る速さと向きはどうなりますか。

速さ（　　　　　）

向き（　　　　　）

(2) (1)のことから、光電池をつなぐ向きを逆にすると、電流の向きはどうなるといえますか。

（　　　　　）

(3) 光電池に当たる光が強くなると、モーターが回る速さはどうなりますか。

（　　　　　）

(4) 光電池に当たる光が強くなると、電流の大きさはどうなりますか。

（　　　　　）

3 手回し発電機で発電した電気をコンデンサーにたくわえて、たくわえた電気で豆電球と発光ダイオードの明かりをつけました。

1つ5点(15点)

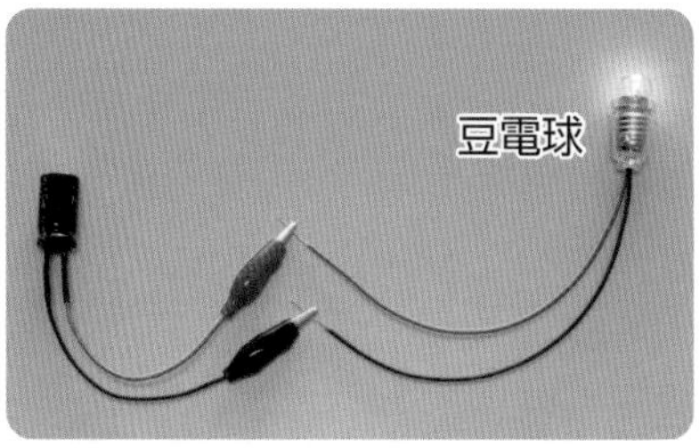

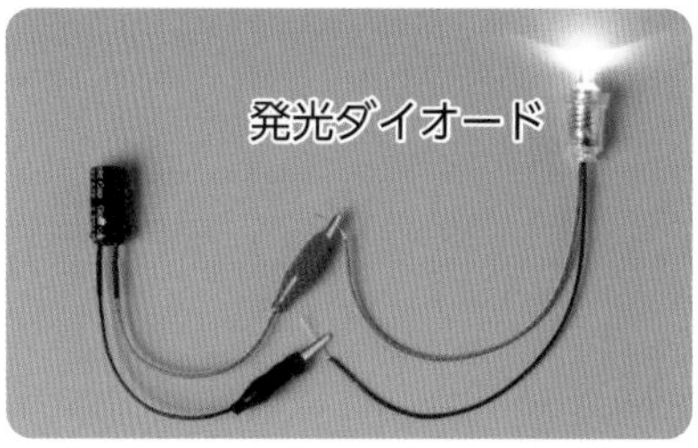

(1) コンデンサーにたくわえられている電気の量が同じとき、長く明かりがついているのは、豆電球と発光ダイオードのどちらですか。

(　　　　　　　　)

(2) 豆電球や発光ダイオードは、電気を何に変えて利用している器具ですか。

(　　　　　　)

(3) 電気をたくわえたコンデンサーを電子オルゴールにつなぐと、オルゴールが鳴りました。電子オルゴールは、電気を何に変えて利用している器具ですか。

(　　　　　　)

4 ㋐～㋓の電気製品は、電気を光、音、熱、運動のどれかに変えて利用しています。①～④にあてはまるものを、それぞれ１つ選び、記号で答えましょう。

1つ5点(20点)

㋐ ラジオ

㋑ 電気スタンド

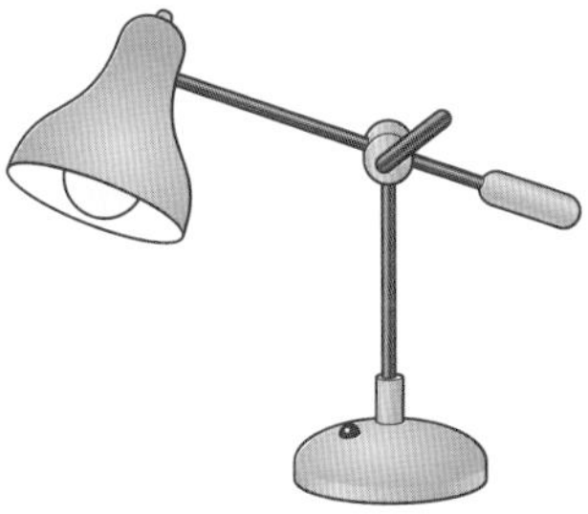

㋒ 電気ポット

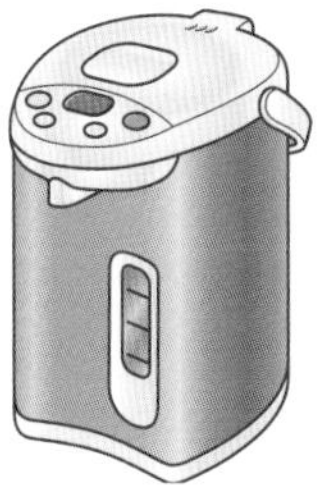

㋓ せんぷう機

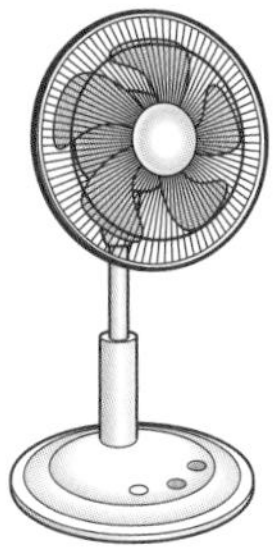

①電気→光(　　　)　②電気→音(　　　)

③電気→熱(　　　)　④電気→運動(　　　)

できたらスゴイ！

5 明かりをつけていた豆電球と発光ダイオードにふれてみると、豆電球のほうがあたたかく感じました。

1つ5点(15点)

(1) 少しの電気で長く明かりをつけることができるのは、豆電球と発光ダイオードのどちらですか。

(　　　　　　　　)

(2) 豆電球と発光ダイオードで、効率よく電気を光に変えているのはどちらですか。

(　　　　　　　　)

豆電球

発光ダイオード

(3) 記述 (2)のように答えた理由を、「熱」という言葉を使って説明しましょう。　思考・表現

(　　　　　　　　　　　　　　　　　　　　　　　　　　)

ふりかえり

1 がわからないときは、68ページの **1** にもどって確認《かくにん》しましょう。
5 がわからないときは、70ページの **2** にもどって確認しましょう。

10. 自然とともに生きる

①わたしたちの生活と環境《かんきょう》とのかかわり

めあて
空気・水・生物とわたしたちの生活のかかわりをかくにんしよう。

教科書 194～197ページ 答え 39ページ

下の(　　)にあてはまる言葉をかくか、あてはまるものを○で囲もう。

1 わたしたちの生活は、環境に、どんなえいきょうをあたえているのだろうか。

教科書 194～197ページ

▶空気とわたしたちの生活

- わたしたちの生活に、電気やガスは欠かせない。
- 電気をつくるときに燃料を燃やすと(①　　　　　)が使われて(②　　　　　　　　　)が出る。
- 空気中の二酸化炭素の割合《わりあい》が(③　増える　・　減る　)と、地球の気温が上がると考えられている(地球温暖《おんだん》化《か》)。

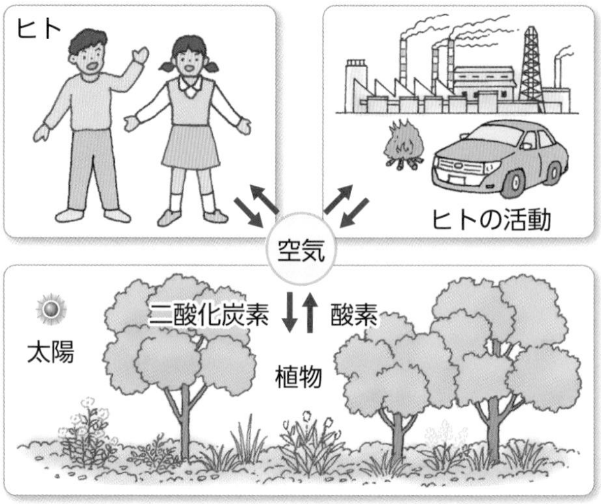

▶水とわたしたちの生活

- 水は、生活のさまざまな場面で利用されているだけでなく、農業や工業にも、多くの水を必要とする。
- ヒトは自然の中を(④　　　　　　　　　)する水を利用している。
- 川や海の水質の変化は、そこにすむ生物にえいきょうをあたえる。

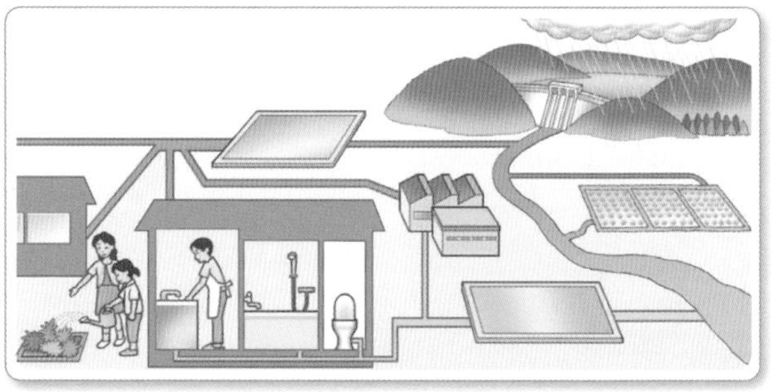

▶生物とわたしたちの生活

- わたしたちは、生きていくための(⑤　　　　　　)を、生物を食べることで得ている。食べ物として、植物や動物を育てたり、魚をとったりしている。
- 森林の木も、家や家具、紙などの材料として、管理しながら利用している。
- 管理ができなくなった畑や海のごみなどは、そこにくらす生物にえいきょうをあたえる。

生物は食べる・食べられるの関係でつながっていたね(食物連《しょくもつれん》鎖《さ》)。

ここが、だいじ!
①ヒトの活動によって、空気中の二酸化炭素の割合が増えたり、川や海がよごれたりするなど、ヒトは地球の環境に、えいきょうをあたえている。

ぴたトリビア
地球上にある水の97％以上は海にあります。水は地球のすべての生物の命を支える大切なものです。

10. 自然とともに生きる

①わたしたちの生活と環境《かんきょう》とのかかわり

教科書 194〜197ページ　答え 39ページ

1 空気とわたしたちの生活について調べました。図の矢印は、ある気体㋐の出入りを表しています。

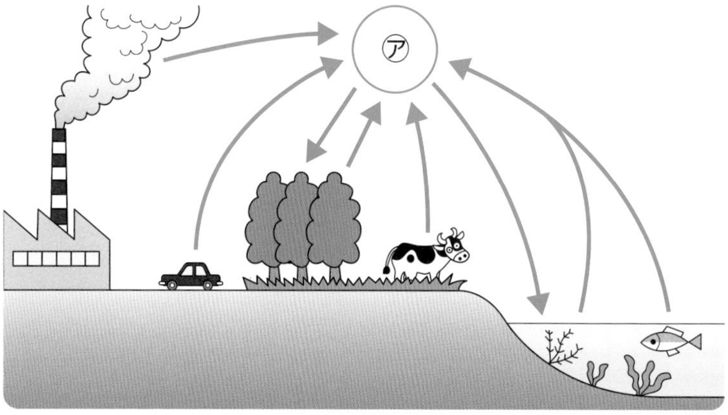

⑴ 動物も植物も、酸素を体内に取り入れ、体内でできた二酸化炭素を外に出しています。このはたらきを何といいますか。

（　　　　）

⑵ 図の㋐の気体は何ですか。あてはまるものに○をつけましょう。

①（　）ちっ素
②（　）酸素
③（　）二酸化炭素

⑶ 火力発電所や工場などでは、燃料を燃やしています。燃料として使われるおもなものを１つかきましょう。

（　　　　）

⑷ 燃料を燃やすときに使われる気体、出てくる気体をそれぞれかきましょう。

使われる気体（　　　　）
出てくる気体（　　　　）

2 食べ物や飲み水とわたしたちの生活について調べました。

⑴ わたしたちは生きていくための養分を取り入れるために、ほかの動物や植物を食べています。動物と植物は、自分で養分をつくり出すことができますか、できませんか。

動物（　　　　）
植物（　　　　）

⑵ わたしたちは、口から水を取り入れています。植物はどこから水を取り入れますか。

（　　　　）

⑶ ヒトは、飲み物以外に、どんなことに水を利用していますか。１つかきましょう。

（　　　　）

⑷ 水は自然の中をじゅんかんしていて、水面や地面などから、蒸発《じょうはつ》して出て行きます。水が蒸発して気体になった姿《すがた》を、何といいますか。

（　　　　）

ヒント ❶ ⑵㋐の気体の出入りを表す矢印の向きを見ると、動物は出すだけですが、植物は出すだけでなく取り入れています。

学習日　月　日

10. 自然とともに生きる

②自然環境《かんきょう》を守る

③これからの未来へ

めあて
環境を守るための取り組みをかくにんしよう。

教科書 198〜203ページ　答え 40ページ

下の(　)にあてはまる言葉をかくか、あてはまるものを○で囲もう。

1 環境を守るために、どんな取り組みが行われているのだろうか。 教科書 198〜203ページ

- 地球の空気や水、生物などの(①　　　　　)が変化すると、わたしたちの生活にもえいきょうが出る。
- (② 二酸化炭素 ・ 酸素)が出ることを減らしたり、生物がすみやすい(③　　　　　)を守ったりする取り組みが広がっている。
- 環境を守ることは、ヒトをふくむ(④　　　　　)を守ることになる。

空気や水、土、ほかの生物など、その生物を取り巻《ま》いているものを、環境というよ。

環境へのえいきょうを少なくする取り組みの例
- 下水の有効活用…下水処理《しょり》のバイオガスで発電したり、どろで肥料をつくったりする。
- 雪の利用…冬にたくわえた雪を、冷蔵《れいぞう》や冷ぼうに利用する。

環境を守る取り組みの例
- 植林活動…山や田畑の環境を守る。水害などの災害を減らすことにもつながる。
- 海辺を守る取り組み…数多くの生物がすむ海辺を、うめ立てずに守り続ける。

わたしたちにもできることの例
- 電気の使用量を減らす…冷蔵庫の開け閉《し》めを手早くしたり、明かりをこまめに消したりする。
- エコバッグの利用…レジぶくろのごみの量も、レジぶくろをつくる量も減らすことができる。

- (⑤　　　　　)とは「Sustainable Development Goals（持続可能な開発目標）」を略した言葉で、2015年に開かれた国連の「持続可能な開発サミット」で、193か国が2030年までに達成するためにかかげた目標である。
- 将来《しょうらい》の人々がくらしやすい環境を守りながら、今を生きる人々も豊かにくらせる社会のことを(⑥　　　　　　　　)という。

ここがだいじ！
①二酸化炭素が出ることを減らしたり、生物がすみやすい環境を守ったりする取り組みが広がっている。
②環境を守ることは、ヒトをふくむ生物を守ることになる。

ぴたトリビア ヒトが生活するうえで自然環境にえいきょうをおよぼします。自分の生活の中で環境に多くの負担《ふたん》をかける行動がないか、考えてみましょう。

学習日　　月　　日

10. 自然とともに生きる

②自然環境《かんきょう》を守る
③これからの未来へ

教科書 198〜203ページ　答え 40ページ

1 わたしたちのくらしが環境にどのようなえいきょうをあたえているか、環境からどのようなえいきょうをあたえられているかを調べました。

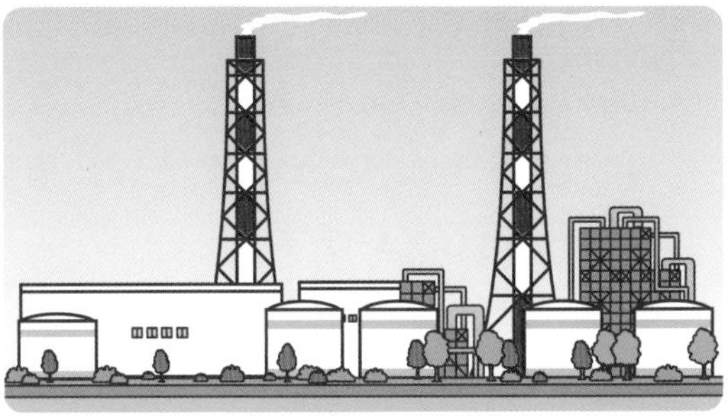

(1) 火力発電所や工場では、燃料を燃やしています。このときのことで、正しいものに○をつけましょう。

①(　　)燃料が燃えるときには、二酸化炭素が出る。

②(　　)燃料を燃やしても、環境にえいきょうはない。

③(　　)空気がよごれても、わたしたちの食べ物にはえいきょうはない。

(2) 工場や家庭からは、はい水が出ています。このときのことで、正しいものに○をつけましょう。

①(　　)よごれた水は、そのまま川や海に流しても、環境にえいきょうはない。

②(　　)工場内のしせつや下水処理場《しょりじょう》で、よごれた水をきれいな水にしてから流して、環境へのえいきょうがないようにしている。

③(　　)水がよごれても、わたしたちの食べ物にはえいきょうはない。

2 わたしたちができる、環境を守る取り組みについて考えました。

(1) 電気の利用について、環境を守ることにつながることはどれですか。あてはまるものすべてに○をつけましょう。

①(　　)人がいない部屋の明かりは消す。

②(　　)見ていないテレビは消す。

③(　　)エアコンは常につけておく。

(2) ものを燃やすと、酸素が使われて、二酸化炭素が出ます。次の中で、二酸化炭素をたくさん出すことにつながるものはどれですか、あてはまるものすべてに○をつけましょう。

①(　　)燃えるごみをたくさん出す。

②(　　)電気やガスをたくさん使う。

③(　　)山に木を植える。

10. 自然とともに生きる

時間 30 分

／50

合格 40 点

教科書 192〜203ページ　答え 41ページ

よく出る

1 ヒトの活動と空気の関係について調べました。図の矢印は、ある気体㋐、㋑の出入りを表しています。

1つ8点(24点)

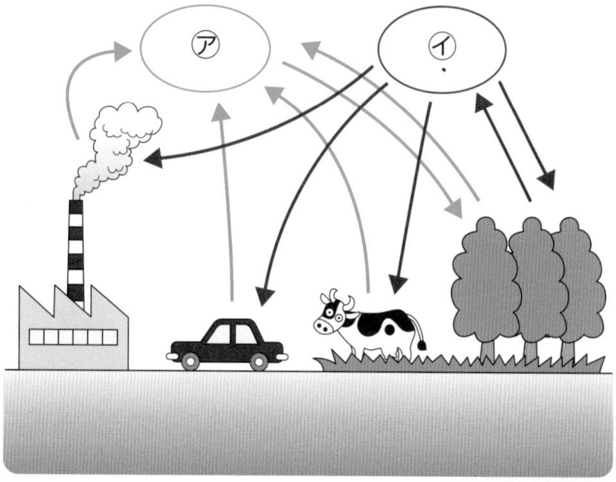

(1) 図の㋐、㋑の気体は何ですか。なお、植物に日光が当たっているときは、植物は㋑の気体を出しています。

㋐(　　　　　　　)
㋑(　　　　　　　)

(2) 次の文のうち、正しいものに○をつけましょう。

①(　　)ものを燃やすと㋐の気体が使われて、㋑の気体が出る。

②(　　)森林が減ると、空気の成分にえいきょうが出る。

③(　　)空気をよごしても、ヒトの食べ物にえいきょうはない。

2 ヒトの活動と水の関係について調べました。図は水のじゅんかんを表しています。

(1)、(2)は1つ8点、(3)は10点(26点)

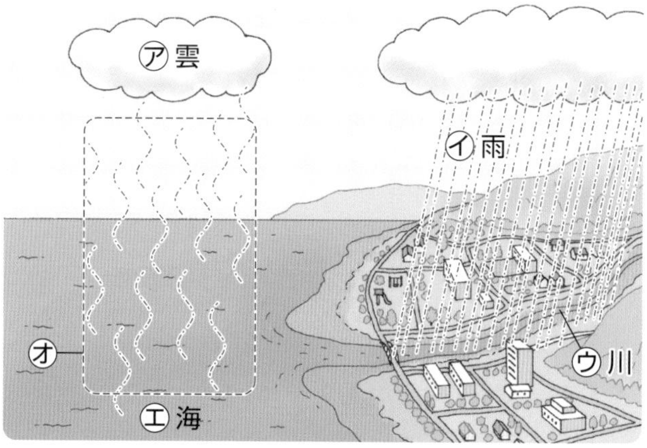

(1) 海などで蒸発(じょうはつ)した水の一部が雲をつくります。水が蒸発して気体になったものを何といいますか。

(　　　　　　)

(2) ㋐〜㋔の中で、ヒトのくらしにおもに利用される水はどれですか。記号で答えましょう。(　　)

(3) [記述] まなさんの家では、環境(かんきょう)を守るために、次のようなことをしています。

食器の油よごれをふいてから、食器を洗(あら)っています。

環境を守るのに、どう役立っているかかきましょう。

思考・表現

(　　　　　　　　　　　　　　　　　　　　)

①石灰水が白くにごるのは、㋐、㋑のどちらですか。

（　　　）

②①の結果から、㋑のびんの中では何の気体が増えたことがわかりますか。

（　　　　　）

2 ヒトが吸《す》う空気やはき出した息について調べました。

1つ4点(12点)

(1) ㋐、㋑は、何という体のつくりですか。

㋐（　　　）
㋑（　　　）

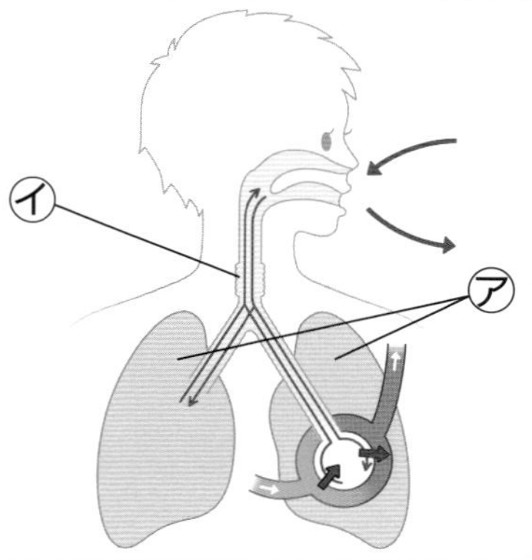

(2) 酸素を取り入れて、二酸化炭素を出すはたらきを何といいますか。

（　　　）

(3) 葉の裏《うら》の表面には、水蒸気《すいじょうき》が出ていく小さな穴《あな》があります。

①植物の体から、水が水蒸気となって出ていくことを何といいますか。

（　　　）

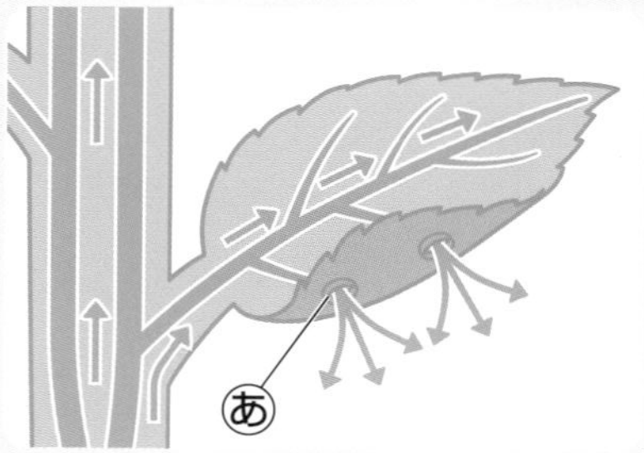

②水蒸気が出ていく小さな穴ⓐを何といいますか。

（　　　）

(4) ㋐の根・くき・葉を、カッターナイフで縦《たて》や横に切って、切り口のようすを観察しました。

①切り口を見て、色がついているのはどの部分ですか。あてはまるものに○をつけましょう。

ア（　　）根
イ（　　）根とくき
ウ（　　）根、くき、葉

②植物は、どこから水を取り入れていますか。

（　　　）

うらにも問題があります。

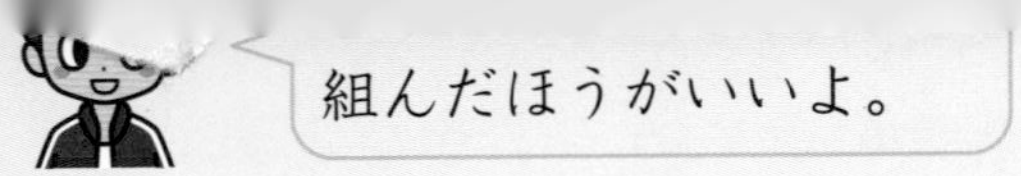
組んだほうがいいよ。

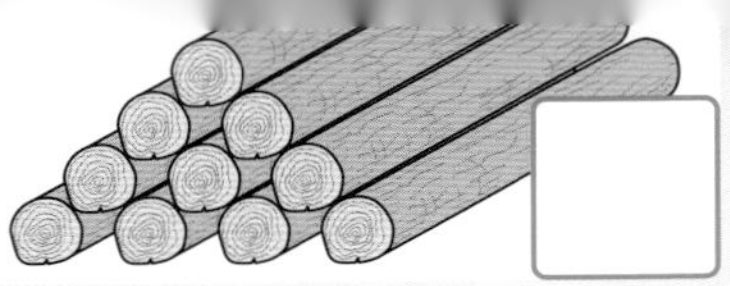

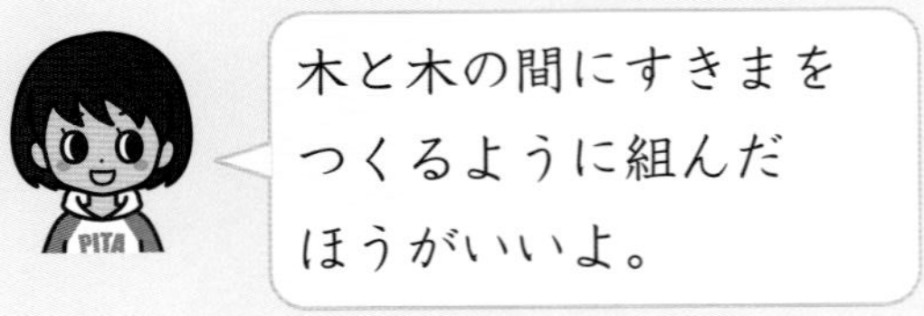
木と木の間にすきまをつくるように組んだほうがいいよ。

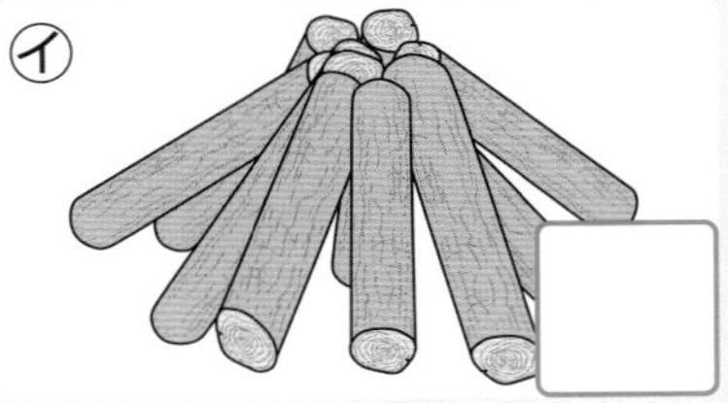
イ

(2) 記述 (1)で○をつけた意見が正しいと思ったのはなぜですか。理由をかきましょう。

(　　　　　　　　　　)

(3) 空気は、ちっ素、酸素、二酸化炭素などの気体が混ざっています。

空気の成分
ちっ素
酸素
二酸化炭素など

①ものが燃えるためには、どの気体が必要ですか。

(　　　　)

②ものが燃えるときに変化がないのは、ちっ素、酸素、二酸化炭素のうちのどれですか。

(　　　　)

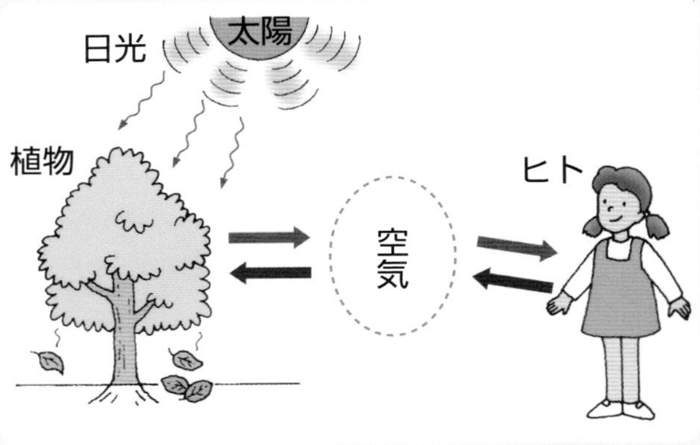
日光
太陽
植物
空気
ヒト

(1) 図の ➡ や ➡ は、何という気体の出入りを表していますか。

① ➡ (　　　　)
② ➡ (　　　　)

(2) ヒトやほかの動物が呼吸《こきゅう》をするときに出す気体は、何という気体ですか。

(　　　　)

(3) 記述 ➡ で表された気体が空気中からなくならない理由をかきましょう。

(　　　　　　　　　　)

(切り取り線)

(切り取り線)

4 生物どうしのつながりについて調べました。

1つ4点(12点)

㋐

㋑

㋒

(1) ㋐～㋒の生物を、食べられるものから食べるものの順に並《なら》べ、記号でかきましょう。

(　　→　　→　　)

(2) 自分で養分をつくることのできる生物は、㋐～㋒のどれですか。

(　　)

(3) 生物の間の「食べる・食べられる」の関係のつながりを何といいますか。

(　　)

思考・判断・表現

5 キャンプへ出かけ、火をおこすために木を組みました。

(1)、(2)は1つ4点、(3)は1つ3点(14点)

(1) よく燃える木の組み方について話し合いました。㋐、㋑のうち、正しいほうに○をつけましょう。

木はすきまなくきっちり

㋐
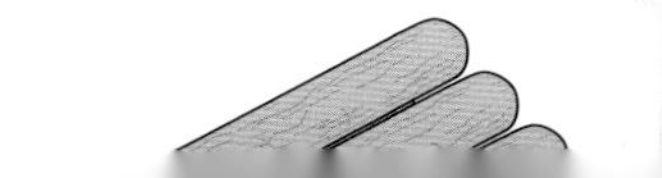

6 うすいでんぷんの液をつくり、その中にだ液を入れ、変化を調べました。

(1)、(3)、(4)は1つ3点、(2)は4点(13点)

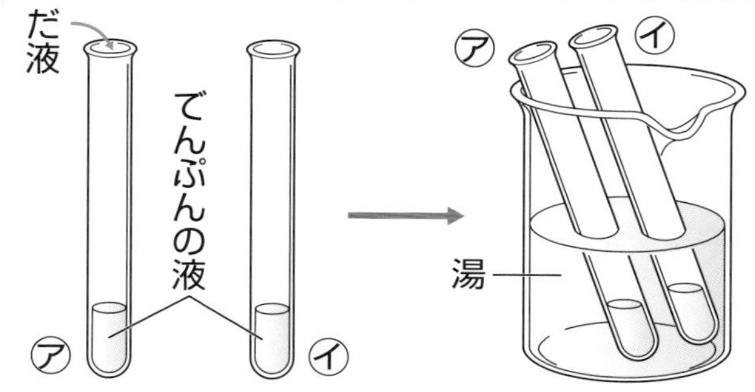

(1) 数分後、㋐、㋑にヨウ素液を加えたとき、一方は色が変化しました。それは㋐、㋑のどちらですか。

(　　)

(2) 記述 この実験から、だ液にはどのようなはたらきがあることがわかりますか。

(　　)

(3) 食べ物をかみくだいたり、体に吸収《きゅうしゅう》されやすいものに変えたりするはたらきを何といいますか。

(　　)

(4) (3)にかかわるだ液のような液体を何といいますか。

(　　)

7 空気を通した生物のつながりをまとめました。

(1)、(2)は1つ3点、(3)は4点(13点)

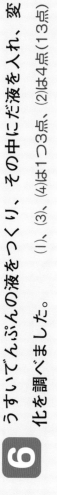

夏のチャレンジテスト

教科書　10～87ページ

月　　日

名前

時間 40分

知識・技能	思考・判断・表現	合格80点
/60	/40	/100

答え 42～43ページ

知識・技能

1 びんの中でろうそくを燃やしました。

1つ4点(12点)

(1) 作図 底のないびんを使い、ねん土に切りこみを入れ、底にすきまをつくり、線香を近づけました。線香のけむりの動きを、図に矢印でかきましょう。

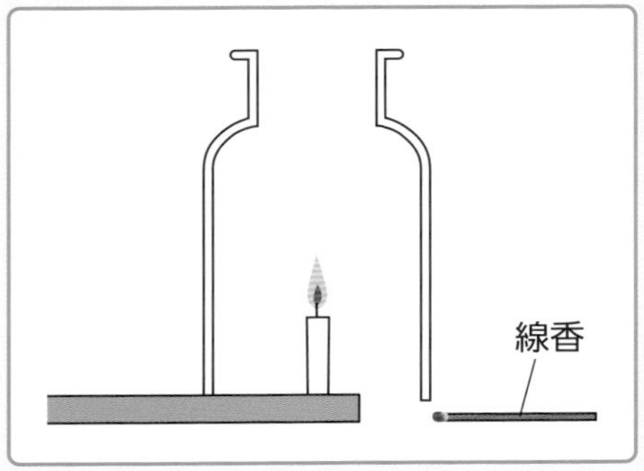
線香

(2) 空気と、びんの中で火が消えるまで燃やした後の空気のちがいを、石灰水《せっかいすい》で調べました。

㋐

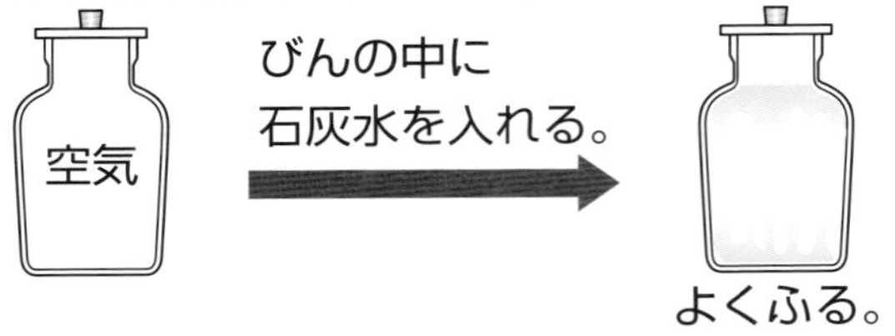
空気
びんの中に
石灰水を入れる。
よくふる。

㋑

びんの中に
石灰水を入れる。

3 同じぐらいに育ったジャガイモをほり出し、㋐、㋑のように根を色水にひたして、ポリエチレンのふくろをかぶせて日なたに置きました。

1つ4点(24点)

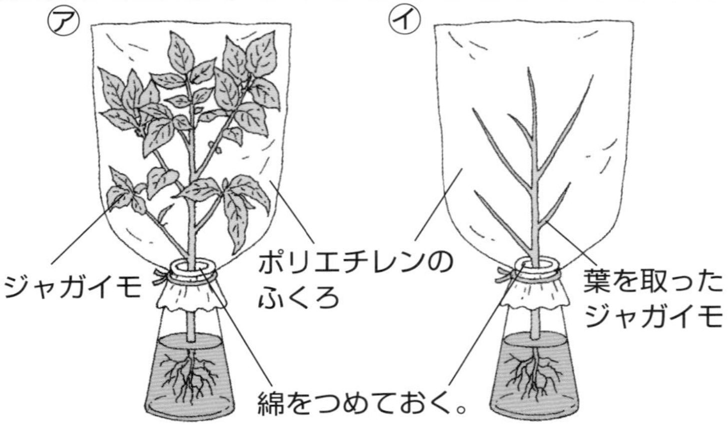
㋐
㋑
ジャガイモ
ポリエチレンの
ふくろ
綿をつめておく。
葉を取った
ジャガイモ

(1) ふくろの内側に、たくさんの水てきがついたのは、㋐、㋑のどちらですか。

（　　　）

(2) (1)の結果から、どのようなことがいえますか。正しいものに○をつけましょう。

ア（　　）水はおもに根から出ていく。

イ（　　）水はおもにくきから出ていく。

ウ（　　）水はおもに葉から出ていく。

5 地層《ちそう》のようすを調べました。

(1)、(4)は1つ2点、(2)は3点、(3)は全部できて3点(10点)

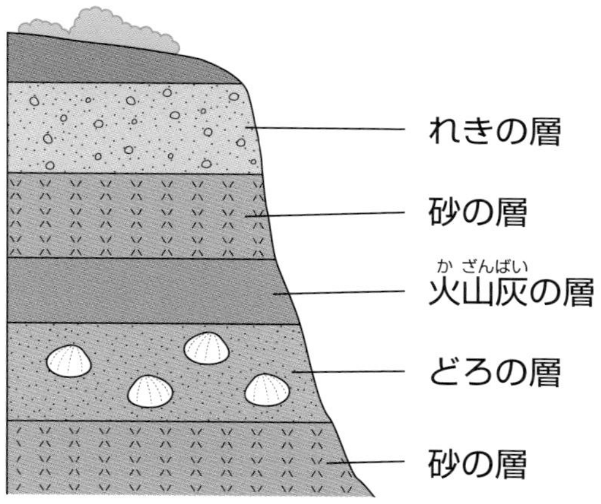
れきの層
砂の層
火山灰《かざんばい》の層
どろの層
砂の層

(1) どろの層《そう》から、大昔の貝が出てきました。このような大昔の生物の体や生活のあとのことを、何といいますか。

(　　　　　)

(2) 火山灰の層ができたころ、近くでどんなことが起こったと考えられますか。

(　　　　　　　　　　　　　　　　)

(3) 火山灰のつぶには、どんな特ちょうがありますか。あてはまるものすべてに○をつけましょう。

①(　　　)丸みがあるものが多い。
②(　　　)角ばったものが多い。
③(　　　)とうめいなガラスのかけらのようなものもある。

(4) れき、砂、どろで、つぶの大きさがいちばん大きいものはどれですか。

(　　　　　)

思考・判断・表現

6 炭酸水から出る気体を集めました。

1つ4点(12点)

(1) 炭酸水から出る気体を集めたびんの中に、火のついた木を入れるとどうなりますか。

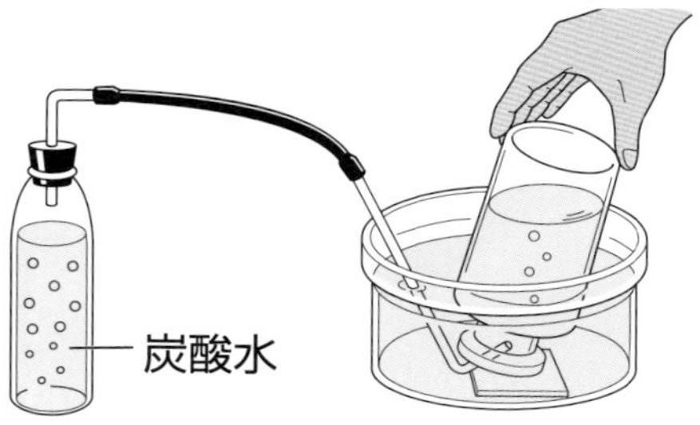
炭酸水

(　　　　　　　　)

(2) 炭酸水から出る気体を集めたびんの中に、石灰水《せっかいすい》を入れてふると、どうなりますか。

(　　　　　　　　)

(3) (1)、(2)の結果から、炭酸水から出る気体は何だとわかりますか。

(　　　　　　　　)

7 月の形の見え方を、ボールを使って調べました。

(1)は全部できて4点、(2)、(3)は1つ4点、(4)は6点(18点)

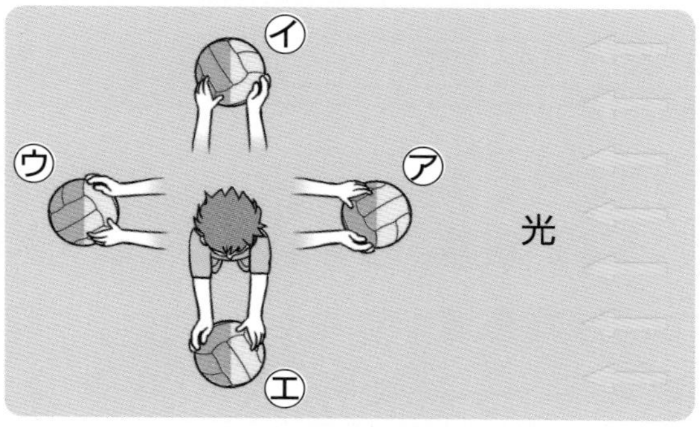
イ
ウ
ア
光
エ

(1) この実験で、人とボールは、地球と月のどちらを表していますか。

人　(　　　　　)
ボール(　　　　　)

(2) ボールの光っている部分が満月のように見える位置は、㋐～㋓のどれですか。

(　　　)

(3) ㋐の位置では、光っている部分が全く見えませんでした。このような月を何といいますか。

(　　　　)

(4) 記述 この実験から、日によって月の形が変わって見えるのは、どのような理由からだといえますか。

(　　　　　　　　　　　　　　　　)

8 れき、砂、どろを混ぜた土を、水の入った容器に入れ、よくふり混ぜた後、静かに置いておきました。

(1)は全部できて6点、(2)は4点(10点)

しばらく
置いておく。
ふり混ぜる。
ア
イ
ウ

(1) ㋐～㋒には、それぞれ何が積もっていますか。

㋐(　　　　)
㋑(　　　　)
㋒(　　　　)

(2) (1)から、積もり方にはどんなきまりがあることがわかりますか。次の説明のうち、正しいほうに○をつけましょう。

つぶが小さいものから、下から順に層になって積もるよ。

①(　　　)

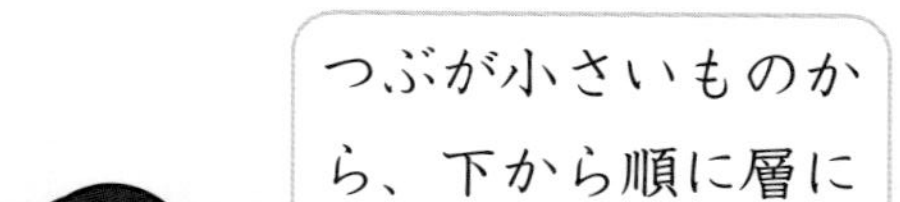

つぶが大きいものから、下から順に層になって積もるよ。

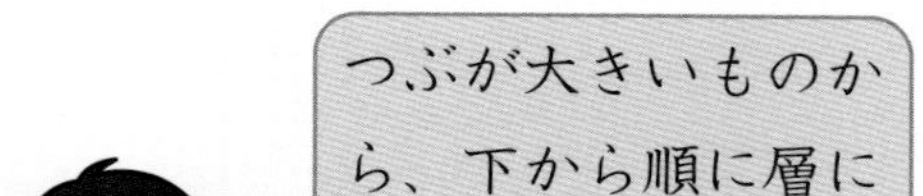

②(　　　)

冬のチャレンジテスト

教科書 94～153ページ

名前　　　　月　　日

時間 40分

知識・技能	思考・判断・表現	合格80点
／60	／40	／100

答え 44～45ページ

知識・技能

1 食塩水、うすい塩酸、うすいアンモニア水をリトマス紙につけて、性質を調べました。

1つ2点(14点)

水よう液㋐　水よう液㋑　水よう液㋒

リトマス紙

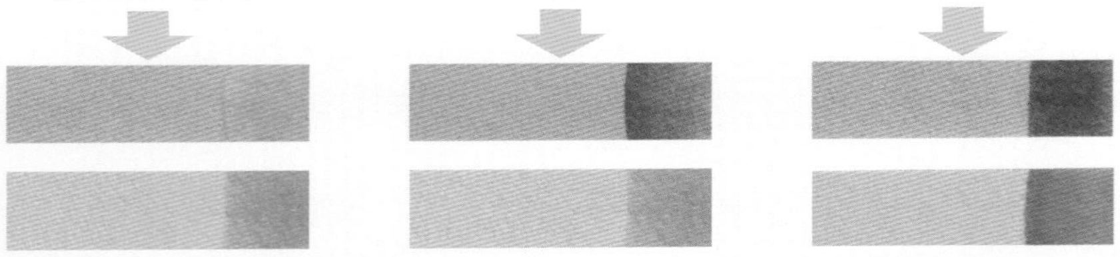

青色のリトマス紙が赤色に変化する。　どちらのリトマス紙も変化しない。　赤色のリトマス紙が青色に変化する。

(1) リトマス紙の色の変化から、㋐～㋒の水よう液はそれぞれ、酸性、中性、アルカリ性のどれですか。

㋐(　　　)
㋑(　　　)
㋒(　　　)

(2) ㋐～㋒の水よう液は、それぞれ何ですか。名前をかきましょう。

㋐(　　　)
㋑(　　　)
㋒(　　　)

(3) ㋐～㋒で、気体がとけている水よう液を、すべて記号で答えましょう。(　　　)

2 鉄にうすい塩酸を加えて、変化を調べました。

1つ3点(12点)

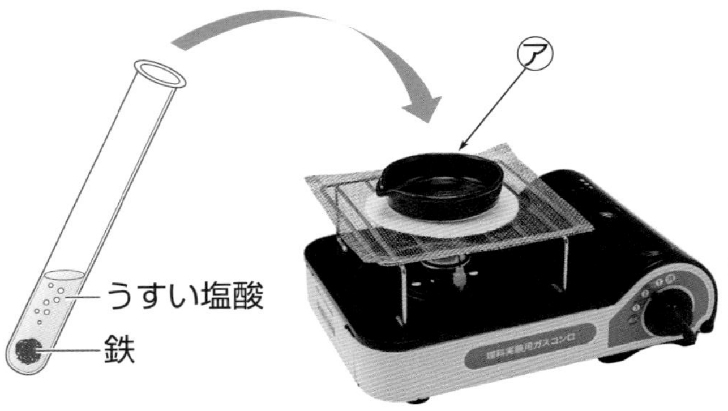

(1) ㋐の器具の名前をかきましょう。

(　　　)

(2) うすい塩酸に鉄がとけた液体を加熱すると、固体が出てきました。この固体は何色ですか。(　　　)

(3) (2)の固体にうすい塩酸を加えると、どうなりますか。正しいものに○をつけましょう。

ア(　　)あわを出してとける。　**イ**(　　)とけない。
ウ(　　)あわを出さないでとける。

(4) (3)の結果から、(2)の固体はもとの鉄と同じものといえますか、いえませんか。(　　　)

3 月の形と見え方を調べました。

(1)は4点、(2)～(4)は1つ3点(16点)

㋐　㋑　㋒　㋓　㋔　㋕

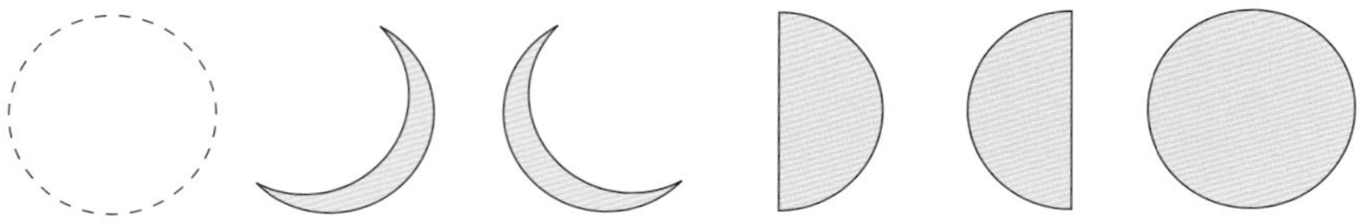

(1) 月の形の見え方は、毎日少しずつ変わっていきます。㋐の月から、月の形の変化を、正しい順に並《なら》べましょう。ただし、㋐の月は見えません。

(㋐ → ㋑ → 　→ 　→ 　→ 　)

(2) ㋑、㋓の形の月を、それぞれ何といいますか。

㋑(　　　)
㋓(　　　)

(3) 月の形は、どのくらいでもとの形にもどりますか。正しいものに○をつけましょう。

①(　　)約1週間
②(　　)約10日間
③(　　)約1か月間

(4) 月が明るく光っているところは、何の光が当たっているところですか。(　　　)

4 岩石について調べました。

1つ2点(8点)

㋐　㋑　㋒

細かいどろのつぶが固まってできている。　同じような大きさの砂《すな》のつぶが固まってできている。　れきが、砂などと混じり、固まってできている。

(1) ㋐～㋒はそれぞれ、何という岩石ですか。名前をかきましょう。

㋐(　　　)
㋑(　　　)
㋒(　　　)

(2) ㋐～㋒の岩石は、何のはたらきでできた岩石ですか。正しいほうに○をつけましょう。

①(　　)火山の噴火《ふんか》のはたらき
②(　　)流れる水のはたらき

うらにも問題があります。

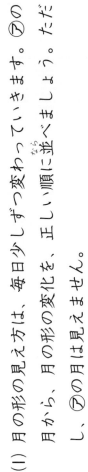

5 空気とわたしたちの生活について調べました。

1つ3点(15点)

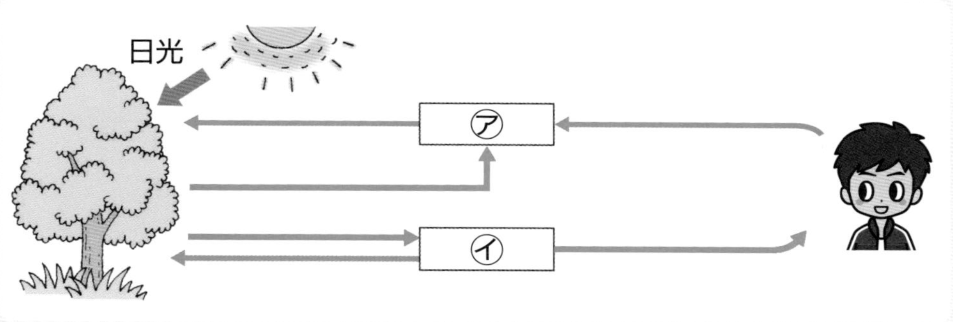

(1) ㋐、㋑はそれぞれ、何という気体ですか。

㋐(　　　　)
㋑(　　　　)

(2) 次の文の(　　)にあてはまる言葉をかきましょう。

　すべての生物は(①　　　　)により、㋑の気体を取り入れ、㋐の気体を出している。しかし、㋑の気体がなくならないのは、(②　　　　)が日光に当たると、㋑の気体を出すからである。

(3) 発電のときに燃料を燃やして、㋐の気体が発生するものはどれですか。あてはまるものに○をつけましょう。

①(　　)風力発電
②(　　)火力発電
③(　　)水力発電

思考・判断・表現

6 身の回りのてこを利用した道具について考えます。

(1)、(2)は1つ4点、(3)は6点(14点)

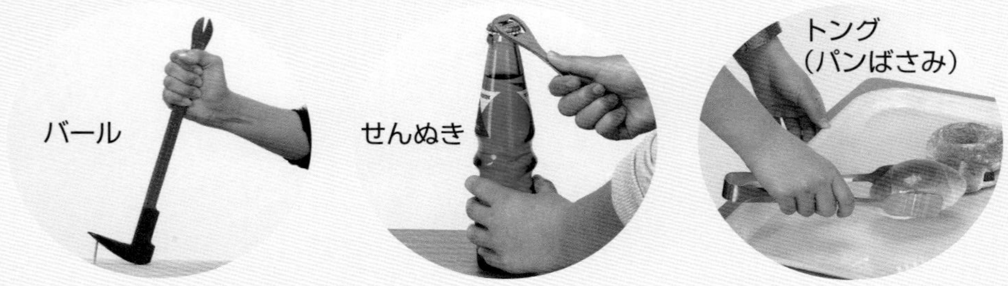

(1) ①～③で、正しいものに○をつけましょう。

①(　　)㋐は作用点が支点と力点の間にある道具である。
②(　　)㋑は支点が力点と作用点の間にある道具である。
③(　　)㋒は力点が支点と作用点の間にある道具である。

(2) ㋒の道具について、パンにはたらく力は、㋒の道具を手でつかむ力よりも大きいですか、小さいですか。

(　　　　)

(3) 記述 (2)のように考えたのはなぜですか。「支点」「力点」「作用点」という言葉を使って説明しましょう。

(　　　　)

7 コンデンサーをそれぞれ、豆電球と発光ダイオードにつなぎます。

1つ4点(8点)

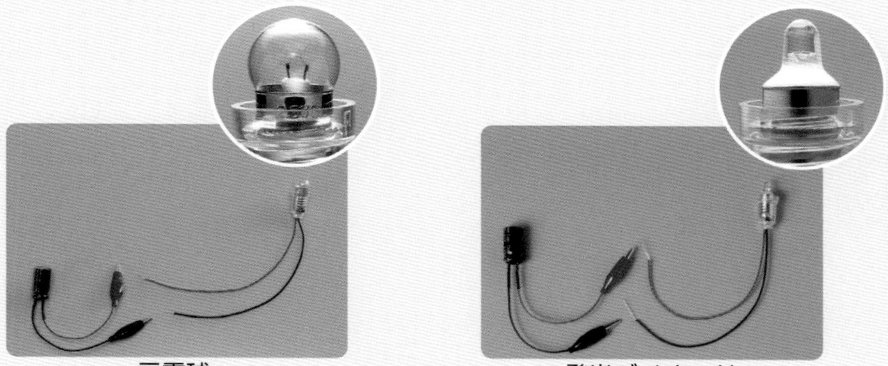

(1) 同じ量の電気をたくわえたコンデンサーをそれぞれ、豆電球と発光ダイオードにつなぐと、長く明かりがつくのはどちらですか。

(　　　　)

(2) 豆電球と発光ダイオードは、どちらが電気を効率よく光に変えているといえますか。

(　　　　)

8 環境《かんきょう》を守るためにできることを考えます。

(1)は1つ4点、(2)は6点(18点)

(1) 次の(　　)にあてはまる言葉をかきましょう。

　わたしたちの生活に、電気は欠かせません。電気をつくるおもな燃料には、(①　　　　)や石炭、天然ガスがあります。これらの燃料を燃やすと、(②　　　　)が使われて、二酸化炭素が出ます。そのため、電気やガスの使用量を減らすことは、環境へのえいきょうを少なくすることにつながります。
　また、(③　　　　)のはたらきで発電する太陽光発電なら、発電するときに燃料を燃やすことがないので、二酸化炭素が出ません。

(2) 記述 まなさんの家では、油よごれをふき取ってから皿洗《さらあら》いをしています。これは環境を守るのに、どう役に立ちますか。

(　　　　)

春のチャレンジテスト

教科書 154〜203ページ

月　　日

名前

時間 40分

知識・技能	思考・判断・表現	合格80点
／60	／40	／100

答え46〜47ページ

知識・技能

1 てこのはたらきについて調べました。

(1)、(2)は1つ2点、(3)は3点(15点)

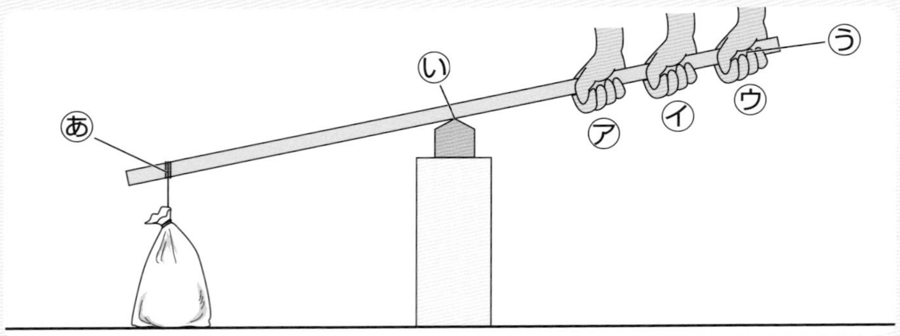

あ
い
う
ア
イ
ウ

(1) 棒《ぼう》をてことして使ったとき、①〜③にあてはまるのは、あ〜うのどの点ですか。

①棒を支えるところ (　　)

②棒に力を加えるところ (　　)

③棒からものに力がはたらくところ (　　)

(2) 棒をてことして使ったとき、あ〜うの点をそれぞれ何といいますか。

あ(　　)　い(　　)　う(　　)

(3) 図の砂《すな》ぶくろを持ち上げるとき、うに加える力がいちばん小さいのは、ア〜ウのどの位置に手があるときですか。

(　　)

2 てこのつり合いについて調べました。

(1)は全部できて3点、(2)は3点(6点)

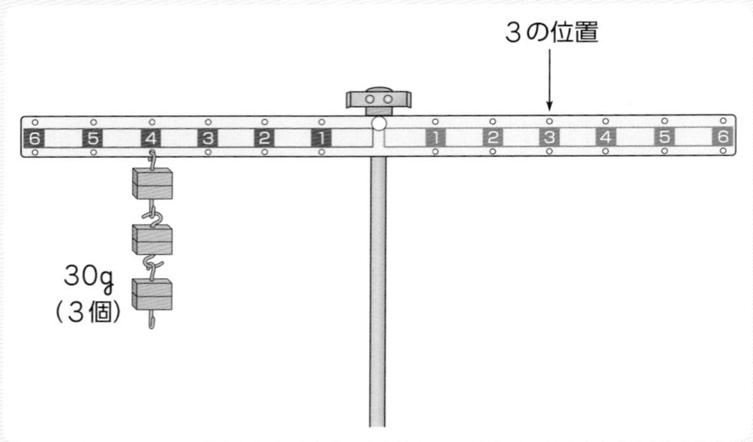

3の位置
6 5 4 3 2 1 1 2 3 4 5 6
30g
(3個)

(1) てこのうでをかたむけるはたらきは、何×何で表されますか。

(　　)×(　　)

(2) 図のてこを水平につり合わせるには、右のうでの3の位置に、1個10gのおもりを、何個つるせばよいですか。

(　　)

3 手回し発電機のハンドルを回して、発電しました。

1つ3点(15点)

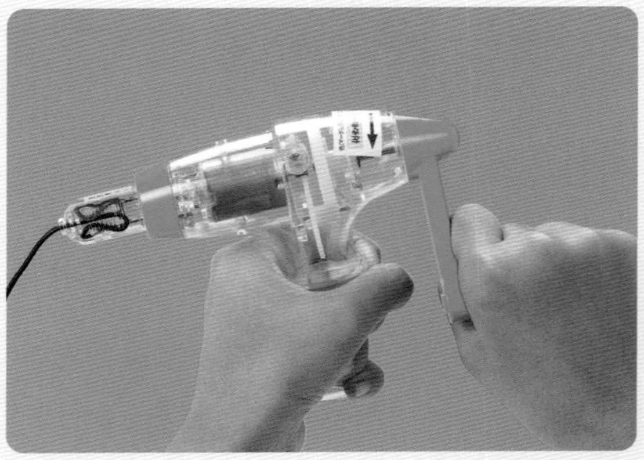

(1) 手回し発電機のハンドルを逆向きに回すと、電流の向きはどうなりますか。

(　　)

(2) 手回し発電機をモーターにつなぎました。ハンドルを回す速さを速くすると、モーターはどうなりますか。

(　　)

(3) ①〜③の道具はそれぞれ、電気を何に変えていますか。

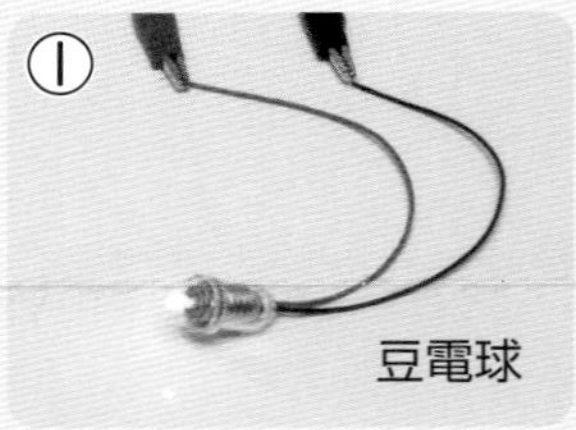

①
豆電球

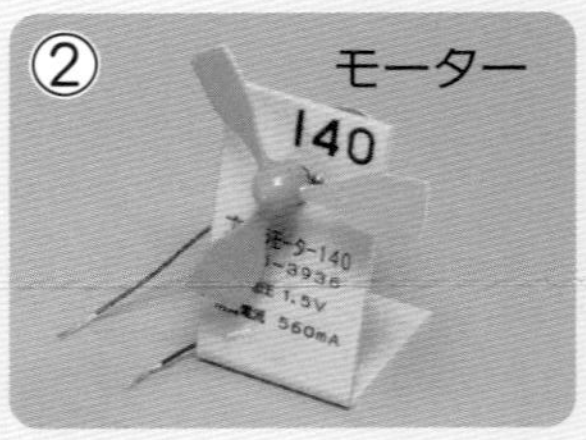

②
モーター
140

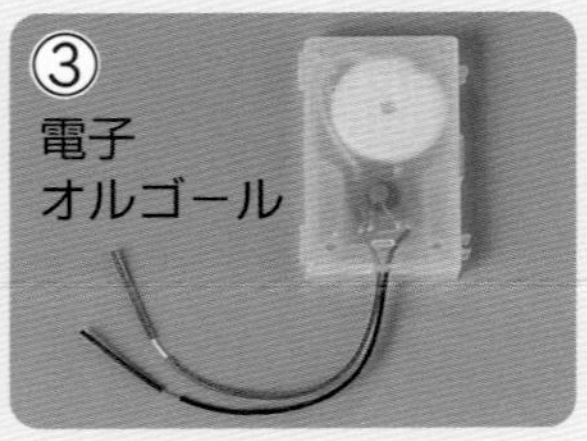

③
電子
オルゴール

①(　　)　②(　　)　③(　　)

4 あに光を当てると、回路に電流が流れて、モーターが回りました。

1つ3点(9点)

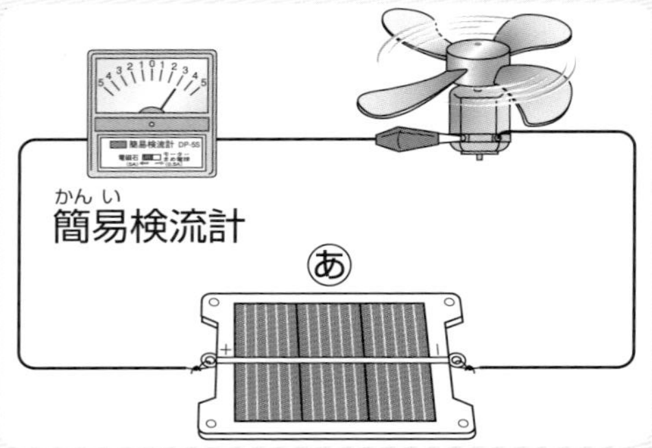

簡易検流計《かんい》
あ

(1) あの器具を何といいますか。

(　　)

(2) あをつなぐ向きを逆にすると、モーターの回る向きはどうなりますか。

(　　)

(3) あに当たる光を強くしたとき、回路に流れる電流の大きさはどうなりますか。

(　　)

うらにも問題があります。

ぴったり1 準備　1. ものが燃えるしくみ
①ものの燃え方と空気の動き

学習 **2ページ**

ものがよく燃えるときの空気の動きをかくにんしよう。

3分でまとめ

教科書 12〜14ページ　答え 2ページ

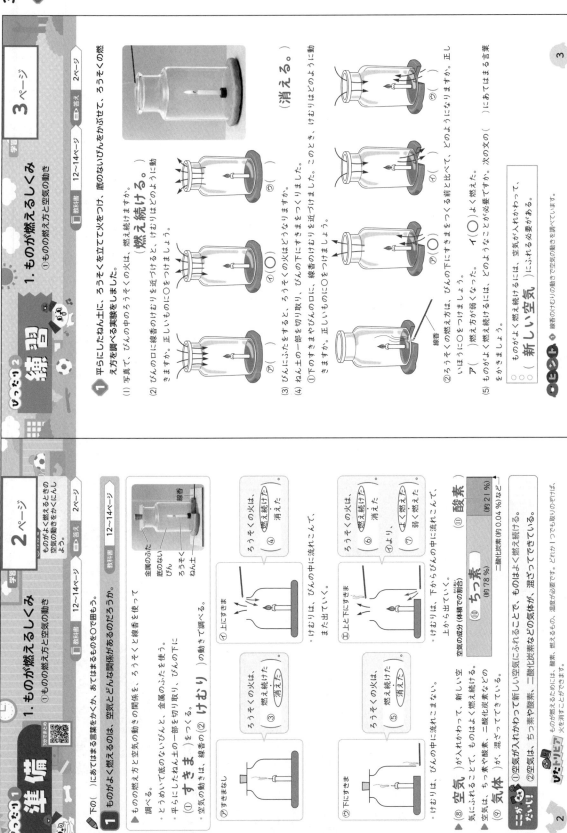

下の(　)にあてはまる言葉をかくか、あてはまるものを○で囲もう。

1 ものがよく燃えるのは、空気とどんな関係があるのだろうか。　教科書 12〜14ページ

▶ものの燃え方と空気の動きの関係を、ろうそくと線香を使って調べる。
- とうめいで底のないびんと、金属のふたを使う。
- 平らにしたねん土の一部を切り取り、びんの下に(① **すきま**)をつくる。
- 空気の動きは、線香の(② **けむり**)の動きで調べる。

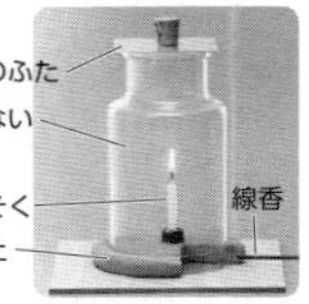

㋐すきまなし

ろうそくの火は、(③ 燃え続けた・(消えた))。

㋑上にすきま

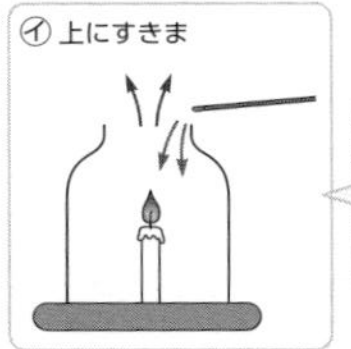

ろうそくの火は、(④ (燃え続けた)・消えた)。

- けむりは、びんの中に流れこんで、また出ていく。

㋒下にすきま

ろうそくの火は、(⑤ 燃え続けた・(消えた))。

- けむりは、びんの中に流れこまない。

㋓上と下にすきま

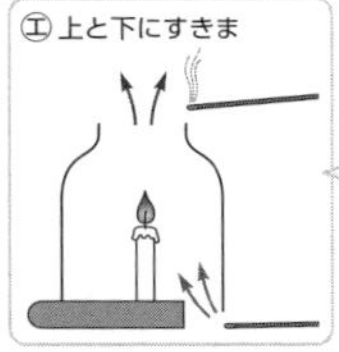

ろうそくの火は、(⑥ (燃え続けた)・消えた)。
㋑より、(⑦ (よく燃えた)・弱く燃えた)。

- けむりは、下からびんの中に流れこんで、上から出ていく。

▶(⑧ **空気**)が入れかわって、新しい空気にふれることで、ものはよく燃え続ける。
▶空気は、ちっ素や酸素、二酸化炭素などの(⑨ **気体**)が、混ざってできている。

空気の成分（体積での割合）

(⑩ **ちっ素**)（約78％）	(⑪ **酸素**)（約21％）

二酸化炭素（約0.04％）など

ここがだいじ！
①空気が入れかわって新しい空気にふれることで、ものはよく燃え続ける。
②空気は、ちっ素や酸素、二酸化炭素などの気体が、混ざってできている。

ぴたトリビア　ものが燃えるためには、酸素、燃えるもの、温度が必要です。どれか1つでも取りのぞけば、火を消すことができます。

ぴったり2 練習　1. ものが燃えるしくみ
①ものの燃え方と空気の動き

学習 **3ページ**

教科書 12〜14ページ　答え 2ページ

1 平らにしたねん土に、ろうそくを立てて火をつけ、底のないびんをかぶせて、ろうそくの燃え方を調べる実験をしました。

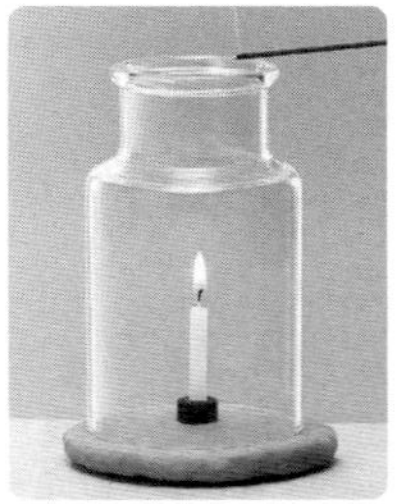

(1) 写真で、びんの中のろうそくの火は、燃え続けますか。
(**燃え続ける。**)

(2) びんの口に線香のけむりを近づけると、けむりはどのように動きますか。正しいものに○をつけましょう。

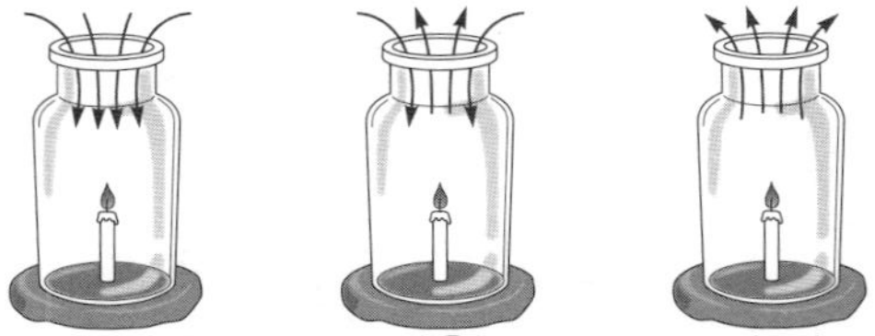

㋐(　)　㋑(○)　㋒(　)

(3) びんにふたをすると、ろうそくの火はどうなりますか。
(**消える。**)

(4) ねん土の一部を切り取り、びんの下にすきまをつくりました。
①下のすきまやびんの口に、線香のけむりを近づけました。このとき、けむりはどのように動きますか。正しいものに○をつけましょう。

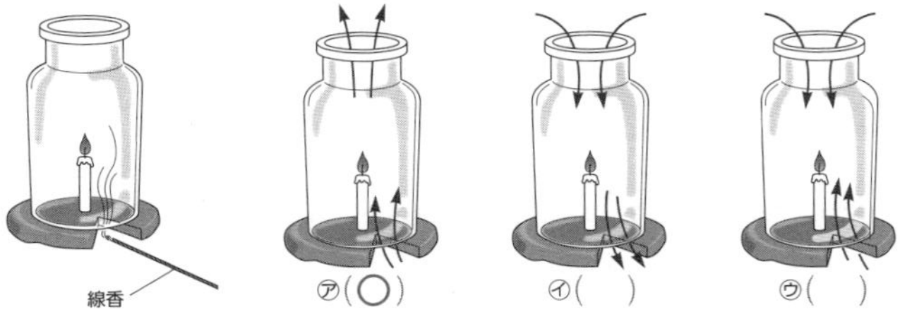

㋐(○)　㋑(　)　㋒(　)

②ろうそくの燃え方は、びんの下にすきまをつくる前と比べて、どのようになりますか。正しいほうに○をつけましょう。
ア(　)燃え方が弱くなった。　イ(○)よく燃えた。

(5) ものがよく燃え続けるには、どのようなことが必要ですか。次の文の(　)にあてはまる言葉をかきましょう。

ものがよく燃え続けるには、空気が入れかわって、(**新しい空気**)にふれる必要がある。

ヒント **1** 線香のけむりの動きで空気の動きを調べています。

3ページ　てびき

1 (1)(2)びんの口で空気の出入りがあり、びんの中のろうそくは燃え続けます。
(3)空気の出入りがなくなり、びんの中のろうそくの火は消えます。
(4)線香のけむりは、びんの下のすきまからびんの中に流れこみ、びんの口(上)から出ていきます。空気の出入りがよくなり、ろうそくはよく燃えます。
(5)空気が入れかわって、新しい空気にふれることで、ものはよく燃え続けます。

おうちのかたへ　1. ものが燃えるしくみ

ものが燃えるときの空気の変化を学習します。ものが燃えるときには空気中の酸素の一部が使われて二酸化炭素ができること、空気には窒素、酸素、二酸化炭素などが含まれていて、酸素にはものを燃やすはたらきがあることを理解しているか、気体検知管や石灰水を使って空気の成分を調べることができるか、などがポイントです。

この「丸つけラクラク解答」は
とりはずしてお使《つか》いください。

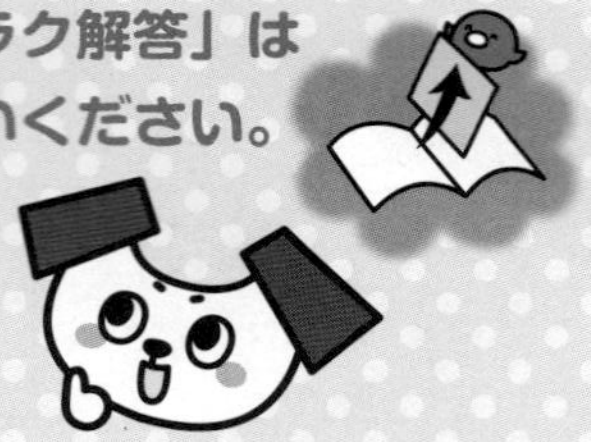

教科書ぴったりトレーニング

丸つけラクラク解答

啓林館版
理科６年

「丸つけラクラク解答」では問題《もんだい》と同じ紙面《しめん》に、赤字で答えを書いています。

①問題がとけたら、まずは答え合わせをしましょう。

②まちがえた問題やわからなかった問題は、てびきを読んだり、教科書を読み返したりしてもう一度《いちど》見直しましょう。

おうちのかたへ では、次のようなものを示しています。

- 学習のねらいやポイント
- 他の学年や他の単元の学習内容とのつながり
- まちがいやすいことやつまずきやすいところ

お子様への説明や、学習内容の把握などにご活用ください。

見やすい答え

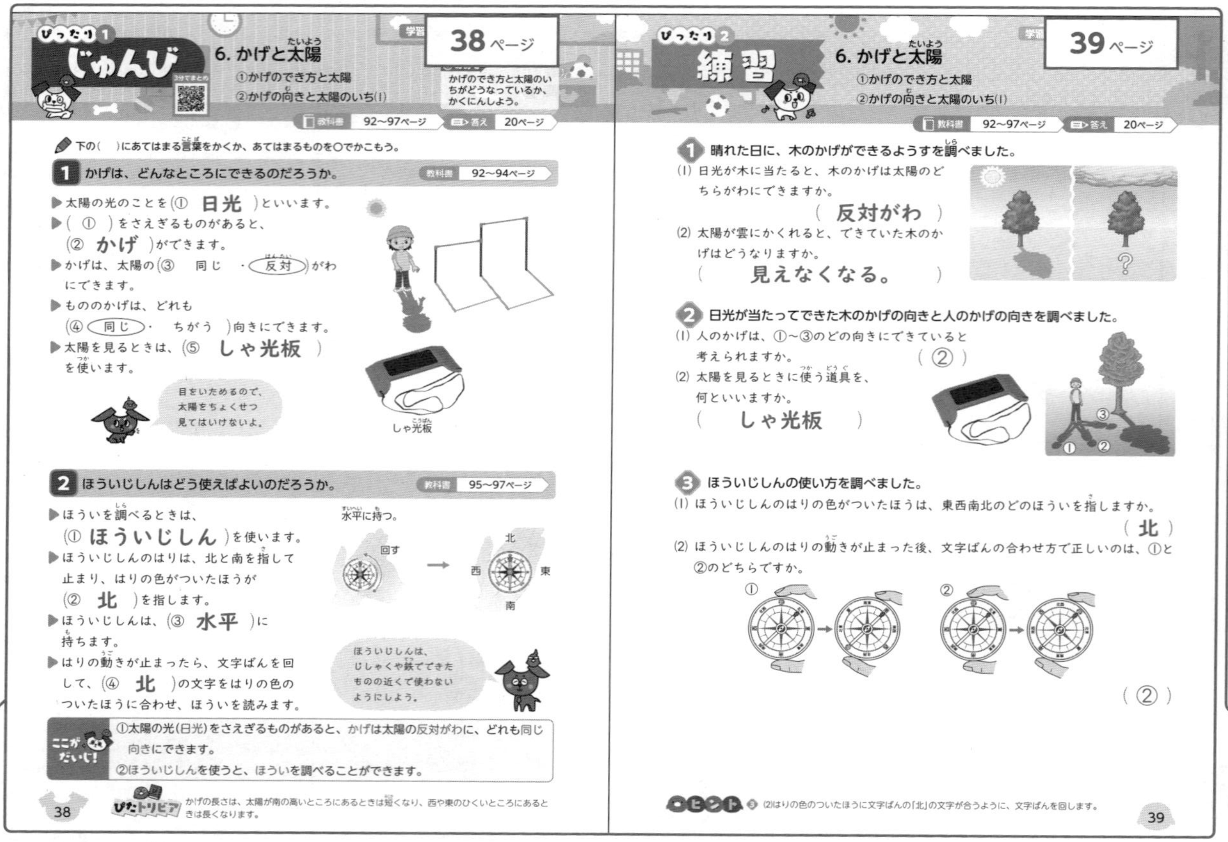

ぴったり１ じゅんび

6. かげと太陽《たいよう》

①かげのでき方と太陽

②かげの向《む》きと太陽のいち(1)

学習 38ページ

かげのでき方と太陽のいちがどうなっているか、かくにんしよう。

教科書 92~97ページ　答え 20ページ

下の(　)にあてはまる言葉《ことば》をかくか、あてはまるものを○でかこもう。

1 かげは、どんなところにできるのだろうか。　教科書 92~94ページ

▶太陽の光のことを(① 日光)といいます。

▶(①)をさえぎるものがあると、(② かげ)ができます。

▶かげは、太陽の(③ 同じ ・ 反対《はんたい》)がわにできます。

▶もののかげは、どれも(④ 同じ ・ ちがう)向きにできます。

▶太陽を見るときは、(⑤ しゃ光板)を使《つか》います。

目をいためるので、太陽をちょくせつ見てはいけないよ。

しゃ光板《こうばん》

2 ほういじしんはどう使えばよいのだろうか。　教科書 95~97ページ

▶ほういを調《しら》べるときは、(① ほういじしん)を使います。

▶ほういじしんのはりは、北と南を指《さ》して止まり、はりの色がついたほうが(② 北)を指します。

▶ほういじしんは、(③ 水平)に持《も》ちます。

▶はりの動《うご》きが止まったら、文字ばんを回して、(④ 北)の文字をはりの色のついたほうに合わせ、ほういを読みます。

水平《すいへい》に持《も》つ。

回す　北　西　東　南

ほういじしんは、じしゃくや鉄《てつ》でできたものの近くで使わないようにしよう。

ここがだいじ！

①太陽の光(日光)をさえぎるものがあると、かげは太陽の反対がわに、どれも同じ向きにできます。

②ほういじしんを使うと、ほういを調べることができます。

ぴたトリビア　かげの長さは、太陽が南の高いところにあるときは短《みじか》くなり、西や東のひくいところにあるときは長くなります。

38

ぴったり２ 練習

6. かげと太陽《たいよう》

①かげのでき方と太陽

②かげの向《む》きと太陽のいち(1)

学習 39ページ

教科書 92~97ページ　答え 20ページ

1 晴れた日に、木のかげができるようすを調《しら》べました。

(1) 日光が木に当たると、木のかげは太陽のどちらがわにできますか。
(反対がわ)

(2) 太陽が雲にかくれると、できていた木のかげはどうなりますか。
(見えなくなる。)

2 日光が当たってできた木のかげの向きと人のかげの向きを調べました。

(1) 人のかげは、①~③のどの向きにできていると考えられますか。
(②)

(2) 太陽を見るときに使《つか》う道具《どうぐ》を、何といいますか。
(しゃ光板)

3 ほういじしんの使い方を調べました。

(1) ほういじしんのはりの色がついたほうは、東西南北のどのほういを指《さ》しますか。
(北)

(2) ほういじしんのはりの動《うご》きが止まった後、文字ばんの合わせ方で正しいのは、①と②のどちらですか。
(②)

ヒント ❸ (2)はりの色のついたほうに文字ばんの「北」の文字が合うように、文字ばんを回します。

39

39ページ　てびき

❶ (1)かげは太陽《たいよう》の反対《はんたい》がわにできます。

(2)日光をさえぎるものがあると、かげができます。日光が当たらなければ、かげはできません。

❷ (1)かげはどれも同じ向《む》きにできるため、人のかげは木のかげと同じ向きにできます。

(2)目をいためるので、ぜったいに太陽をちょくせつ見てはいけません。

❸ (1)ほういじしんのはりの色がついたほうは、北を向いて止まります。

(2)ほういじしんのはりの動きが止まってから、文字ばんを回して、「北」の文字をはりの色のついたほうに合わせます。

くわしいてびき

おうちのかたへ

おうちのかたへ　6. かげと太陽

日光により影ができること、太陽が動くと影も動くこと、日なたと日かげではようすが違うことを学習します。太陽と影(日かげ)との関係が考えられるか、日なたと日かげの違いについて考えることができるか、などがポイントです。

※紙面はイメージです。

5 地層《ちそう》の重なり方について調べました。

各2点(8点)

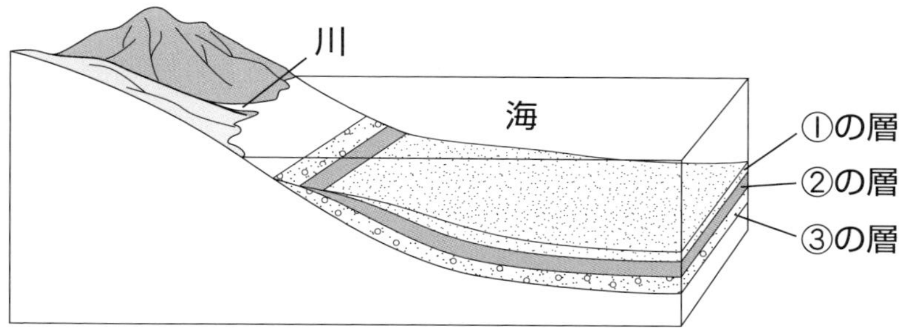
川
海
①の層
②の層
③の層

(1) ①〜③の層《そう》には、れき・砂《すな》・どろのいずれかが積もっています。それぞれ何が積もっていると考えられますか。

①(　　　)　②(　　　)　③(　　　)

(2) (1)のように積み重なるのは、つぶの何が関係していますか。

(　　　)

6 水よう液の性質を調べました。

各3点(12点)

(1) アンモニア水を、赤色、青色のリトマス紙につけると、リトマス紙の色はそれぞれどうなりますか。

①赤色リトマス紙(　　　)

②青色リトマス紙(　　　)

(2) リトマス紙の色が、(1)のようになる水よう液の性質を何といいますか。　(　　　)

(3) 炭酸水を加熱して水を蒸発《じょうはつ》させても、あとに何も残らないのはなぜですか。理由をかきましょう。

(　　　)

7 空気を通した生物のつながりについて考えました。

各3点(9点)

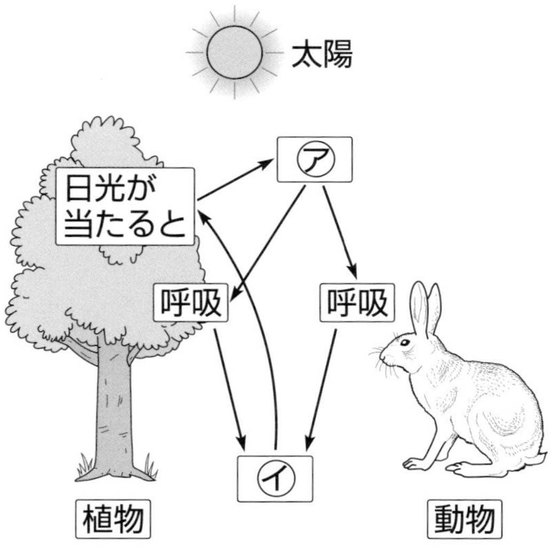
太陽
㋐
日光が当たると
呼吸
呼吸
㋑
植物
動物

(1) ㋐、㋑の気体は、それぞれ何ですか。気体の名前を答えましょう。

㋐(　　　)

㋑(　　　)

(2) 植物も動物も呼吸《こきゅう》を行っていますが、地球上から酸素がなくならないのは、なぜですか。理由をかきましょう。

(　　　)

活用力をみる

8 身の回りのてこを利用した道具について考えました。

各3点(15点)

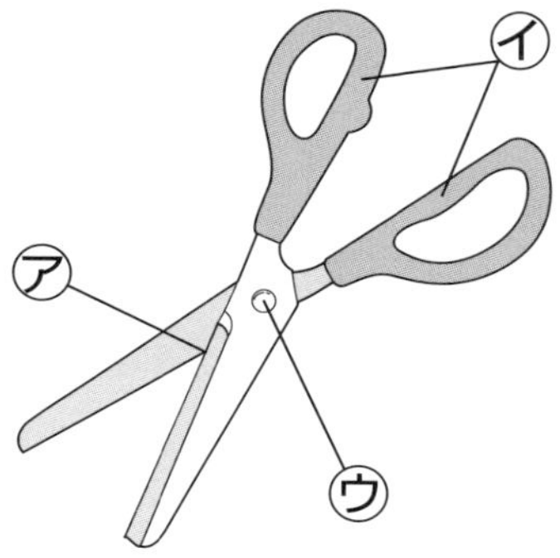
㋐
㋑
㋒

(1) はさみの支点・力点・作用点はそれぞれ、㋐〜㋒のどれにあたりますか。

①支点　(　　　)

②力点　(　　　)

③作用点(　　　)

(2) はさみで厚紙を切るとき、「㋐はの先」「㋑はの根もと」のどちらに紙をはさむと、小さな力で切れますか。正しいほうに○をつけましょう。

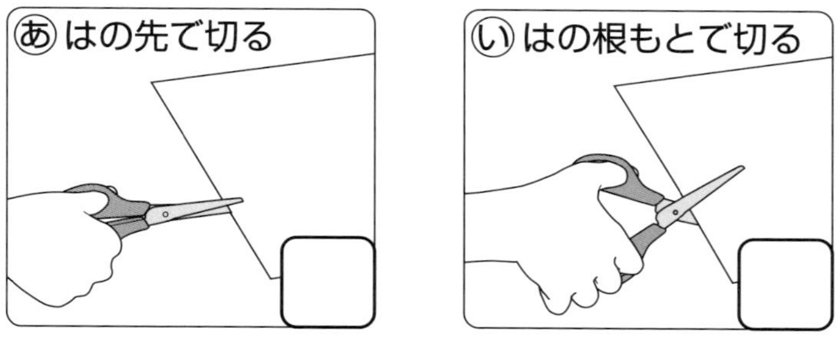
あ はの先で切る
い はの根もとで切る

(3) (2)のように答えた理由をかきましょう。

(　　　)

9 電気を利用した車のおもちゃを作りました。

各4点(12点)

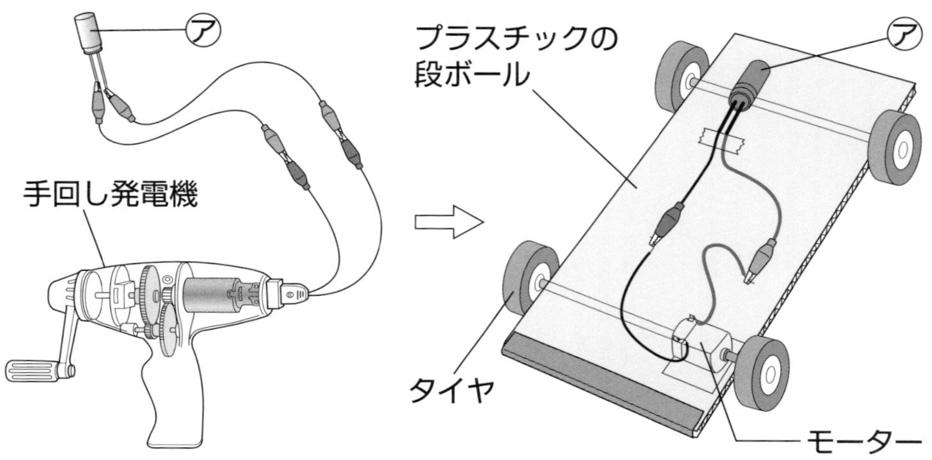
㋐
手回し発電機
プラスチックの
段ボール
㋐
タイヤ
モーター

(1) 手回し発電機で発電した電気は、たくわえて使うことができます。電気をたくわえることができる㋐の道具を何といいますか。　(　　　)

(2) 電気をたくわえた㋐をモーターにつないで、タイヤを回します。この車をより長い時間動かすには、どうすればよいですか。正しいほうに○をつけましょう。

①(　　　)手回し発電機のハンドルを回す回数を多くして、㋐にたくわえる電気を増やす。

②(　　　)手回し発電機のハンドルを回す回数を少なくして、㋐にたくわえる電気を増やす。

(3) 車が動くとき、㋐にたくわえられた電気は、何に変えられますか。　(　　　)

6年 理科のまとめ 学力診断《しんだん》テスト

月　日
名前

時間 40分

合格80点　／100

答え48～49ページ

1 上と下にすきまの開いたびんの中で、ろうそくを燃やしました。

各2点(12点)

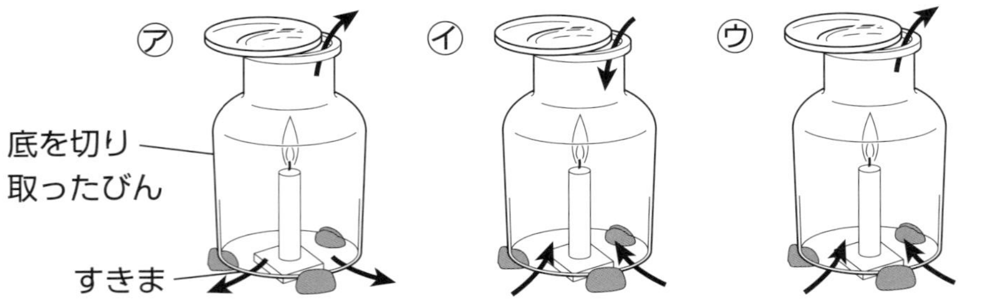
㋐
㋑
㋒
底を切り取ったびん
すきま

(1) びんの中の空気の流れを矢印で表すと、どうなりますか。正しいものを㋐～㋒から選んで、記号で答えましょう。
(　　)

(2) びんの上と下のすきまをふさぐと、ろうそくの火はどうなりますか。(　　)

(3) (1)、(2)のことから、ものが燃え続けるためにはどのようなことが必要であると考えられますか。
(　　)

(4) ろうそくが燃える前と後の空気の成分を比べて、①増える気体、②減る気体、③変わらない気体は、ちっ素、酸素、二酸化炭素のどれですか。それぞれ答えましょう。
①(　　)
②(　　)
③(　　)

2 ヒトの体のつくりについて調べました。

各2点(8点)

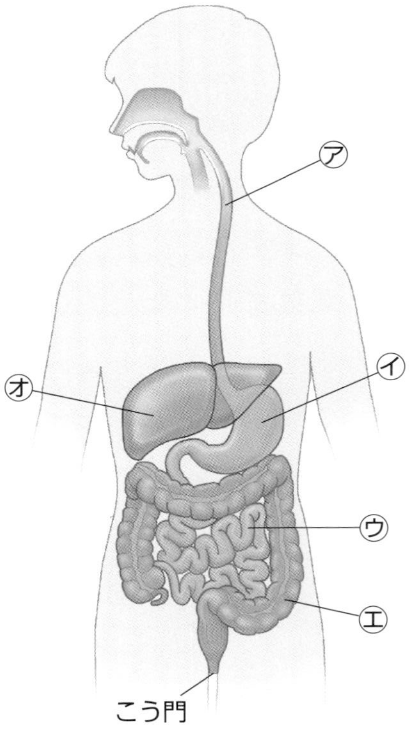
㋐
㋑
㋒
㋓
㋔
こう門

(1) ㋐～㋔のうち、食べ物が通る部分をすべて選び、記号で答えましょう。
(　　)

(2) 口から取り入れられた食べ物は、(1)で答えた部分を通る間に、体に吸収《きゅうしゅう》されやすい養分に変化します。このはたらきを何といいますか。
(　　)

(3) ㋐～㋔のうち、吸収された養分をたくわえる部分はどこですか。記号とその名前を答えましょう。　記号(　　)　名前(　　)

3 水の入ったフラスコに根がついたままほり出した植物を入れ、ふくろをかぶせて、しばらく置きました。

各3点(12点)

綿をつめる。
モールでしばる。

(1) 15分後、ふくろの内側はどうなりますか。
(　　)

(2) 次の文の(　)にあてはまる言葉をかきましょう。
(1)のようになったのは、おもに葉から、水が(①)となって出ていったからである。このようなはたらきを(②)という。
①(　　)　②(　　)

(3) ふくろを外し、そのまま1日置いておくと、フラスコの中の水の量はどうなりますか。
(　　)

4 太陽、地球、月の位置関係と、月の形の見え方について調べました。

各3点(12点)

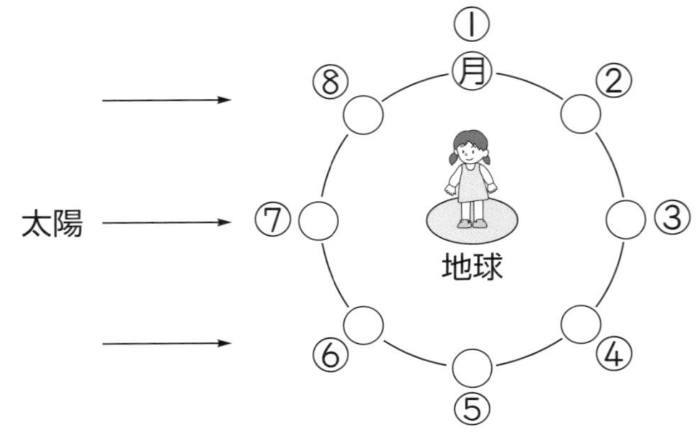
太陽
①
月
②
③
④
⑤
⑥
⑦
⑧
地球

(1) 月が①、③、⑥の位置にあるとき、月は、地球から見てどのような形に見えますか。㋐～㋗からそれぞれ選び、記号で答えましょう。

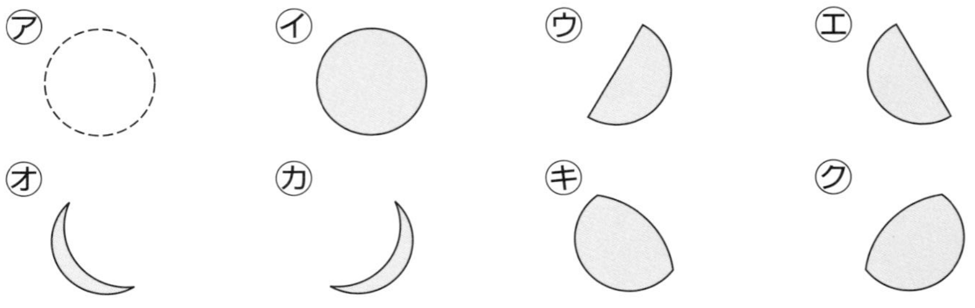
㋐
㋑
㋒
㋓
㋔
㋕
㋖
㋗

①(　　)　③(　　)　⑥(　　)

(2) 月が光って見えるのはなぜですか。理由をかきましょう。
(　　)

うらにも問題があります。

ぴったり1 準備

1. ものが燃えるしくみ

②燃やすはたらきのある気体

ものを燃やすはたらきがある気体・ない気体をかくにんしよう。

教科書 15〜16ページ　答え 3ページ

下の(　)にあてはまる言葉をかくか、あてはまるものを○で囲もう。

1 ものを燃やすはたらきがあるのは、どの気体だろうか。

教科書 15〜16ページ

▶酸素中、ちっ素中、二酸化炭素中でのものの燃え方を比べる。

・びんの中に酸素を入れる。そのびんの中に火のついたろうそくを入れ、燃え方を調べる。

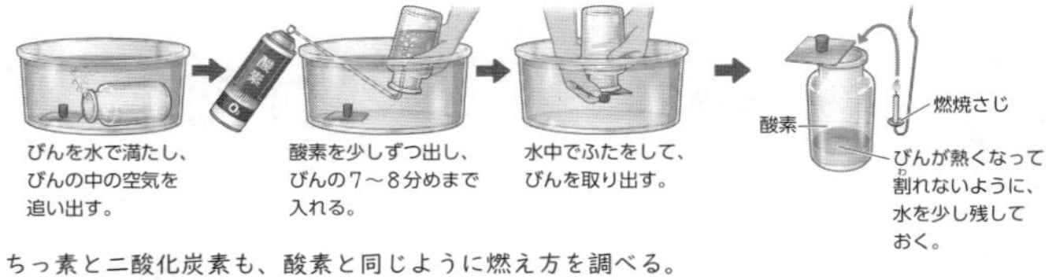

びんを水で満たし、びんの中の空気を追い出す。
酸素を少しずつ出し、びんの7〜8分めまで入れる。
水中でふたをして、びんを取り出す。
酸素
燃焼さじ
びんが熱くなって割《わ》れないように、水を少し残しておく。

・ちっ素と二酸化炭素も、酸素と同じように燃え方を調べる。

(① 酸素)中での燃え方	(② ちっ素)中での燃え方	二酸化炭素中での燃え方
ほのおが明るく、激《はげ》しく燃えた。	びんに入れると、すぐに火が消えた。	びんに入れると、すぐに火が消えた。

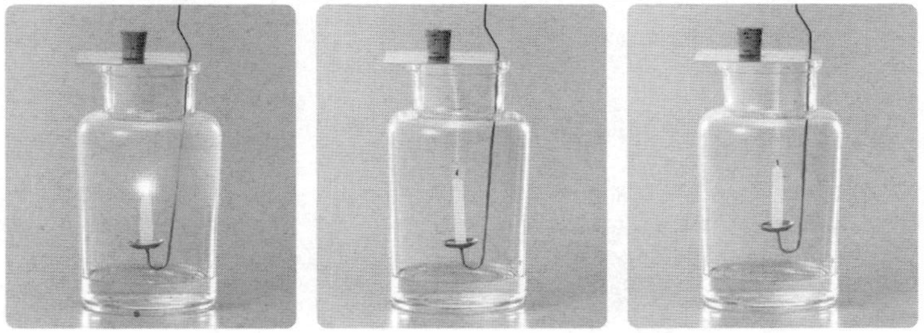

▶酸素には、ものを燃やすはたらきが(③ ある・ ない)。

▶ちっ素や二酸化炭素には、ものを燃やすはたらきが(④ ある ・ ない)。

▶ものが燃えるには、(⑤ 酸素)が必要である。

酸素中では、空気中よりも激しく燃えるね。

ここがだいじ！

①酸素には、ものを燃やすはたらきがある。

②ちっ素と二酸化炭素には、ものを燃やすはたらきがない。

ぴたトリビア 酸素はものが燃えるのを助ける性質があります。これを「助燃性《じょねんせい》」といいます。

ぴったり2 練習

1. ものが燃えるしくみ

②燃やすはたらきのある気体

教科書 15〜16ページ　答え 3ページ

1 ちっ素中、酸素中、二酸化炭素中でのものの燃え方を比べました。㋐〜㋒は、ちっ素、酸素、二酸化炭素のどれかを入れたびんに、火のついたろうそくを入れたときのようすです。

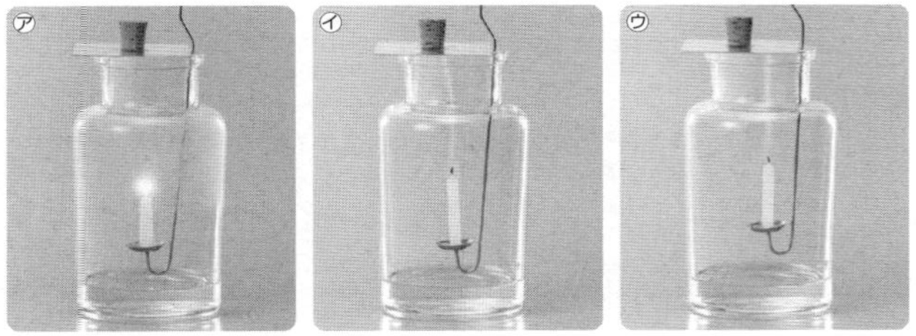

㋐
㋑
㋒

(1) びんの中に、少し水を入れておくのはなぜですか。正しいものに○をつけましょう。

①(　)びんがたおれないようにするため。

②(○)びんが割《わ》れないようにするため。

③(　)実験が終わった後に、火を消すため。

(2) ㋐〜㋒のうち、酸素を入れたびんのようすを表しているのはどれですか。

(㋐)

(3) 二酸化炭素を入れたびんの中に、火のついたろうそくを入れたときの燃え方のようすを表しているのは、どれですか。正しいものに○をつけましょう。

①(　)ほのおが明るく、激《はげ》しく燃える。

②(　)空気中と同じように燃える。

③(○)びんに入れると、すぐに火が消える。

(4) 次の文の(　)にあてはまる気体の名前をかき入れましょう。

(① 酸素)には、ものを燃やすはたらきがある。
(② ちっ素)と(③ 二酸化炭素)には、ものを燃やすはたらきがない。

(5) ものが燃えるのに必要なのは、どの気体ですか。正しいものに○をつけましょう。

①(　)ちっ素

②(○)酸素

③(　)二酸化炭素

5ページ　てびき

1 (1)びんが熱くなって割《わ》れるおそれがあるので、底に少し水を入れておきます。

(2)酸素中では、ほのおが明るく、激《はげ》しく燃えます。ろうそくが燃えている写真は㋐のみなので、解答は㋐になります。

(3)二酸化炭素中では、火が消えます。

(4)(5)ものが燃えるためには、酸素が必要です。ちっ素と二酸化炭素には、ものを燃やすはたらきがありません。

おうちのかたへ

燃やすものは木やろうそくなど(植物体)で、金属の燃焼は扱いません。また、ものが燃えると、酸素が使われて(減って)、二酸化炭素ができる(増える)ことは扱いますが、重さ(質量)や原子の数による説明は扱いません。原子・分子による説明や化学変化については、中学校理科で学習します。

ぴったり1 準備

1. ものが燃えるしくみ

③ものが燃えるときの空気の変化

学習 6ページ

ものが燃えるときの気体の変化をかくにんしよう。

教科書 17〜20ページ　答え 4ページ

下の(　)にあてはまる言葉をかくか、あてはまるものを○で囲もう。

1 ものが燃えるとき、空気中の気体には、どんな変化があるのだろうか。 教科書 17〜20ページ

▶ものを燃やす前と後の空気のちがいを調べる。

●気体検知管で調べる方法

・気体検知管は、薬品の色の変化で、空気にふくまれる酸素や二酸化炭素の体積の(① **割合**)を、調べることができる。

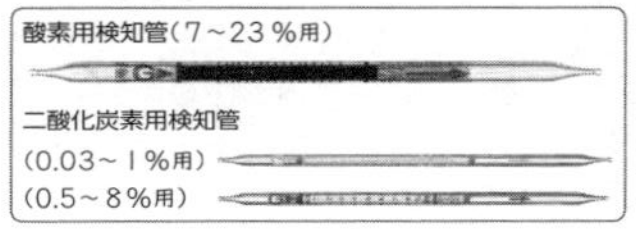

酸素用検知管（7〜23％用）
二酸化炭素用検知管
（0.03〜1％用）
（0.5〜8％用）

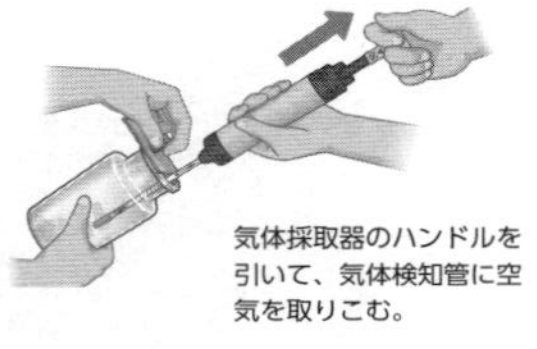

気体採取器のハンドルを引いて、気体検知管に空気を取りこむ。

●石灰水《せっかいすい》で調べる方法

・石灰水は、二酸化炭素にふれると(② **白く**)にごる性質がある。

容器の中の空気と石灰水が混ざるようにゆらす。

・石灰水を使うときには、石灰水が目に入らないように(③ **保護眼鏡**)をかける。

結果（例）

	酸素の体積の割合《わりあい》	二酸化炭素の体積の割合	石灰水の変化
燃やす前	約21％	約0.04％	無色とうめいのまま変化しなかった。
燃やした後	約17％	約3％	白くにごった。

空気の成分の変化（体積での割合）

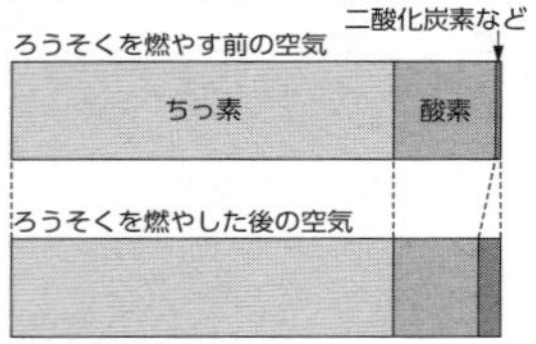

ろうそくを燃やす前の空気
二酸化炭素など
ちっ素
酸素
ろうそくを燃やした後の空気

（ちっ素は変化しない。）

燃えなくなっても、酸素は残ってるんだね。

▶ものが燃えるときは、空気中の(④ (酸素) ・ 二酸化炭素)の一部が使われる。

▶ろうそくや木などが燃えると、(⑤ 酸素 ・ (二酸化炭素))が発生する。

ここがだいじ! ①ろうそくや木などが燃えるとき、空気中の酸素が減って、二酸化炭素が増える。

ぴたトリビア ふたをしたびんの中にある火のついたろうそくはやがて火が消えますが、酸素のすべてが使われるわけではありません。

ぴったり2 練習

1. ものが燃えるしくみ

③ものが燃えるときの空気の変化

学習 7ページ

教科書 17〜20ページ　答え 4ページ

1 びんの中でろうそくを燃やします。燃やす前の空気と、ふたをして燃やして、火が消えた後の空気を、気体検知管で調べました。

酸素	前		約21％
	後		①(約 **17** ％)
二酸化炭素	前		約0.04％
	後		②(約 **3** ％)

(1) ろうそくが燃えた後の空気の、酸素と二酸化炭素の体積の割合《わりあい》は、それぞれ何％ですか。気体検知管の目《め》盛《も》りを読み取って、表の(　)にかき入れましょう。

(2) ろうそくが燃える前と後で、①増えた気体と、②減った気体は、それぞれ何ですか。正しいものに○をつけましょう。

①増えた気体　ア(　)酸素　イ(○)二酸化炭素
②減った気体　ア(○)酸素　イ(　)二酸化炭素

(3) ろうそくなどのものが燃える前と後の空気中の気体の変化について、正しいものに○をつけましょう。

①(○)ものが燃えるときは、空気中の酸素の一部が使われる。
②(　)ものが燃えるときは、空気中の二酸化炭素の一部が使われる。
③(　)空気中の酸素がなくなるまで、ものは燃え続ける。

2 びんの中でろうそくを燃やします。燃やす前の空気と、ふたをして燃やして、火が消えた後の空気を、石灰水《せっかいすい》で調べました。

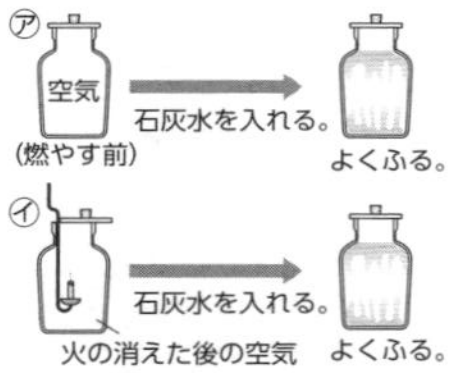

㋐
空気
(燃やす前)
石灰水を入れる。
よくふる。
㋑
火の消えた後の空気
石灰水を入れる。
よくふる。

(1) 石灰水を使って空気中にふくまれているかどうかを調べることができるのは、どの気体ですか。正しいものに○をつけましょう。

①(　)ちっ素
②(　)酸素
③(○)二酸化炭素

(2) 石灰水が白くにごるのは、㋐、㋑のどちらですか。

(㋑)

(3) この実験から、ろうそくが燃えると、何という気体が増えるとわかりますか。

(**二酸化炭素**)

7ページ　てびき

1 (1)気体検知管の色の境目の数字(目《め》盛《も》り)を読み取ります。
(2)気体検知管で調べた結果から、酸素が減り、二酸化炭素が増えていることがわかります。
(3)ろうそくの火が消えた後のびんの中の空気の成分を調べると、酸素があります。このことから、酸素がなくなるまで燃え続けるのではないことがわかります。

2 (1)石灰水《せっかいすい》は、二酸化炭素にふれると白くにごる性質があります。
(2)(3)ろうそくが燃えた後の空気と石灰水を混ぜると、白くにごります。このことから、ろうそくが燃えると、二酸化炭素が増えることがわかります。

ぴったり3 確かめのテスト。

1. ものが燃えるしくみ

8ページ

100 合格70点

教科書 10～25ページ　答え 5ページ

よく出る

1 平らにしたねん土に、ろうそくを立てて火をつけ、底のないびんをかぶせてろうそくの燃え方を調べました。　1つ5点(20点)

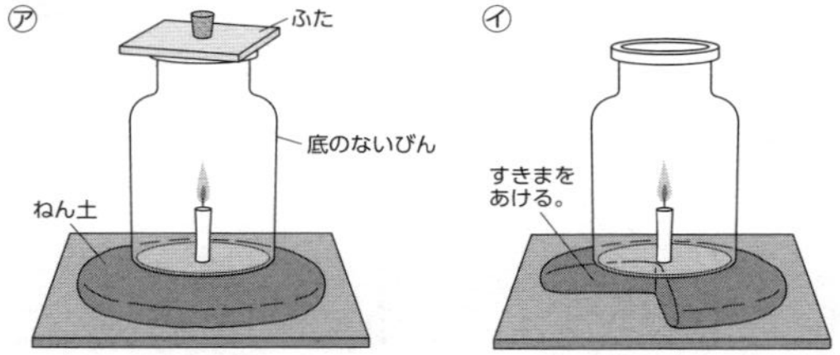

(1) ㋐、㋑のうち、ろうそくが燃え続けるものに○をつけましょう。

㋐(　　)　㋑(○)

(2) ㋑で、下のすきまに火のついた線香を近づけました。

①線香のけむりの動きで、何を調べますか。

(空気の動き)

② 作図 線香のけむりの動きを、図に矢印(──►)でかきましょう。

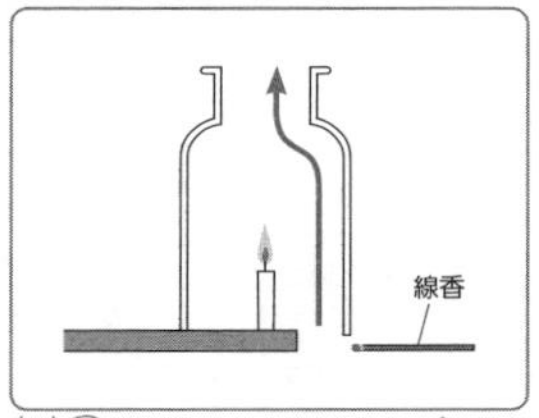

(3) ㋑のびんの口にふたをすると、ろうそくの火はどうなりますか。　(消える。)

(2)②は、けむりがびんの中に下から入り、上から出るようすがかけていれば○

2 空気の成分について調べました。　1つ5点(25点)

(1) 空気の成分を表した帯グラフの㋐、㋑にあてはまるのは、それぞれ何という気体ですか。

空気の成分(体積での割合)

㋐(ちっ素)
㋑(酸素)

(2) 次の文で、正しいものには○を、まちがっているものには×をつけましょう。

ア(×)ちっ素があるかどうかは、石灰水《せっかいすい》を使って調べることができる。

イ(○)空気にふくまれる酸素や二酸化炭素の体積の割合《わりあい》は、気体検知管を使って調べることができる。

ウ(×)空気の体積の半分以上は、酸素である。

9ページ

学習

3 ふたをしたびんの中でろうそくを燃やします。燃やす前と後の空気の成分を、気体検知管を使って調べました。表の㋐、㋑は、ろうそくを燃やす前と後のいずれかの空気を表しています。　1つ5点(45点)

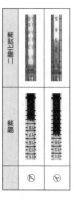

	酸素	二酸化炭素
㋐		
㋑		

(1) ろうそくを燃やす前の空気を調べた結果は、㋐、㋑のどちらですか。　(㋐)

(2) ろうそくを燃やした後の空気にふくまれる、酸素の体積での割合は、約何%ですか。　技能　(約 17 %)

(3) ろうそくを燃やした後の空気にふくまれる、二酸化炭素の体積での割合は、約何%ですか。　技能　(約 3 %)

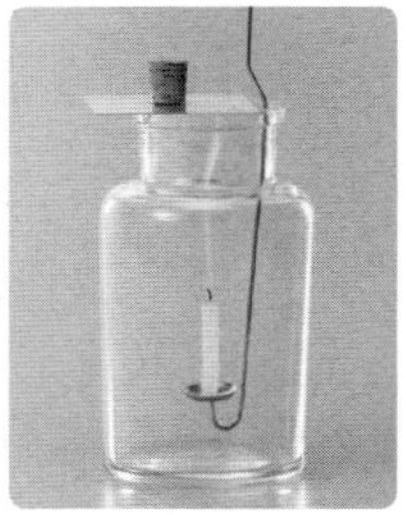

(4) ㋐、㋑の空気に石灰水を入れて、ふって混ぜました。

①石灰水で、ふくまれているかどうかを調べることができるのは、何という気体ですか。　技能

(二酸化炭素)

②㋐、㋑の空気に石灰水を入れてふって混ぜると、石灰水はそれぞれどのようになりますか。　思考・表現

㋐(変わらない。)　㋑(白くにごる。)

(5) 次の文で、正しいものには○を、まちがっているものには×をつけましょう。

ア(○)ろうそくが燃えるとき、酸素の一部が使われて減る。

イ(×)ろうそくが燃えるとき、二酸化炭素の一部が使われて減る。

ウ(○)酸素には、ものを燃やすはたらきがある。

てきたらスゴイ!

4 空気、ちっ素、酸素、二酸化炭素のどれかの気体が入ったびんがあります。びんの中に火のついたろうそくを入れます。　(1)は全部できて5点、(2)は5点(10点)

(1) ろうそくの火が消えるのはどの気体が入ったびんですか。あてはまるものすべてに○をつけましょう。

①(　　)空気　②(○)ちっ素　③(　　)酸素　④(○)二酸化炭素

(2) いちばん激《はげ》しく燃えるのは、どの気体が入ったびんですか。あてはまるものに○をつけましょう。

①(　　)空気　②(　　)ちっ素　③(○)酸素　④(　　)二酸化炭素

ふりかえり　**1**がわからないときは、2ページの**1**にもどって確認《かくにん》しましょう。
4がわからないときは、4ページの**1**にもどって確認しましょう。

4 (1)ものを燃やすはたらきがないちっ素や二酸化炭素の中に火のついたろうそくを入れると、消えます。

(2)酸素中では、空気中より激《はげ》しく燃えます。

8～9ページ　てびき

1 (1)㋐は空気が入れかわらないので、やがて火が消えます。

(3)ふたをすると空気が入れかわれなくなり、やがて火が消えます。

2 (1)空気には、体積での割合《わりあい》で、約78%のちっ素、約21%の酸素がふくまれています。

(2)石灰水《せっかいすい》を使って調べることができるのは二酸化炭素です。

3 (1)ろうそくが燃えると、酸素が減って、二酸化炭素が増えます。気体検知管を見ると、㋑のほうが酸素が少なく、二酸化炭素が多いことから、燃やす前の空気は㋐であることがわかります。

(4)燃やす前(㋐)の空気は二酸化炭素がほとんどないので、石灰水は変化しません。燃やした後(㋑)の空気は二酸化炭素を多くふくむので、石灰水が白くにごります。

(5)ろうそくが燃えるときに酸素は使われますが、二酸化炭素は使われません。

2. ヒトや動物の体

①食べ物のゆくえ(1)

3分でまとめ

学習 食べ物にふくまれるでんぷんのだ液による変化をかくにんしよう。

教科書 28~30ページ　答え 6ページ

下の(　)にあてはまる言葉をかくか、あてはまるものを○で囲もう。

1 食べ物にふくまれるでんぷんは、だ液によってどうなるのだろうか。 教科書 28~30ページ

▶食べ物は、歯でかみくだかれた後、(① **だ液**)と混ざる。

▶だ液によって、でんぷんが変化するかどうかを調べる。

・でんぷんにうすめたヨウ素液をつけると、うすい(② **茶**)色から(③ **青むらさき**)色に変化することを利用して、でんぷんの変化を調べる。

・だ液をしみこませた綿棒《めんぼう》をうすいでんぷんの液に入れたもの(㋐)と、水をしみこませた綿棒をうすいでんぷんの液に入れたもの(㋑)を、手の中(体温)で2分ほどあたためた後、ヨウ素液を1、2てきずつ入れる。

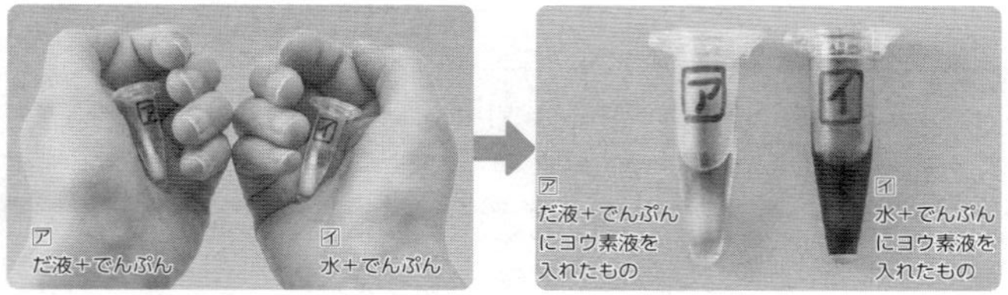
㋐ だ液＋でんぷん
㋑ 水＋でんぷん
㋐ だ液＋でんぷんにヨウ素液を入れたもの
㋑ 水＋でんぷんにヨウ素液を入れたもの

・だ液を加えた㋐は、ヨウ素液の色が(④ 変化する・(変化しない))。
よって、だ液を加えた㋐には、でんぷんが(⑤ ある・(ない))ことがわかる。

・だ液を加えていない㋑は、ヨウ素液の色が(⑥ (変化する)・変化しない)。
よって、だ液を加えていない㋑には、でんぷんが(⑦ (ある)・ない)ことがわかる。

▶だ液のはたらきによって、(⑧ **でんぷん**)は別のものに変化する。

▶食べ物を歯でかみくだいたり、だ液などによって体に吸収《きゅうしゅう》されやすいものに変えたりするはたらきを(⑨ **消化**)という。

▶だ液のように(⑨)にかかわる液を(⑩ **消化液**)という。

ここが だいじ!

①食べ物をかみくだいたり、体に吸収されやすいものに変えたりするはたらきを消化という。

②消化にかかわる液を消化液という。

ぴたトリビア 食べ物は消化された後、吸収されて体を動かすエネルギーとして使われたりします。

2. ヒトや動物の体

①食べ物のゆくえ(1)

教科書 28~30ページ　答え 6ページ

1 うすいでんぷんの液をつくり、だ液によってでんぷんが変化するかどうかを調べました。

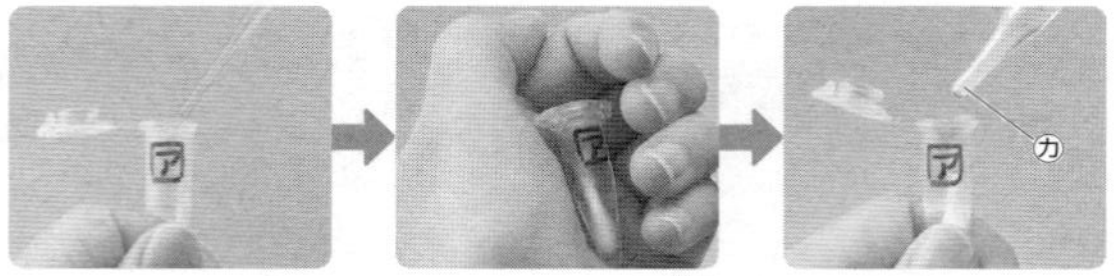
㋐
㋐
㋐
㋕

①うすいでんぷんの液をプラスチック容器に入れる。　②だ液をしみこませた綿棒《めんぼう》を容器に入れ、手の中で2分ほどあたためる。　③薬品㋕を1、2てき、容器に入れる。

(1) ③で、でんぷんがあるかどうか調べるために使った薬品㋕の名前をかきましょう。
(**ヨウ素液**)

(2) 薬品㋕をでんぷんにつけると、何色から何色に変化しますか。
(**(うすい)茶** 色から **(こい)青むらさき** 色)

(3) ③で、薬品㋕を1、2てき、容器に入れました。その後、時間がたつと色は変化しますか、しませんか。
(**変化しない。**)

(4) (3)のようすから、でんぷんは別のものに変化したといえますか、いえませんか。
(**いえる。**)

2 食べ物が口の中でどのように変化するかを調べました。

(1) 食べ物をかみくだいたり、体に吸収《きゅうしゅう》されやすいものに変えたりするはたらきを、何といいますか。
(**消化**)

(2) (1)にかかわる、だ液のような液を、何といいますか。
(**消化液**)

(3) だ液のはたらきについて、正しいものに○をつけましょう。
①(　)食べ物をかみくだいたり、すりつぶしたりするはたらきがある。
②(○)食べ物の中のでんぷんを別のものに変えるはたらきがある。
③(　)食べ物の中のでんぷんをそのままにしておくはたらきがある。

ヒント **1** (3)(4)でんぷんがあれば、色は変化します。でんぷんがなければ、色は変化しません。

11ページ　てびき

1 (1)(2)でんぷんにうすめたヨウ素液をつけると、うすい茶色からこい青むらさき色に変化します。
(3)(4)だ液のはたらきで、でんぷんが別のものに変化します。そのため、ヨウ素液を入れても、色は変化しません。

2 (1)食べ物は、歯でかみくだかれ、だ液と混ざります。
(2)(3)消化液は、食べ物を体に吸収《きゅうしゅう》しやすいものに変えるはたらきがあります。だ液はでんぷんを別のものに変化させます。

おうちのかたへ
消化や吸収を扱っていますが、養分は「でんぷん」のみを扱い、「でんぷん」が変化することは扱いますが、何に分解されるかは扱いません。消化や吸収の詳しいしくみについては、中学校理科で学習します。

おうちのかたへ　2. ヒトや動物の体
ヒトや動物の体のつくりと消化・吸収、呼吸、血液の循環のはたらきを学習します。ここでは、消化管を通る間に食べ物が消化・吸収されること、肺で酸素を取り入れ、二酸化炭素を排出していること、心臓のはたらきで血液は体内を巡り、養分や酸素、二酸化炭素を運ぶことを理解しているか、などがポイントです。

ぴったり1 準備

2. ヒトや動物の体

①食べ物のゆくえ(2)

学習 **12ページ**

食べ物の通り道や、消化・吸収についてかくにんしよう。

教科書 31~33ページ　答え 7ページ

下の(　)にあてはまる言葉をかこう。

1 食べ物は、体のどこを通り、消化・吸収《きゅうしゅう》されるのだろうか。　教科書 31~33ページ

▶口から入った食べ物は、(① **食道**)、(② **胃**)、(③ **小腸**)、(④ **大腸**)を通り、こう門から出る。

▶口からこう門までの食べ物の通り道を、(⑤ **消化管**)という。

▶消化管からは、(⑥ **だ液**)や(⑦ **胃液**)などの消化液が出ていて、食べ物を消化している。

▶食べ物にふくまれていた養分は、水分とともに、おもに(⑧ **小腸**)で吸収される。そのあと、大腸《だいちょう》でさらに水分が吸収され、残ったものが便としてこう門から出る。

▶小腸《しょうちょう》で吸収された養分は、血管を流れる(⑨ **血液**)に取り入れられ、(⑩ **かん臓**)を通って全身に運ばれる。(⑩)では、養分の一部をたくわえ、必要なときに全身に送り出すはたらきをしている。

食べ物の変化

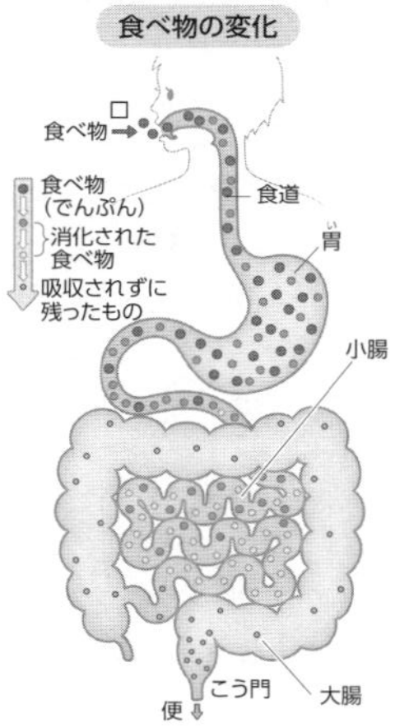

▶イヌの消化管とかん臓

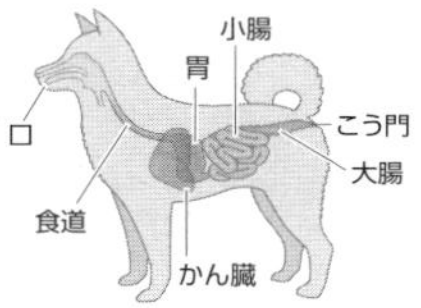

▶フナの消化管とかん臓

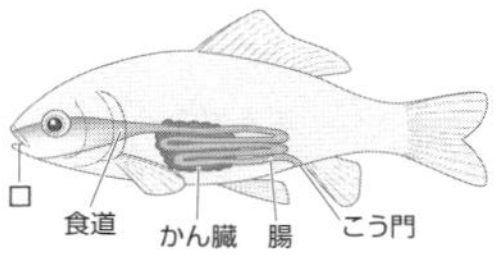

ここがだいじ!

①口から取り入れた食べ物は、消化管の中で消化され、小腸で食べ物の養分に変化し、小腸で吸収される。

②小腸で血液中に入った養分は、全身に運ばれる。かん臓《ぞう》ではその養分をたくわえている。

ぴたトリビア 昔の日本では、ヒトの内臓《ないぞう》には体調や心の状態を変化させる虫がすみついているという考えがありました。「虫の知らせ」などの慣用句はその考え方のなごりという説があります。

ぴったり2 練習

2. ヒトや動物の体

①食べ物のゆくえ(2)

学習 **13ページ**

教科書 31~33ページ　答え 7ページ

1 食べ物の通り道や変化について調べました。

(1) 口から入った食べ物がこう門から出るまでの通り道を、口から順に、記号で答えましょう。

口→(㋐)→(㋑)→(㋓)→(㋒)→こう門

(2) ㋐~㋓の体のつくりの名前をかきましょう。

㋐(**食道**)
㋑(**胃**)
㋒(**大腸**)
㋓(**小腸**)

(3) 口からこう門までの食べ物の通り道を、何といいますか。

(**消化管**)

(4) 口から入った食べ物が消化されて、養分と水分が吸収《きゅうしゅう》されて残ったものは、何としてこう門から出ていきますか。

(**便**)

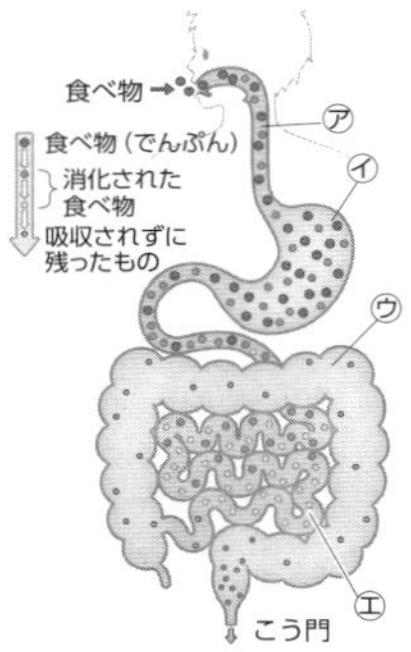

2 ヒトの体で、食べ物がどのように消化されるのか調べました。

(1) 口で消化された食べ物は、さらに㋑~㋓のどこで消化されますか。あてはまる記号とその名前を2つかきましょう。

記号(㋑)　名前(**胃**)
記号(㋒)　名前(**小腸**)

(2) 食べ物にふくまれていた養分は、おもに㋑~㋓のどこで吸収されますか。あてはまる記号とその名前をかきましょう。

記号(㋒)　名前(**小腸**)

(3) (2)で吸収された養分は、何によって全身に運ばれますか。

(**血液**)

(4) ㋐では、養分の一部をたくわえ、必要なときに全身に送り出すはたらきをしています。㋐の名前をかきましょう。

(**かん臓**)

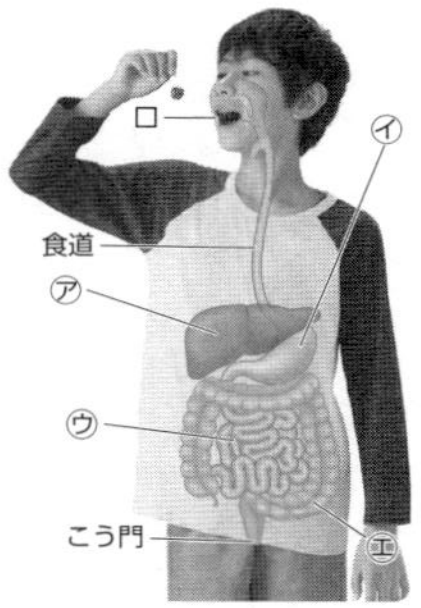

13ページ てびき

1 (1)~(3)口から食道、胃《い》、小《しょう》腸《ちょう》、大腸《だいちょう》を通って、こう門までの食べ物の通り道(消化管)をたどって確認《かくにん》しましょう。

(4)体内に吸収《きゅうしゅう》されずに残ったものが便です。

2 (1)口のほか、胃(㋑)や小腸(㋒)でも消化されます。なお、㋓は大腸で、おもに水分を吸収します。

(2)(3)養分はおもに小腸(㋒)で吸収され、血管を流れる血液に取り入れられ、全身に運ばれます。

(4)かん臓《ぞう》(㋐)は、養分の一部をたくわえ、必要なときに全身に送り出すはたらきをしています。

ぴったり1

準備

2. ヒトや動物の体

②吸《す》う空気とはき出した息

学習 14ページ

呼吸のはたらきと、呼吸に関係するつくりをかくにんしよう。

教科書 34～37ページ　答え 8ページ

下の(　)にあてはまる言葉をかこう。

1 空気を吸ったり息をはいたりするときに、何を出し入れしているのだろうか。 教科書 34～37ページ

▶吸う空気とはき出した息のちがいを調べる。

㋐ 吸う空気(周りの空気)　㋑ はき出した息

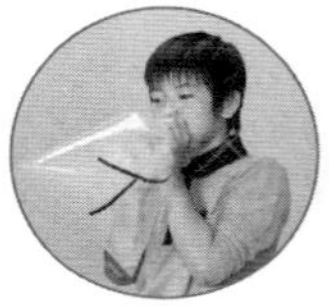

気体検知管で調べた結果(例)

	㋐吸う空気	㋑はき出した息
酸素	21%	17%
二酸化炭素	(変化なし)	4%

石灰水で調べた結果

㋐吸う空気	㋑はき出した息
変化しなかった。	白くにごった。

・はき出した息は、吸う空気より、(① **酸素**)が減っていて、

(② **二酸化炭素**)が増えている。

・はき出した息を入れたふくろに石灰水《せっかいすい》を入れて軽くふると、石灰水が

(③ **白くにごる**)。

▶空気を吸ったり、息をはき出したりするときに、

空気中の(④ **酸素**)の一部を体内に取り入れ、

(⑤ **二酸化炭素**)を体内から出す。

▶酸素を取り入れて、二酸化炭素を出すことを、

(⑥ **呼吸**)という。

▶鼻や口から入った空気は、(⑦ **気管**)を通って、

胸《むね》に左右1つずつある(⑧ **肺**)に入る。

▶空気中の酸素の一部は、肺《はい》の血管を流れる

(⑨ **血液**)に取り入れられ、全身に運ばれる。

▶全身でできた二酸化炭素は、血液にとけこんで

(⑩ **肺**)まで運ばれ、息をはき出すときに体外に出される。

肺での空気のこうかん

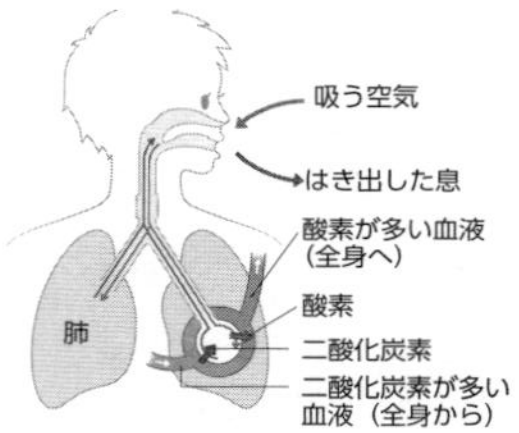

▶いろいろな動物の呼吸《こきゅう》

・イヌはヒトと同じように肺を使って呼吸している。

・フナは(⑪ **えら**)を使って、水にとけている酸素を取り入れ、二酸化炭素を水中に出している。

フナ

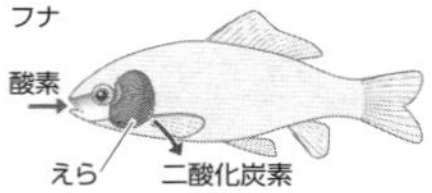

ここがだいじ! ①体内に酸素を取り入れ、体内から二酸化炭素を出すことを呼吸という。

ぴたトリビア 多くのこん虫の胸や腹《はら》には「気門《きもん》」という穴《あな》があります。こん虫はこの気門から空気を取り入れて呼吸しています。

ぴったり2

練習

2. ヒトや動物の体

②吸《す》う空気とはき出した息

学習 15ページ

教科書 34～37ページ　答え 8ページ

1 気体検知管と石灰水《せっかいすい》を使って、吸う空気とはき出した息のちがいを調べました。㋐、㋑は「吸う空気」と「はき出した息」のいずれかを表しています。

	㋐	㋑
気体検知管①	約21%	約17%
気体検知管②	(ほとんど変化なし)	約4%

石灰水で調べた結果

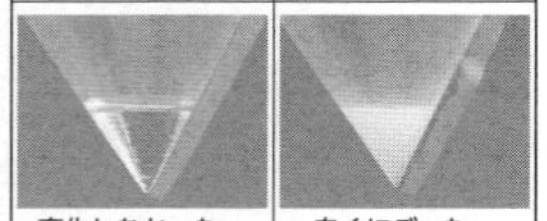

㋐	㋑
変化しなかった。	白くにごった。

(1) 気体検知管①、②は何という気体を調べた結果ですか。それぞれ答えましょう。

①(**酸素**)　②(**二酸化炭素**)

(2) 「はき出した息」の結果を示しているのは、㋐、㋑のどちらですか。　(**㋑**)

(3) ㋑の空気が入ったふくろに少量の石灰水を入れ、ふくろの口を閉《と》じて軽くふります。石灰水はどうなりますか。　(**白くにごる。**)

(4) 結果から、呼吸《こきゅう》によって体内に取り入れられた気体は何であるとわかりますか。(**酸素**)

2 いろいろな動物の呼吸について調べました。

ヒト　イヌ　フナ

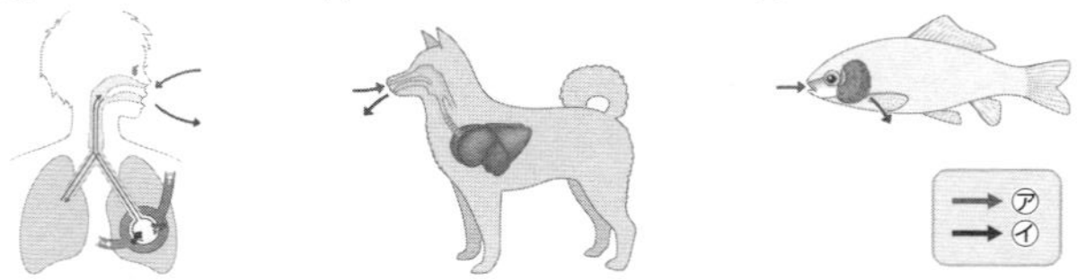

(1) ㋐、㋑の矢印は呼吸による気体の動きを表しています。それぞれの気体の名前をかきましょう。

㋐(**酸素**)　㋑(**二酸化炭素**)

(2) 次の文の(　)にあてはまる言葉を[　]から選んで、記号で答えましょう。

・ヒトやイヌなどの動物は、(① **㋐**)を使って呼吸をしている。

・フナなどの魚は、(② **㋒**)で呼吸をしている。

・はき出した息にも(③ **㋔**)はふくまれているが、吸う空気より割合《わりあい》は小さい。反対に(④ **㋕**)が多くふくまれている。

・呼吸で取り入れられた(③)は、血管を流れる(⑤ **㋖**)に取り入れられ、全身に運ばれる。

[㋐肺《はい》　㋑胃《い》　㋒えら　㋓ちっ素　㋔酸素　㋕二酸化炭素　㋖血液　㋗だ液]

ヒント ❶ 石灰水は、二酸化炭素にふれると、白くにごる性質があります。

15ページ　てびき

❶ (1)空気中に酸素は約21%ふくまれています。

(2)はき出した息は、吸《す》う空気に比べて、酸素が少なく、二酸化炭素が多いことからわかります。

(3)はき出した息(㋑)は二酸化炭素が多いので、これにふれた石灰水《せっかいすい》は白くにごります。

(4)呼吸《こきゅう》では、酸素を取り入れ、二酸化炭素を出します。

❷ (1)どの動物も、呼吸では酸素を取り入れ、二酸化炭素を出します。

(2)ヒトとイヌは肺《はい》を使って酸素を取り入れ、二酸化炭素を出しますが、フナはえらを使っています。呼吸をする場所はちがいますが、酸素と二酸化炭素をこうかんするというはたらきは同じです。

ぴったり1 **準備**

2. ヒトや動物の体

③体をめぐる血液

3分でまとめ

血液のはたらきと、血液の流れに関係するつくりをかくにんしよう。

教科書 38〜42ページ　答え 9ページ

下の(　)にあてはまる言葉をかこう。

1 血液は、体の中のどこを流れ、どんなはたらきをしているのだろうか。 教科書 38〜42ページ

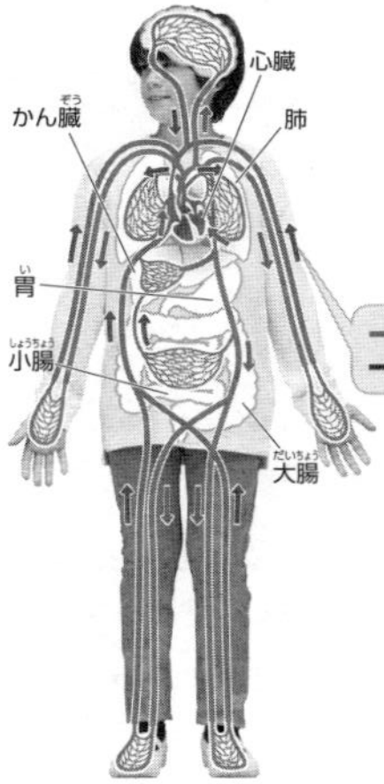

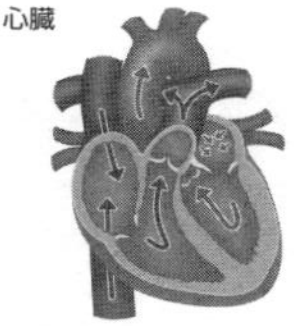

心臓《しんぞう》が全身に血液を送り出す動きを(① **はく動**)という。

▶(①)が血管を伝わり、手首などで(② **脈はく**)として感じることができる。

▶血液は、全身に(③ **酸素**)や養分を届《とど》け、(④ **二酸化炭素**)や体内でできた不要なものを受け取って、心臓にもどる。

▶心臓にもどってきた血液は、肺《はい》に送られて(⑤ **二酸化炭素**)を出し、(⑥ **酸素**)を受け取る。そして、再び心臓に流れ、心臓から全身に送り出される。

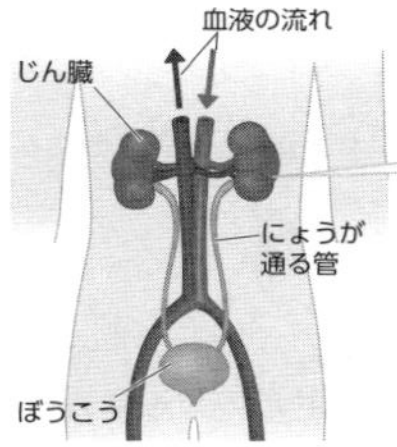

体内でできた不要なものは、血液で(⑦ **じん臓**)に運ばれる。

▶(⑦)では、体内でできた不要なものと、余分な水分が血液中からともにこし出され、(⑧ **にょう**)ができる。

▶(⑧)は、一度(⑨ **ぼうこう**)にためられてから、体外に出される。

ここがだいじ!
①血液が、心臓のはたらきで全身をめぐり、酸素や養分、二酸化炭素などを運んでいる。
②じん臓で不要なものがこし出され、にょうができる。

ぴたトリビア 動物の体に吸収《きゅうしゅう》された水は、にょう以外にも、皮ふから出たり、息をはき出すときに水蒸気《すいじょうき》として体外に出たりもしています。

ぴったり2 **練習**

2. ヒトや動物の体

③体をめぐる血液

教科書 38〜42ページ　答え 9ページ

1 心臓《しんぞう》と血液のはたらきを調べました。図の矢印は血液の流れを示しています。

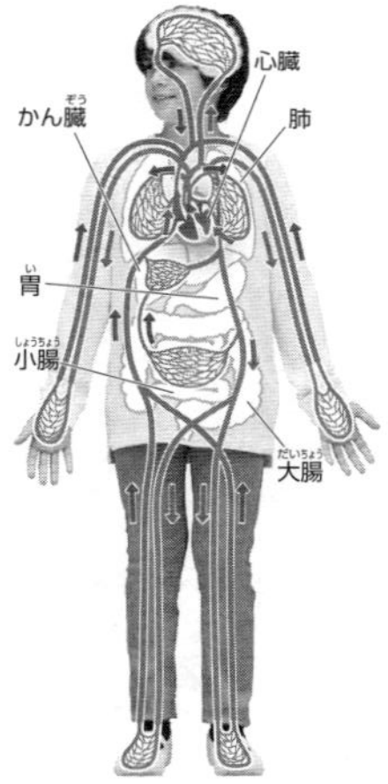

(1) 右の図の赤色の矢印➡で示した血液は、何という気体を多くふくんでいますか。
(　**酸素**　)

(2) 右の図の青色の矢印➡で示した血液は、何という気体を多くふくんでいますか。
(**二酸化炭素**)

(3) 心臓はどんなはたらきをしていますか。正しいものに○をつけましょう。
①(　)酸素を取り入れて、二酸化炭素を出すはたらき。
②(**○**)血液を全身に送り出すはたらき。
③(　)血液の中の不要なものと余分な水分をこし出すはたらき。

(4) 血液のはたらきについて、正しいものには○を、まちがっているものには×をつけましょう。
①(**×**)血液は消化管の中を流れ、体内をじゅんかんしている。
②(**○**)肺《はい》へ送られた血液は、二酸化炭素を出し、酸素を受け取る。
③(**○**)血液は全身に酸素や養分を届《とど》けている。

(5) 次の文の(　)にあてはまる言葉をかきましょう。

心臓が血液を送り出す動きを(① **はく動**)という。
(①)が血管を伝わり、手首などで(② **脈はく**)として感じることができる。

2 体内でできた不要なもののゆくえを調べました。

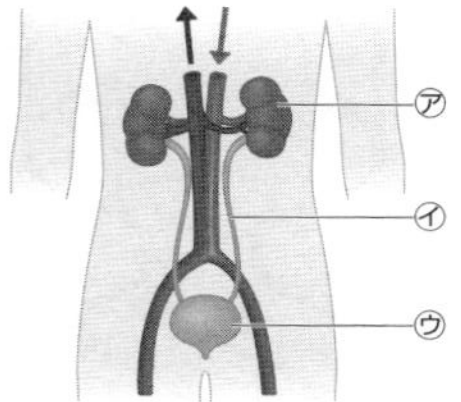

(1) 図の㋐、㋒の名前をかきましょう。
㋐(**じん臓**)　㋒(**ぼうこう**)

(2) ㋐で、余分な水分とともに血液中からこし出された不要なものは、何になりますか。　(**にょう**)

(3) (2)でできたものは、図の㋐〜㋒のどこにためられますか。記号で答えましょう。　(**㋒**)

(4) (2)は、(3)にためられた後、どうなりますか。
(**体外に出る。**)

ヒント ❷ 図の赤と青の矢印で表されているものは血液の流れです。血液によって、不要なものは㋐に運ばれます。

17ページ　てびき

❶ (1)(2)心臓《しんぞう》から送り出された血液は、全身に酸素や養分を届《とど》け、二酸化炭素や不要なものを受け取って、心臓にもどります。よって、心臓から全身に向かう赤色の矢印で示した血液は酸素を、全身から心臓にもどる青色の矢印で示した血液は二酸化炭素を多くふくんでいることになります。

(3)①は肺《はい》のはたらき、③はじん臓《ぞう》のはたらきを示しています。

(4)①血液は血管の中を流れ、体内をじゅんかんしています。

❷ (1)㋑はにょうが通る管です。

(2)〜(4)じん臓では、体内でできた不要なものと余分な水分がこし出され、にょうとなります。にょうは、一度ぼうこうにためられてから、体外に出されます。

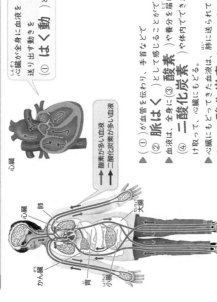

ぴったり1 **準備**

2. ヒトや動物の体
④生命を支えるしくみ

学習日

18ページ

血液の流れを通した臓器どうしのつながりをかくにんしよう。

教科書 43～44ページ　答え 10ページ

下の(　)にあてはまる言葉をかこう。

1 臓器《ぞうき》どうしには、どんなつながりがあるのだろうか。　教科書 43～44ページ

▶体の中には、胃《い》や小腸《しょうちょう》、かん臓《ぞう》、肺《はい》、心臓《しんぞう》、じん臓などがあり、これらを(① **臓器**)という。

▶体の中の(①)は、(② **血液**)によってたがいにつながり合いながらはたらき、生命を支えている。

▶消化・吸収《きゅうしゅう》にかかわる臓器と体の各部分とのつながり

・口から取り入れた食べ物は消化管の中で(③ **消化**)され、(④ **小腸**)で養分が吸収される。
・(④)で血液中に入った養分は、全身に運ばれる。
(⑤ **かん臓**)ではその養分をたくわえている。

▶呼吸《こきゅう》にかかわる臓器と体の各部分とのつながり

・(⑥ **肺**)で取り入れられた酸素は、血液に取り入れられ、全身に運ばれる。
・全身でできた(⑦ **二酸化炭素**)は、血液にとけこんで肺まで運ばれ、息をはき出すときに体外に出される。

▶血液のじゅんかんにかかわる臓器と体の各部分とのつながり

・心臓のはたらきで血液が全身をめぐり、(⑧ **酸素**)や養分、二酸化炭素などを運ぶ。

▶はい出にかかわる臓器と体の各部分とのつながり

・(⑨ **じん臓**)では、体内でできた不要なものや余分な水分が血液中からこし出され、(⑩ **にょう**)ができる。
・(⑩)は、一度(⑪**ぼうこう**)にためられてから、体外に出される。

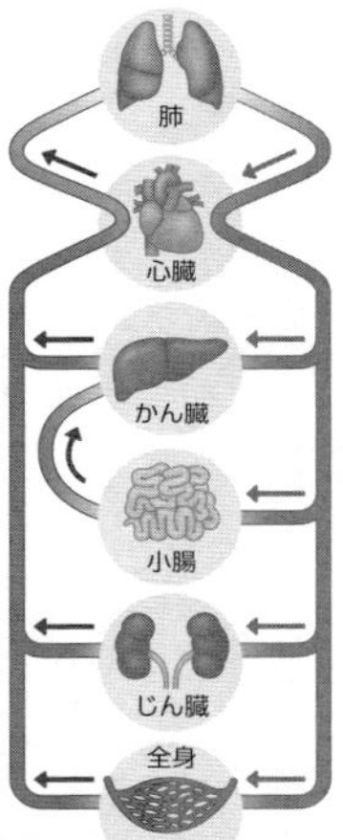

肺
心臓
かん臓
小腸
じん臓
全身

手や足などからだの各部分

血液の流れから見たつながり

体の各部分は、たがいにつながり合って、生命を支えているよ。

ここがだいじ！ ①体の中の臓器は、血液によって、たがいにつながり合って、はたらいている。

ぴたトリビア 血液は液体のようですが、赤血球などの固形成分もふくまれます。赤血球は酸素を運ぶはたらきがあります。

ぴったり2 **練習**

2. ヒトや動物の体
④生命を支えるしくみ

学習日

19ページ

教科書 43～44ページ　答え 10ページ

1 図は、ヒトの体の血液の流れから見たつながりを表したものです。

(1) あは、全身に血液を送り出すはたらきをしています。この臓器《ぞうき》の名前を答えましょう。
(**心臓**)

(2) 肺《はい》のはたらきについて、正しいものに○をつけましょう。
①(　)養分を吸収《きゅうしゅう》するはたらきをしている。
②(　)水分を吸収するはたらきをしている。
③(○)酸素を取り入れ、体内でできた二酸化炭素を出すはたらきをしている。

(3) 養分を吸収するのは、どの臓器ですか。
(**小腸**)

(4) 次の文の①、②にあてはまる言葉をかきましょう。

じん臓《ぞう》で体内で不要となったものと余分な水分が血液中からこし出され、(① **にょう**)ができる。これは一時的に(② **ぼうこう**)にためられ、その後、体外に出される。

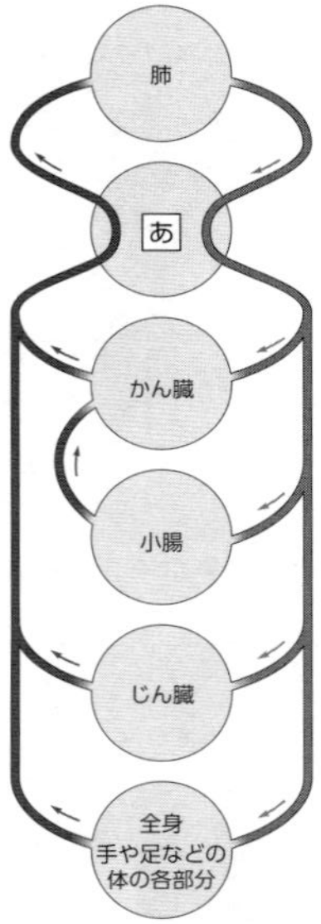

肺
あ
かん臓
小腸
じん臓
全身
手や足などの
体の各部分

2 食べ物の消化と吸収にかかわる体のはたらきを調べました。消化と吸収が行われる順番として、①～⑤を正しい順に並《なら》べましょう。

①食べ物が歯でかみくだかれて、だ液と混ざる。
②養分が小腸《しょうちょう》で吸収される。
③胃《い》や小腸でさらに消化がすすみ、吸収されやすい養分に変化する。
④大腸《だいちょう》を通り、残ったものが便としてこう門から体外に出される。
⑤口で消化された食べ物は、食道を通って胃に送られる。

(① → ⑤ → ③ → ② → ④)

19ページ　**てびき**

1 (1)心臓《しんぞう》は、血液を全身に送り出しています。血液は、全身に酸素や養分を届《とど》け、二酸化炭素や体内でできた不要なものを受け取ります。
(2)①は小腸《しょうちょう》のはたらき、②は大腸《だいちょう》のはたらきを示しています。

2 食べ物は、口→食道→胃《い》→小腸→大腸→こう門と、消化管の中を通っていき、消化・吸収《きゅうしゅう》されます。

ぴったり3 確かめのテスト。

2. ヒトや動物の体

20ページ

／100　合格70点

教科書 26〜47ページ　答え 11ページ

よく出る

1 消化と吸収《きゅうしゅう》について調べました。　1つ4点(36点)

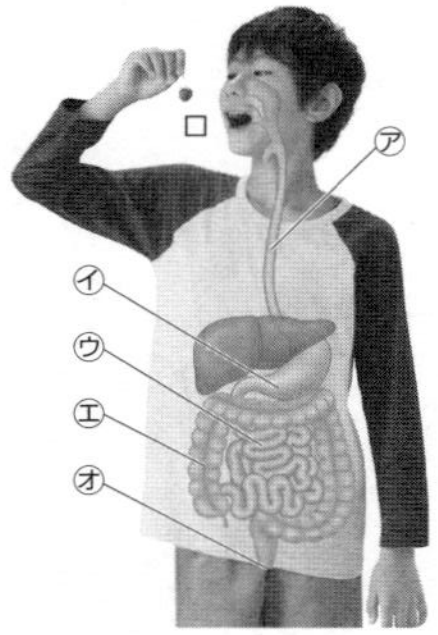

(1) 図の㋐〜㋔の体のつくりの名前をかきましょう。

㋐(食道)　㋑(胃)　㋒(小腸)
㋓(大腸)　㋔(こう門)

(2) 口から㋔までの食べ物の通り道を何といいますか。　(消化管)

(3) 口では何という消化液が出ますか。　(だ液)

(4) 消化液のはたらきとして、正しいほうに○をつけましょう。

①「食べ物を、体に吸収されやすいように細かくくだくよ。」　①(　)

②「食べ物を、体に吸収されやすい別のものに変えるよ。」　②(○)

(5) 食べ物にふくまれていた養分が吸収されるのは、㋐〜㋔のどの体のつくりですか。記号で答えましょう。　(㋒)

2 吸《す》う空気(周りの空気)とはき出した息のちがいについて調べました。　1つ4点、(5)は6点(26点)

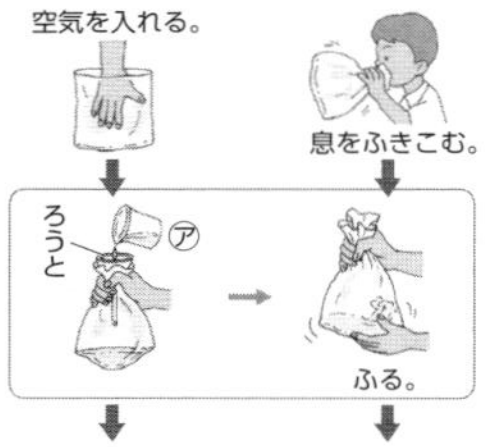

(1) 図の㋐は、二酸化炭素にふれると白くにごる性質があります。加えた液㋐は何ですか。　技能　(石灰水)

(2) ㋐の液を少量加えた後、ふくろの口を閉じて軽くふりました。吸う空気、はき出した息それぞれのふくろの液の色はどうなりましたか。

吸う空気(変化しない。)
はき出した息(白くにごる。)

(3) 吸う空気とはき出した息を、それぞれ気体検知管で調べると、ふくまれる酸素の割合《わりあい》が大きいのはどちらですか。　(吸う空気)

(4) (3)で、ふくまれる二酸化炭素の割合が大きいのはどちらですか。　(はき出した息)

(5) 記述 (3)、(4)から、はき出した息は吸う空気と比べて、どのようなちがいがありますか。　思考・表現

(はき出した息は、吸う空気と比べて、酸素が少なく、二酸化炭素が多い。)

学習

21ページ

3 心臓《しんぞう》のはたらきについて調べました。　1つ4点(12点)

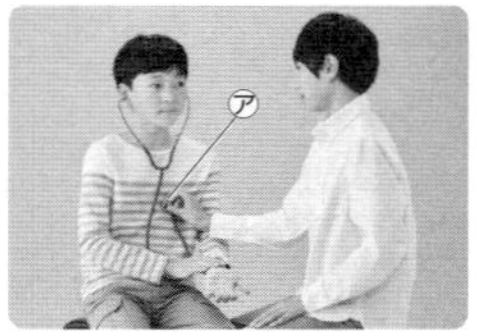

(1) 心臓は縮《ちぢ》んだりゆるんだりして、血液を全身に送り出しています。この動きを何といいますか。　(はく動)

(2) (1)の音を聞くために使う写真の㋐の道具を何といいますか。　(ちょうしん器)

(3) (1)が血管を伝わり、手首などで感じる動きを何といいますか。　(脈はく)

できたらスゴイ！

4 血液の流れとはたらきを調べました。図の赤い線は、心臓から出ていく血液の流れ、青い線は心臓にもどってくる血液の流れを示しています。

(2)、(4)、(5)は1つ4点、(1)は全部できて4点、(3)は6点(26点)

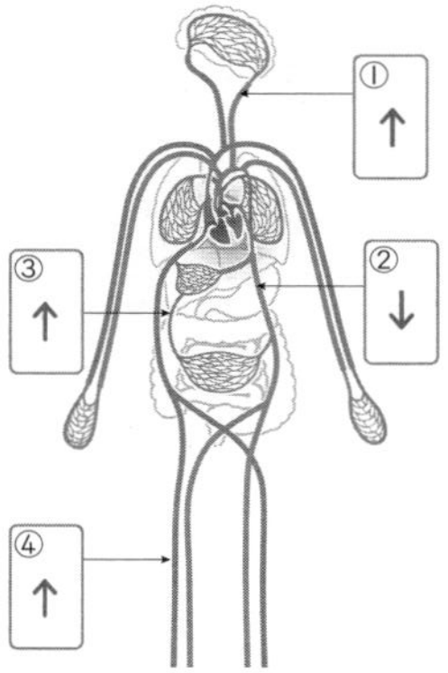

(1) 作図 図の□に血液の流れる向きを矢印でかきこみましょう。

(2) 下の図に、血液の流れから見た臓器《ぞうき》のつながりを表しています。㋐の臓器は何でしょう。　(肺)

㋐ ⇄ 心臓 ⇄ 体の各部分

(3) 記述 ㋐の臓器は、どんなはたらきをしていますか。　思考・表現

(空気中の酸素を取り入れ、体内でできた二酸化炭素を出すはたらき)

(4) 赤い線の血液と青い線の血液には、酸素と二酸化炭素のどちらが多くふくまれていますか。それぞれ答えましょう。

赤い線の血液(酸素)
青い線の血液(二酸化炭素)

(5) 体の中の臓器は、何によってたがいにつながり合って、はたらいていますか。　(血液)

ふりかえり　1がわからないときは、12ページの1にもどって確認《かくにん》しましょう。
4がわからないときは、16ページの1と18ページの1にもどって確認しましょう。

20〜21ページ　てびき

1 (3)(4)だ液は消化液の1つです。消化液は、食べ物を体に吸収《きゅうしゅう》されやすいものに変えます。
(5)食べ物にふくまれていた養分は、おもに小腸《しょうちょう》で吸収されます。

2 (2)〜(5)呼吸《こきゅう》で、空気中の酸素の一部を体内に取り入れ、二酸化炭素を体内から出します。そのため、はき出した息は、吸《す》う空気より酸素が少なく、二酸化炭素が多いです。

3 (1)(3)心臓《しんぞう》は血液を送り出すため、常にはく動しています。はく動が血管を伝わり、脈はくとして感じることができます。

4 (1)赤い線は心臓から出る血液の流れ、青い線は心臓にもどる血液の流れです。
(2)(3)心臓から肺《はい》へ送られた血液は、肺で二酸化炭素を出し、酸素を受け取ります。
(4)赤い線の血液は、肺で酸素を受け取っているので、酸素を多くふくんでいます。青い線の血液は全身で二酸化炭素を受け取っているので、二酸化炭素を多くふくんでいます。

ぴったり1 準備

3. 植物のつくりとはたらき

①植物と水

学習 22ページ

植物の水の取り入れ方とそのゆくえをかくにんしよう。

3分でまとめ

教科書 50～55ページ　答え 12ページ

下の(　)にあてはまる言葉をかくか、あてはまるものを○で囲もう。

1 根から取り入れた水は、植物の体のどこを通って行きわたるのだろうか。　教科書 50～52ページ

▶植物の根を色水にひたし、数時間後に色の変化を観察する。

▶植物の体の中には、根から(① くき)、(①)から(② 葉)へと続く、水の通り道がある。

▶根から取り入れられた(③ 水)は、この通り道を通って、植物の体全体に行きわたる。

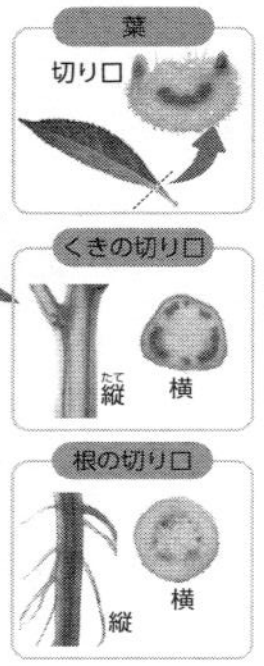

青く染《そ》まったところが色水の通ったところだね。

2 葉まで運ばれた水は、その後、どうなるのだろうか。　教科書 53～55ページ

▶葉のついたものと葉を全部取ったものにふくろをかぶせておき、植物から出る水を調べる。

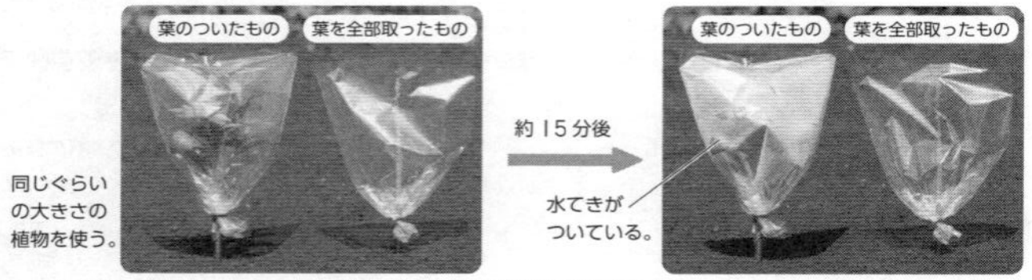

▶(① 根)から取り入れられた水は、おもに葉から、(② 水てき ・ 水蒸気《すいじょうき》)として出ていく。

▶植物の体から、水が(②)として出ていくことを(③ 蒸散)という。

▶植物の体にある水蒸気が出ていく小さな穴《あな》を(④ 気こう)という。

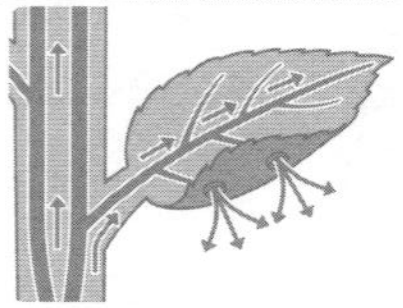

ここがだいじ！

①植物の体の中には、根・くき・葉へと続く水の通り道がある。

②植物の体から、水が水蒸気として出ていくことを蒸散《じょうさん》という。

ぴたトリビア　植物は、根から水を取り入れるとともに、水にとけている養分などを取り入れています。

ぴったり2 練習

3. 植物のつくりとはたらき

①植物と水

学習 23ページ

教科書 50～55ページ　答え 12ページ

1 ホウセンカの根を色水にひたして、数時間おきました。

(1) 右の写真は、色水にひたして数時間後に、くきを縦《たて》や横に切ったときのようすです。色に染《そ》まったところは、何が通るところですか。

(水)

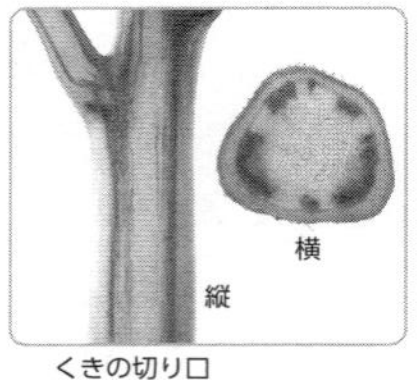

(2) この実験から、どんなことがわかりますか。次の文の(　)にあてはまる言葉を[　]から選んでかきましょう。

根　くき　葉　花　水　空気　体全体に　葉や花だけに

植物には、(① 根)から(② くき)、(②)から(③ 葉)へと続く(④ 水)の通り道がある。(①)から取り入れた(④)は、この通り道を通って、植物の(⑤ 体全体に)行きわたる。

2 晴れた日に、同じぐらいの大きさに育っているホウセンカを2つ選んで、一方は葉をつけたまま、もう一方は葉を全部取って、それぞれにポリエチレンのふくろをかぶせました。

(1) ふくろをかぶせて20分ぐらいたった後、一方のふくろの内側にたくさんの水てきがついていました。たくさんの水てきがついていたのは、㋐、㋑のどちらですか。

(㋐)

(2) この実験から、(1)の水てきは、おもに植物のどこから出たものと考えられますか。

(葉)

(3) 植物にある、水蒸気《すいじょうき》が出ていく小さな穴《あな》を何といいますか。

(気こう)

23ページ てびき

1 (1)(2)植物には、根からくき、くきから葉へと続く、水の通り道があります。根から取り入れられた水は、この通り道を通って、植物の体全体に行きわたります。

2 (1)(2)植物の体の中の水は、おもに葉から、水蒸気《すいじょうき》(気体)となって出ていきます。
(3)水蒸気は気こうから出ていきます。ふくろの内側の水てきは、気こうから出た水蒸気が冷えて水になったものです。

おうちのかたへ　3. 植物のつくりとはたらき

植物の体のつくりと水のゆくえ、空気とのかかわり、養分をつくるはたらきについて学習します。ここでは、根から取り入れた水が茎を通って葉から出ていくこと、葉に日光が当たるとでんぷんができることを理解しているか、などがポイントです。

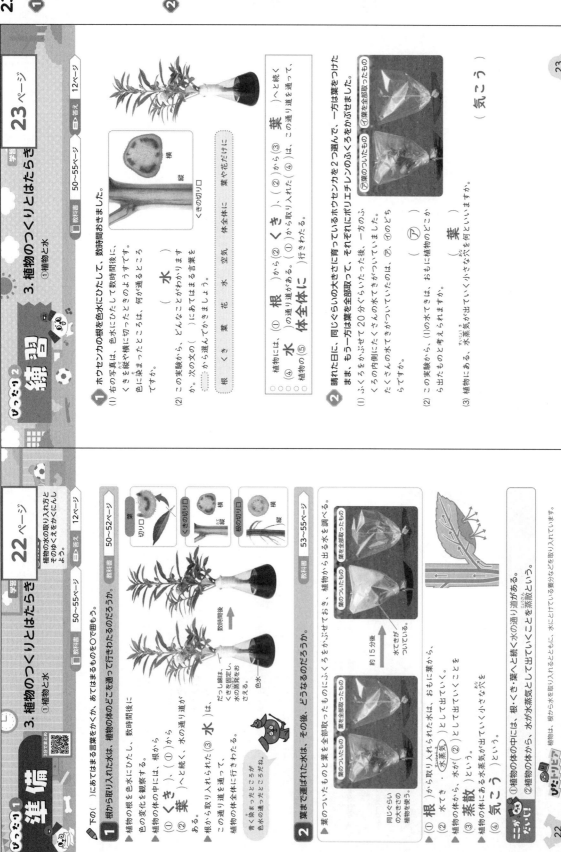

ぴったり1 準備

3. 植物のつくりとはたらき

②植物と空気

24ページ

学習のねらい 植物における気体の出入りをかくにんしよう。

教科書 56〜58ページ　答え 13ページ

下の(　)にあてはまる言葉をかくか、あてはまるものを○で囲もう。

1 植物は、どんな気体の出入りを行っているのだろうか。　教科書 56〜58ページ

▶植物における気体の出入りを気体検知管で調べる。

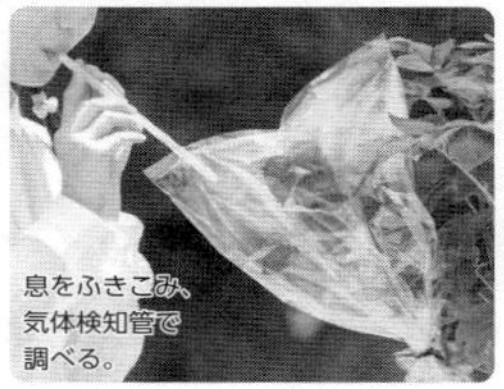

息をふきこみ、
気体検知管で
調べる。

日光を当てる。

約1時間後

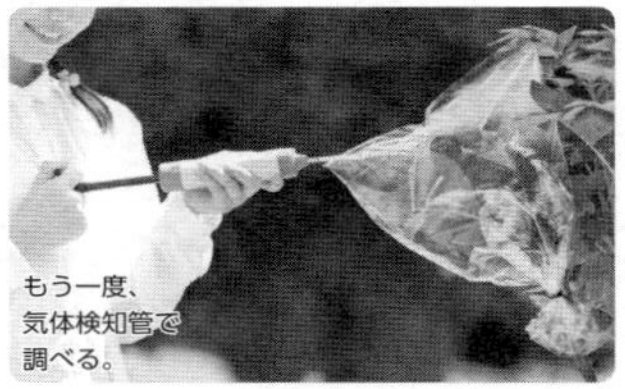

もう一度、
気体検知管で
調べる。

結果(例)

	息を入れた直後	約1時間後
酸素	約17％	約20％
二酸化炭素	約4％	約0.5％

(① (酸素) ・ 二酸化炭素)の割合《わりあい》は大きくなり、
(② 酸素 ・ (二酸化炭素))の割合は小さくなっている。

・1時間後の空気は、息を入れた直後よりも(③ **酸素**)が増えて、(④ **二酸化炭素**)が減った。

▶植物は、葉に日光が当たっているときには、空気中の(⑤ **二酸化炭素**)を取り入れ、(⑥ **酸素**)を出している。

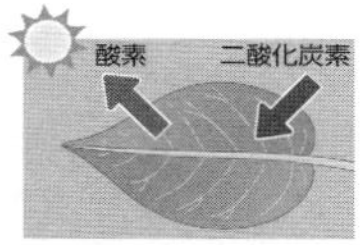

酸素
二酸化炭素

ここがだいじ！ ①植物は、葉に日光が当たっているときは、空気中の二酸化炭素を取り入れ、酸素を出す。

ぴたトリビア 植物は呼吸《こきゅう》も行っていますが、日光が当たっているときは二酸化炭素を取り入れ、酸素を出すはたらきのほうが大きいので、昼間は酸素を出しているように見えます。

ぴったり2 練習

3. 植物のつくりとはたらき

②植物と空気

25ページ

教科書 56〜58ページ　答え 13ページ

1 植物での気体の出入りについて調べました。

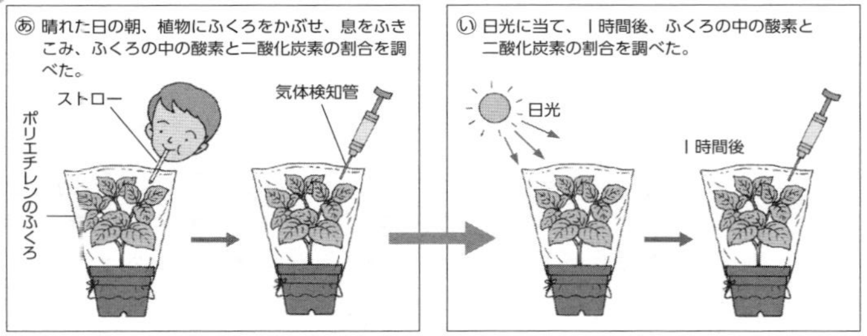

あ 晴れた日の朝、植物にふくろをかぶせ、息をふきこみ、ふくろの中の酸素と二酸化炭素の割合を調べた。
ストロー
気体検知管
ポリエチレンのふくろ
い 日光に当て、1時間後、ふくろの中の酸素と二酸化炭素の割合を調べた。
日光
1時間後

あでの酸素と二酸化炭素の割合《わりあい》を調べた結果は、下のようになりました。

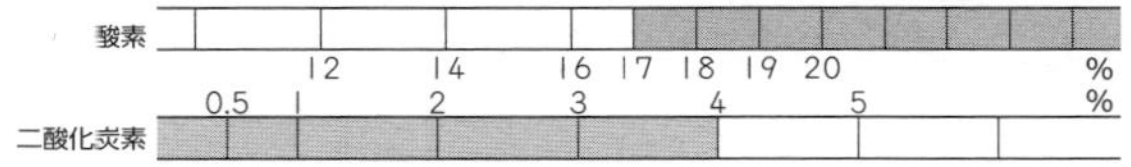

酸素
12 14 16 17 18 19 20 %
0.5 1 2 3 4 5 %
二酸化炭素

(1) いでの酸素の割合を調べた結果は、ア〜ウのどれですか。(　)に○をつけましょう。

ア(　)　16 17 18 19 20%
イ(○)　16 17 18 19 20%
ウ(　)　16 17 18 19 20%

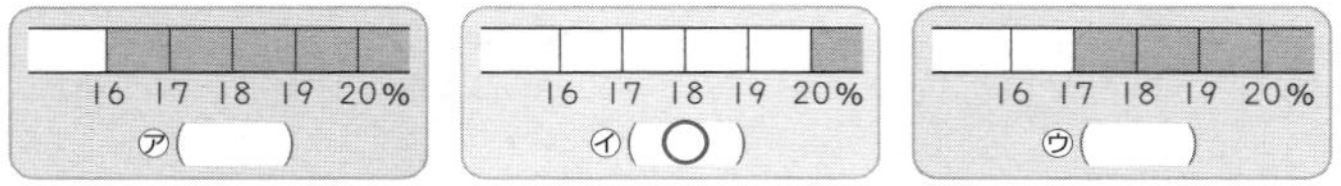

(2) いでの二酸化炭素の割合を調べた結果は、ア〜ウのどれですか。(　)に○をつけましょう。

ア(○)　0.5 1 2 3 4%
イ(　)　0.5 1 2 3 4%
ウ(　)　0.5 1 2 3 4%

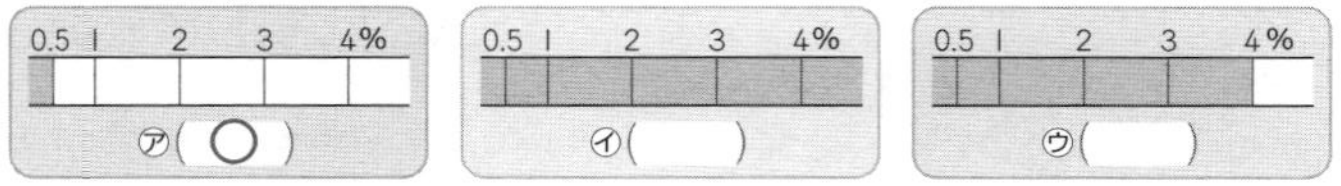

(3) 次の文の(　)にあてはまる言葉をかきましょう。

植物は、葉に日光が当たっているときは、空気中の(**二酸化炭素**)を取り入れ、(**酸素**)を出している。

ヒント 1 吸《す》う空気(周りの空気)より、はき出した息のほうが、酸素が少なく、二酸化炭素が多いことを、「2. ヒトや動物の体」で学習しました。

25ページ てびき

1 (1)(2)植物は、葉に日光が当たっているときには、空気中の二酸化炭素を取り入れ、酸素を出します。そのため、いのふくろの中は、あのふくろに比べると、二酸化炭素の体積の割合《わりあい》は少なく、酸素の体積の割合が多いです。

おうちのかたへ
植物の葉に日光が当たるとでんぷんがつくられることは学習しますが、「光合成」の用語は扱いません。根から水を取り入れること、二酸化炭素を取り入れ酸素を出すことは学習しますが、水と二酸化炭素を使って酸素やでんぷんなどができることは扱いません。植物が水や養分を運ぶ詳しいしくみや、養分をつくる詳しいしくみについては、中学校理科で学習します。

学習 植物が養分をつくり出すはたらきをかくにんしよう。

下の(　)にあてはまる言葉をかくか、あてはまるものを○で囲もう。

1 植物の葉に日光が当たると、でんぷんができるのだろうか。

教科書 59～64ページ

▶葉は㋐、㋑、㋒の３枚用意し、区別がつくように㋑に１つ、㋒に２つ、切れこみを入れておく。

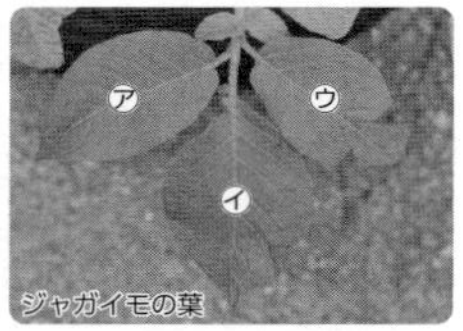

ジャガイモの葉

日光に当てないように、アルミニウムはくで包みます。

実験前日の午後	実験当日の朝	昼間	4～5時間後
㋐	アルミニウムはくを外し、葉のでんぷんを調べる。		
㋑	アルミニウムはくを外す。	葉に日光を当てる。	葉のでんぷんを調べる。
㋒	そのまま。	葉におおいをしたまま日光を当てない。	アルミニウムはくを外し、葉のでんぷんを調べる。

・ヨウ素液を使って、葉にでんぷんがあるかどうかを調べる。

(① ある ・ (ない)) (② (ある) ・ ない) (③ ある ・ (ない))

葉を１～２分間にた後、ろ紙にはさむ。ビニルシートをかぶせ、木づちで50回ほど軽くたたく。

葉をはがして、ろ紙をうすめたヨウ素液につけた後、水で静かにすすぐ。

▶植物の葉に(④ **日光**)が当たると、(⑤ **でんぷん**)がつくられる。

▶植物は生きていくために必要な(⑥ **養分**)を自分でつくり出している。

ここがだいじ！
①植物の葉に日光が当たると、でんぷんがつくられる。
②植物は、生きていくために必要な養分を自分でつくり出している。

ぴたトリビア　植物の葉に日光が当たるとでんぷんができるはたらきを光合成《こうごうせい》といいます。

1 天気のよい日の朝、前日の午後からアルミニウムはくでおおっておいた３枚の葉㋐、㋑、㋒を用意し、次のような実験をしました。

㋐アルミニウムはくを外して、すぐに葉のでんぷんを調べる。
㋑アルミニウムはくを外して、数時間日光に当ててから葉のでんぷんを調べる。
㋒アルミニウムはくをしたまま日光に当てず、数時間後に葉のでんぷんを調べる。

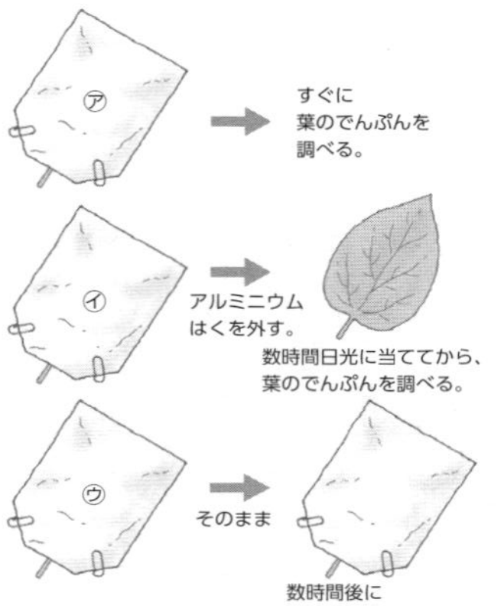

(1) 葉にでんぷんがあるかどうかを調べるために使う薬品は何ですか。
(**ヨウ素液**)

(2) でんぷんに(1)の薬品をつけるとどうなりますか。
(**(こい)青むらさき色になる。**)

(3) １～２分間にた葉をろ紙にはさみ、それにビニルシートをかぶせて木づちで50回たたきました。葉をはがしたろ紙をうすめたヨウ素液につけ、その後、水ですすぐと下の写真のようになりました。この中で㋐は色が変わりませんでした。残る２つのうち㋑、㋒はそれぞれどちらですか。(　)に記号をかきましょう。

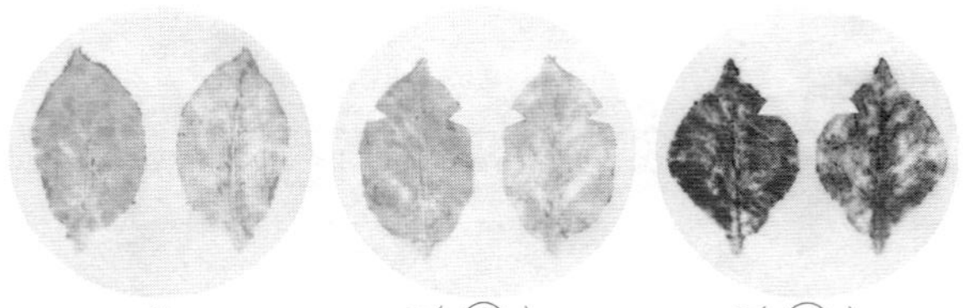

㋐　①(㋒)　②(㋑)

(4) 葉にでんぷんがあるのは、㋐～㋒のどれですか。　(㋑)

(5) この実験からどんなことがわかりますか。正しいものに○をつけましょう。
①(○)植物の葉に日光が当たると、でんぷんがつくられる。
②(　)植物は日光に関係なく、でんぷんをつくることができる。
③(　)植物はでんぷんをつくることができない。

27ページ　てびき

1 (1)(2)でんぷんにうすめたヨウ素液をつけると、うすい茶色から、こい青むらさき色になります。この性質を利用して、でんぷんがあるかどうか調べることができます。

(3)(4)ヨウ素液につけて、色がこい青むらさき色に変わった②が㋑です。㋑にはでんぷんがあります。

(5)㋑と㋒の結果から、葉に日光が当たると、でんぷんができるといえます。また、㋐の結果から、㋑のでんぷんは、はじめから葉にあったものではないといえます。朝になるとでんぷんがなくなっているのは、夜のうちに使われてなくなったり、別のところに移動したりしたためと考えられます。

ぴったり3 確かめのテスト。

3. 植物のつくりとはたらき

28ページ

/100 合格70点

教科書 48〜67ページ　答え 15ページ

❶ 根がついたままのホウセンカを、数時間色水に入れておきました。

(1)は全部できて5点、(2)は1つ5点(20点)

(1) 色水に入れて数時間おいた後、根・くき・葉を切って、切り口のようすを観察しました。色がついたのはどの部分ですか。あてはまるものすべてに○をつけましょう。

①(○)根
②(○)くき
③(○)葉

(2) 色がついた部分の説明として、正しいものには○を、まちがっているものには×をつけましょう。

①(○)色がついた部分は、水が通るところである。
②(×)色がついた部分は、根からくきまでしか続いていない。
③(○)色がついた部分は、根からくき、くきから葉へと続いている。

よく出る

❷ 晴れた日に、同じぐらいの大きさに育っているホウセンカを2つ選び、一方は葉をつけたまま、もう一方は葉を全部取り、それぞれにポリエチレンのふくろをかぶせました。

(1)は10点、(2)〜(5)は1つ5点(30点)

(1) 記述 15分後、葉がついているホウセンカのふくろの内側はどうなりましたか。　思考・表現

(水てきがついていた。)

(2) 15分後、葉を全部取ったホウセンカのふくろの内側は、ほとんど変化がありませんでした。(1)の結果と合わせて、どのようなことがいえるか、正しいほうに○をつけましょう。

①(○)植物が取り入れた水は、おもに葉から出ていく。
②(　)植物が取り入れた水は、おもにくきから出ていく。

(3) 植物は、どこから水を取り入れていますか。

(根)

(4) 植物の体から、水が水蒸気《すいじょうき》として出ていくことを何といいますか。

(蒸散)

(5) 植物の体にある、水蒸気が出ていく小さな穴《あな》を何といいますか。

(気こう)

29ページ

❸ 晴れた日に、植物の葉に、穴をあけたポリエチレンのふくろをかぶせて、穴からストローで息をふきこみ、さらに5回ほど吸《す》ったりはいたりしました。その後、ふくろの中の酸素と二酸化炭素の体積の割合《わりあい》を調べました。

(1)、(2)は1つ5点、(3)は全部できて10点(25点)

(1) 右の写真の、空気にふくまれる酸素や二酸化炭素の体積の割合を調べる実験器具の名前をかきましょう。

(気体検知管)

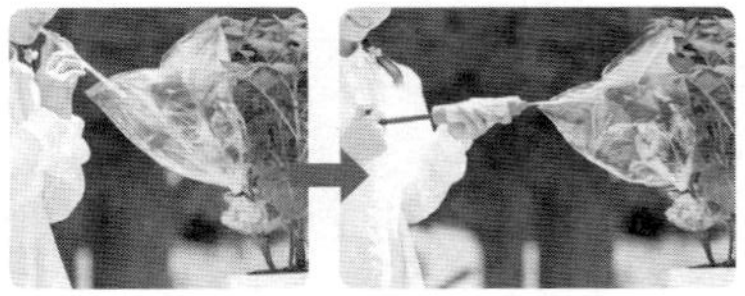

息をふきこむ。　酸素と二酸化炭素の体積の割合を調べる。

(2) ふくろをかぶせた植物に1時間ほど日光を当てて、1時間後にふくろの中の酸素と二酸化炭素の体積の割合を調べたところ、表のようになりました。1時間後の空気は、息をふきこんだ直後と比べて、どうなったといえますか。

	酸素	二酸化炭素
息を入れた直後	約17％	約4％
約1時間後	約20％	約0.5％

酸素(増えた。)
二酸化炭素(減った。)

(3) 植物は、葉に日光が当たるとどうなるといえますか。(　)にあてはまる言葉をかきましょう。

葉に日光が当たっているときには空気中の(二酸化炭素)を取り入れ、(酸素)を出す。

できたらスゴイ！

❹ ジャガイモの葉を使って、㋐〜㋒の方法で、日光と植物の養分の関係について調べました。

(1)〜(3)は1つ5点、(4)は全部できて10点(25点)

(1) でんぷんがふくまれているか調べるために使う薬品の名前をかきましょう。

(ヨウ素液)

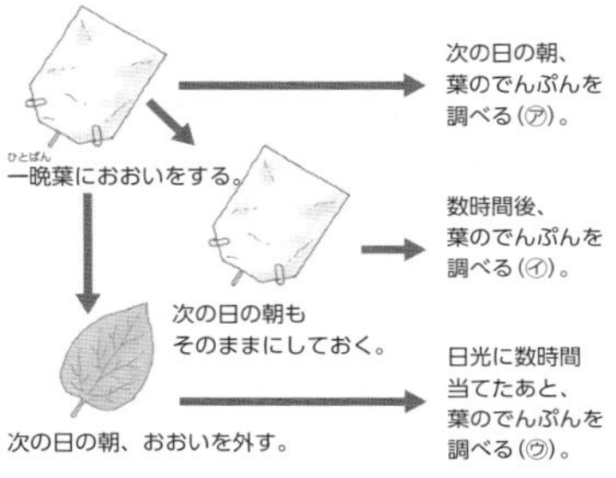

一晩《ひとばん》葉におおいをする。
次の日の朝、葉のでんぷんを調べる(㋐)。
数時間後、葉のでんぷんを調べる(㋑)。
次の日の朝もそのままにしておく。
次の日の朝、おおいを外す。
日光に数時間当てたあと、葉のでんぷんを調べる(㋒)。

(2) ㋐では、葉にでんぷんはありますか、ありませんか。

(ない。)

(3) ㋑では、葉にでんぷんはありますか、ありませんか。

(ない。)

(4) 記述 ㋒では、葉にでんぷんはありました。この実験の結果から、どのようなときにでんぷんがつくられるのか、(　)にあてはまる言葉をかきましょう。　思考・表現

植物の(葉)に(日光)が当たると、でんぷんがつくられる。

ふりかえり ❷がわからないときは、22ページの❷にもどって確認《かくにん》しましょう。
❹がわからないときは、26ページの❶にもどって確認しましょう。

28〜29ページ　てびき

❶ (1)(2)植物には、根・くき・葉と続く水の通り道があります。根がついたままの植物の根を色水にひたすと、根・くき・葉の色水が通ったところに色がつきます。

❷ (1)植物の葉から出た水蒸気《すいじょうき》は、水てきになってふくろの内側につきます。
(2)葉を全部とったものではふくろの内側に水てきがほとんどつかないことから、葉から水が出ていくことがわかります。

❸ (2)(3)植物は、葉に日光が当たっているときは、空気中の二酸化炭素を取り入れ、酸素を出します。そのため、1時間後のふくろの中の空気は、酸素の体積の割合《わりあい》が増えて、二酸化炭素の体積の割合が減っています。

❹ (2)〜(4)植物の葉に日光が当たると、でんぷんがつくられます。朝には、前日につくられたでんぷんは残っていないので、㋐の葉にでんぷんはありません。また、日光が当たっていないので、㋑の葉にでんぷんはありません。

ぴったり1 準備

4. 生物どうしのつながり

①食べ物を通した生物のつながり(1)

池や川にすむ生物が食べているものをかくにんしよう。

教科書 70~74ページ 答え 16ページ

下の(　)にあてはまる言葉をかくか、あてはまるものを○で囲もう。

1 自然の池や川にすむメダカは、何を食べているのだろうか。 教科書 70~74ページ

目の細かいあみで、池や川の水を何回かすくい、ビーカーの水に洗《あら》い出す。 → プレパラートをつくり、けんび鏡で観察する。

スライドガラスに見たいものをのせる。 ……→ カバーガラスをかける。はみ出した水は、ろ紙で吸い取る。

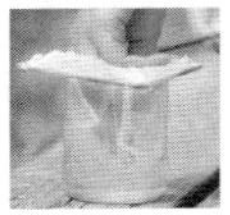

(①スライドガラス)　(②カバーガラス)

スポイト
ピンセット

▶池や川の水中には小さな生物が見られる。メダカは、水中の小さな生物を(③(食べる)・食べない)。

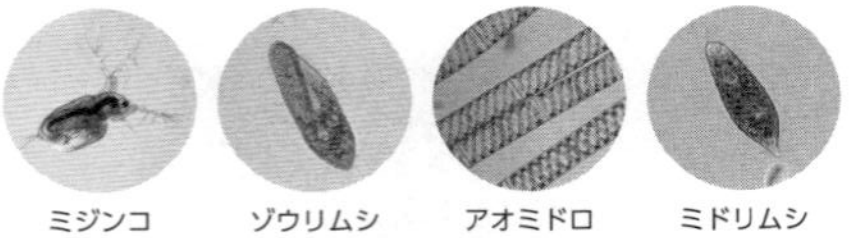
ミジンコ
ゾウリムシ
アオミドロ
ミドリムシ

▶けんび鏡を使うと、観察するものを50~300倍にして見ることができる。

(1) (④ 対物)レンズをいちばん低い倍率のものにする。

(2) 接眼レンズをのぞきながら、(⑤ 反射鏡)を動かして、明るく見えるようにする。

(3) 観察したい部分が対物レンズの真下にくるように、プレパラートを(⑥ステージ(のせ台))に置いて、クリップで留める。

(4) 横から見ながら(⑦ 調節ねじ)を回して、対物レンズとプレパラートをできるだけ近づける。

(5) 接眼レンズをのぞきながら、調節ねじを(4)とは逆向きに(対物レンズとプレパラートを(⑧ 近づける・(はなす))向きに)ゆっくりと回し、ピントを合わせる。

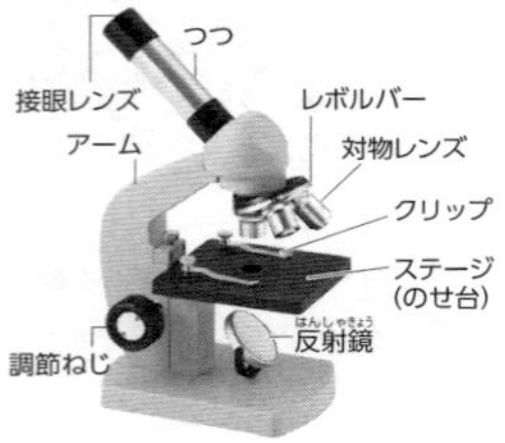
つつ
接眼レンズ
レボルバー
アーム
対物レンズ
クリップ
ステージ
(のせ台)
調節ねじ
反射鏡《はんしゃきょう》

ここがだいじ! ①自然の池や川にすむメダカは、水中の小さな生物を食べている。

ぴたトリビア 野生のメダカは水の中の小さな生物を食べるので、えさをあたえなくても大きくなります。

ぴったり2 練習

4. 生物どうしのつながり

①食べ物を通した生物のつながり(1)

教科書 70~74ページ 答え 16ページ

1 池の水をけんび鏡で観察しました。

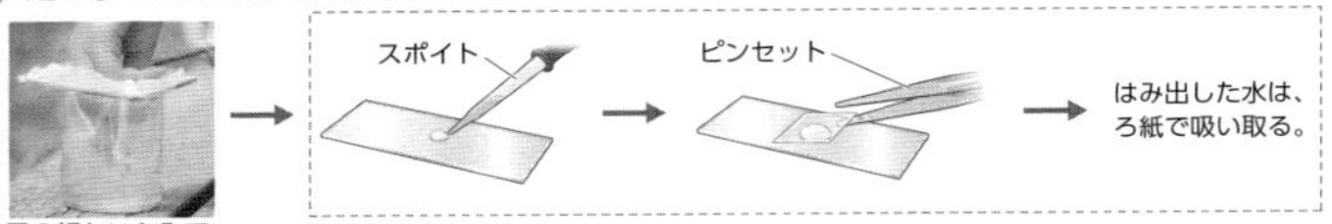
スポイト
ピンセット
はみ出した水は、ろ紙で吸い取る。

目の細かいあみで、川の水を何回かすくい、ビーカーの水に洗《あら》い出す。

(1) 次の文は上の[　]を説明しています。(　)にあてはまる言葉をそれぞれかきましょう。

ビーカーの水を1てき(①スライドガラス)にのせ、(②カバーガラス)をかけて、はみ出した水をろ紙で吸い取って、(③プレパラート)をつくった。

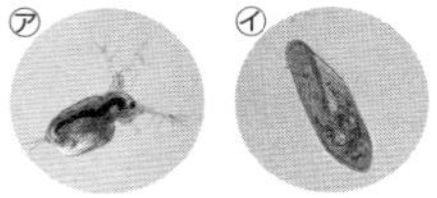

(2) けんび鏡で観察すると、㋐、㋑の生物が見られました。名前をそれぞれかきましょう。

㋐(ミジンコ)　㋑(ゾウリムシ)

(3) ㋐の生物を飼っているメダカにあたえると、メダカは食べますか。

(食べる。)

2 けんび鏡について、次の問いに答えましょう。

(1) ㋐~㋕の部分の名前をそれぞれかきましょう。

㋐(接眼レンズ)　㋑(レボルバー)
㋒(対物レンズ)　㋓(ステージ(のせ台))
㋔(調節ねじ)　㋕(反射鏡)

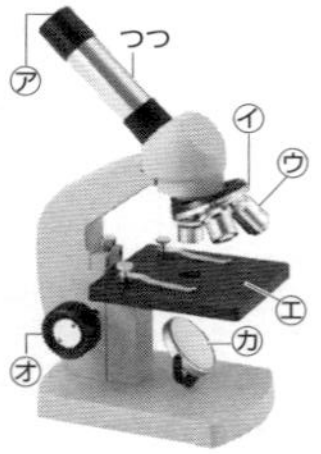
つつ

(2) 次のア~オは、けんび鏡の使い方の説明です。正しい順になるように、1~5の番号をかきましょう。

ア(3)観察したい部分が対物レンズの真下にくるように、プレパラートをステージに置き、クリップで留める。

イ(4)横から見ながら、調節ねじを回して、対物レンズとプレパラートをできるだけ近づける。

ウ(1)対物レンズをいちばん低い倍率のものにする。

エ(5)接眼レンズをのぞきながら、対物レンズとプレパラートの間をはなしていき、ピントを合わせる。

オ(2)接眼レンズをのぞきながら、反射鏡《はんしゃきょう》を動かして、明るく見えるようにする。

おうちのかたへ　4. 生物どうしのつながり

生物どうしの食べ物を通したつながり、空気や水を通したつながりについて学習します。ここでは、生物どうしが「食べる・食べられる」の関係でつながっていること、酸素や二酸化炭素、水は生物の体を出たり入ったりしていることを理解しているか、などがポイントです。

31ページ てびき

❶ (1)けんび鏡で観察するために、プレパラートをつくります。

(3)池や川の水中には小さな生物がいて、メダカはその小さな生物を食べています。

❷ (1)けんび鏡は、接眼レンズと対物レンズで観察するものを大きく見えるようにしています。対物レンズはレボルバーを回して倍率を変えることができます。調節ねじを回すと、対物レンズとステージのきょりを変えることができます。

(2)接眼レンズをのぞきながら、対物レンズとプレパラートをのせたステージ(のせ台)を近づけると、プレパラートがぶつかって割《わ》れるおそれがあります。ピントは、対物レンズとプレパラートの間をはなしながら合わせます。

4. 生物どうしのつながり

①食べ物を通した生物のつながり(2)

食べ物を通した生物どうしのつながりをかくにんしよう。

教科書 75〜77ページ　答え 17ページ

下の(　)にあてはまる言葉をかくか、あてはまるものを○で囲もう。

1 生物どうしは、食べ物を通して、どのようにつながり合っているのだろうか。教科書 75〜77ページ

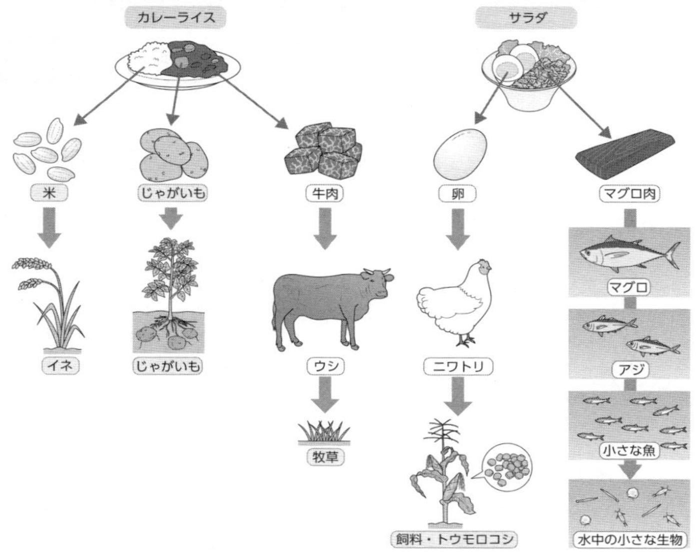

カレーライス
サラダ
米
じゃがいも
牛肉
卵
マグロ肉
イネ
じゃがいも
ウシ
ニワトリ
マグロ
アジ
牧草
小さな魚
飼料・トウモロコシ
水中の小さな生物

植物は、日光に当たることで養分をつくり出すことが(① (できる) ・ できない)。

動物は、自分で養分をつくり出すことが(② できる ・ (できない))。

▶ 生物は、(③ **食べる**)ことを通して、ほかの生物とつながっている。
▶ 食べ物のもとをたどると、自分で(④ **養分**)をつくり出す生物に行きつく。
▶ 生物どうしは、「食べる・食べられる」の関係でつながっている。このような生物どうしのひとつながりを(⑤ **食物連鎖**)という。

ここがだいじ! ①生物どうしは、「食べる・食べられる」の関係でつながっている。このひとつながりを食物連鎖《しょくもつれんさ》という。

ぴたトリビア 多くの動物はいろいろな植物や動物を食べます。このため、1種類の生物が多くの食物連鎖に関係し、食物連鎖は複雑にからみ合っています。

4. 生物どうしのつながり

①食べ物を通した生物のつながり(2)

教科書 75〜77ページ　答え 17ページ

1 食べ物のもとを調べました。

【おもな材料】
㋐米　㋑卵《たまご》
㋒牛肉　㋓レタス
㋔ジャガイモ
㋕トマト

(1) 給食の材料である㋐〜㋕を、植物と動物に分けましょう。
植物(㋐、㋓、㋔、㋕)　動物(㋑、㋒)

(2) 次の文で正しいものには○を、まちがっているものには×をかきましょう。

肉として食べられるウシは、植物を食べているよ。　①(○)

生物が食べているものをたどっていくと、小さな動物に行きつくよ。　②(×)

植物は、動物に食べられ、その動物も、ほかの動物に食べられるよ。　③(○)

2 食べ物を通した生物のつながりについて考えました。

(1) 次の文の(　)にあてはまる言葉を、□の中から選んで記号で答えましょう。
・植物は、(① ㋓)に当たることで(② ㋔)をつくり出すことができる。
・わたしたちが食べている動物はほかの(③ ㋒)を食べている。

㋐植物　㋑動物　㋒生物　㋓日光　㋔養分

(2) 生物どうしは、「食べる・食べられる」の関係でつながっています。このひとつながりを何といいますか。
(**食物連鎖**)

ヒント ❶❷ ヒトや動物は、自分で養分をつくることができず、食べ物を食べることで生きています。

33ページ　てびき

❶ (1)イネから得られる米も植物に分けられます。牛肉はウシから、卵《たまご》はニワトリから得られるので、動物に分けられます。
(2)動物は、自分で養分をつくり出すことができません。小さな動物を食べる動物もいますが、さらにたどっていくと、どれも自分で養分をつくり出す生物に行きつきます。

❷ (1)植物は、日光に当たることで養分をつくり出すことができます。動物は自分で養分をつくり出すことができないので、ほかの生物を食べて養分を取り入れています。

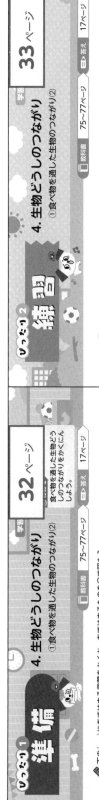

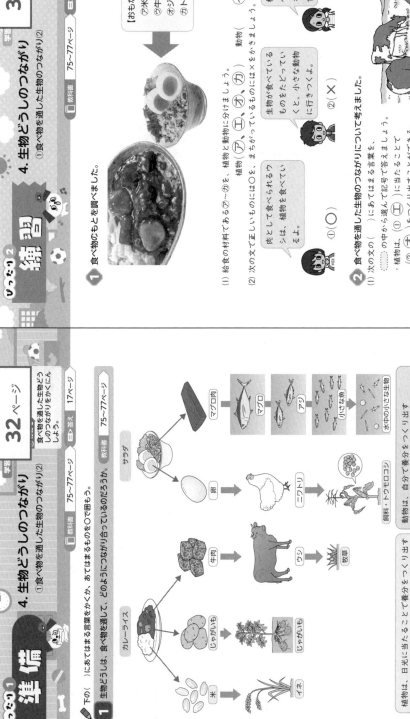

ぴったり1 準備

4. 生物どうしのつながり

②空気や水を通した生物のつながり

学習 34ページ

空気や水を通した生物どうしのつながりをかくにんしよう。

教科書 78~81ページ　答え 18ページ

下の(　)にあてはまる言葉をかこう。

1 生物どうしは、空気や水を通して、どのようにかかわり合っているのだろうか。 教科書 78~81ページ

▶空気を通した生物のつながり

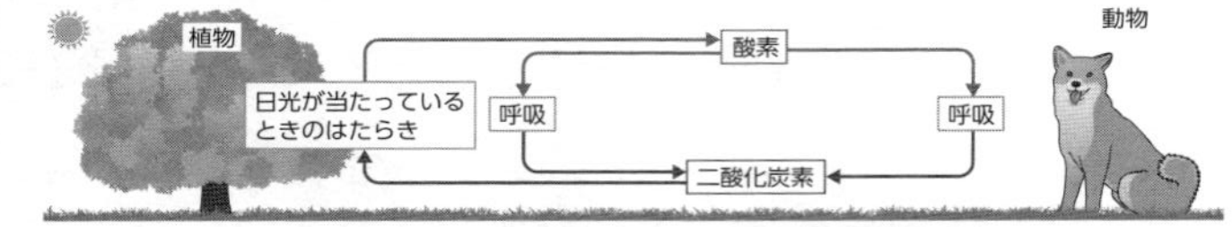

・植物は、日光に当たっているときには、空気中の(① 二酸化炭素)を取り入れ、(② 酸素)を出している。また、酸素を取り入れ、二酸化炭素を出す(③ 呼吸)も行っている。

・動物は、(④ 酸素)を取り入れ、(⑤ 二酸化炭素)を出す呼吸《こきゅう》を行っている。

▶水を通した生物のつながり

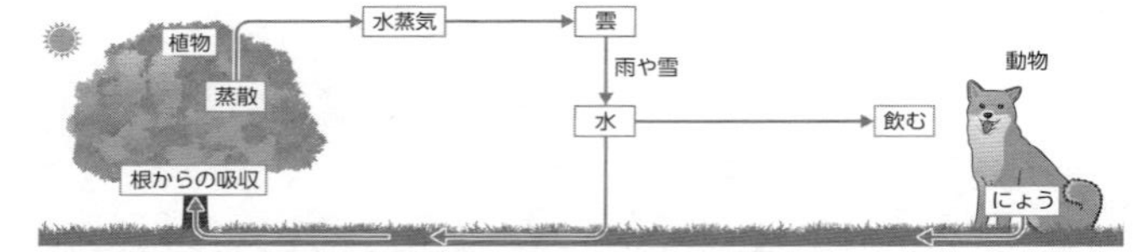

・植物の(⑥ 根)から水は吸収《きゅうしゅう》され、根・くき・葉にある水の通り道を通って、植物の体全体に行きわたる。(⑥)から吸収された水は、蒸散《じょうさん》によって(⑦ 気こう)という小さな穴《あな》から水蒸気《すいじょうき》として出ていく。

・動物が飲んだ水は、小腸《しょうちょう》や大腸《だいちょう》で吸収される。余分な水分は、(⑧ にょう)として体外に出る。

▶生物は、空気や水を通して、周りの(⑨ 環境)とかかわり合いながら生きている。

▶酸素や二酸化炭素、水は、植物や動物の体を出たり入ったりしている。

▶(⑩ 空気)も水も、生物が生きていくのに欠かすことができないものである。

ここがだいじ!
①酸素や二酸化炭素、水は、植物や動物の体を出たり入ったりしている。
②生物は、空気や水を通して、周りの環境《かんきょう》とかかわり合いながら生きている。

ぴたトリビア　酸素や二酸化炭素、水は生き物の体を出たり入ったりしながら、自然の中をめぐっています。

ぴったり2 練習

4. 生物どうしのつながり

②空気や水を通した生物のつながり

学習 35ページ

教科書 78~81ページ　答え 18ページ

1 図は、空気を通した生物のつながりを表しています。矢印は㋐、㋑の気体の出入りを表しています。

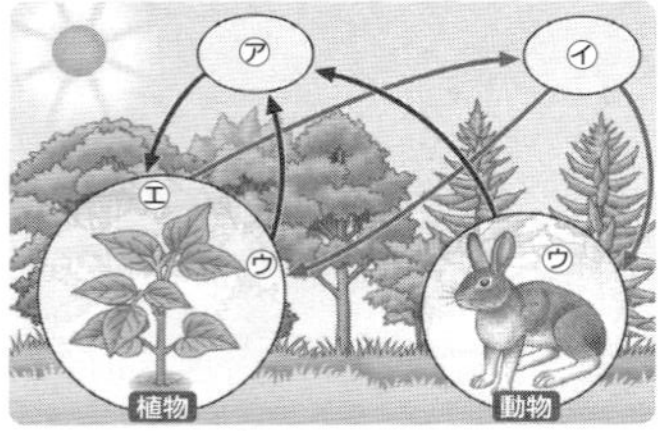

(1) ㋐、㋑で表されている気体は、それぞれ何ですか。
㋐(二酸化炭素)
㋑(酸素)

(2) ㋒は植物も動物も行っているはたらきを表しています。それは何ですか。
(呼吸)

(3) ㋒のはたらきでは、何の気体を取り入れ、何の気体を出しますか。
取り入れる気体(酸素)
出す気体(二酸化炭素)

(4) ㋓は、植物の葉に日光が当たっているときのはたらきを表しています。㋓のはたらきでは、何の気体を取り入れ、何の気体を出しますか。
取り入れる気体(二酸化炭素)
出す気体(酸素)

(5) ①~③で、正しいものには○を、まちがっているものには×をつけましょう。

植物は動物とちがって、呼吸《こきゅう》をしていないよ。　①(×)

酸素がなくならないのは、動物が呼吸しているからだよ。　②(×)

酸素や二酸化炭素は、植物や動物の体を出たり入ったりしているよ。　③(○)

2 植物や動物の体で、水がどのように出たり入ったりしているのかを調べました。

(1) 動物は口から水を飲んで取り入れます。植物はどの部分から水を取り入れますか。
(根)

(2) 動物は水を、にょうとして体外に出します。植物が取り入れた水は、おもに葉から水蒸気《すいじょうき》として出ていきます。
① 植物が取り入れた水が出ていく小さな穴《あな》を何といいますか。
(気こう)
② ①の穴から、水が水蒸気として出ていくことを何といいますか。
(蒸散)

ヒント　**1** (2)動物も植物も、たえず呼吸をしています。

35ページ　てびき

1 (1)~(4)動物も植物も、呼吸《こきゅう》(㋒)によって空気中の酸素を取り入れ、二酸化炭素を出しています。植物は、日光に当たっているときには、二酸化炭素を取り入れ、酸素を出しています(㋓)。よって、動物も植物も出している㋐が二酸化炭素で、植物しか出していない㋑が酸素になります。
(5)①植物も呼吸をしています。②呼吸では酸素を取り入れているので、酸素がなくならないこととは関係ありません。

2 (1)(2)植物は根から水を取り入れます。取り入れた水は、おもに葉から水蒸気《すいじょうき》になって出ていきます。これを蒸《じょう》散《さん》といいます。水蒸気は気こうという小さな穴《あな》から出ていきます。

ぴったり3
確かめのテスト
4. 生物どうしのつながり

36ページ

100　合格 70 点

教科書 68〜85ページ　答え 19ページ

1 池の水中の小さな生物を観察しました。

技能 1つ5点(15点)

(1) 水中の小さな生物を観察するのに、写真の器具を使いました。この器具の名前を答えましょう。

(けんび鏡)

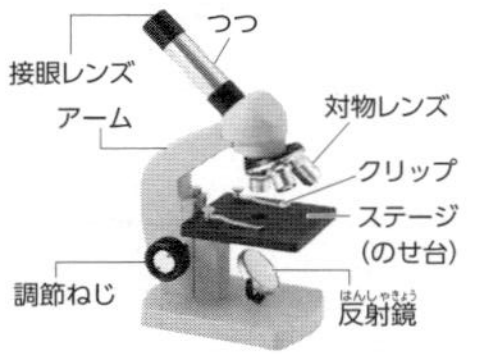

つつ
接眼レンズ
アーム
対物レンズ
クリップ
ステージ(のせ台)
調節ねじ
反射鏡《はんしゃきょう》

(2) 池の水をスライドガラスに1てきのせて、プレパラートをつくりました。写真の器具のどこに置いて観察しますか。

(ステージ(のせ台))

(3) プレパラートを置いた後、どのようにしてピントを合わせますか。正しいほうに○をつけましょう。

①(○)対物レンズをプレパラートに近づけ、接眼レンズをのぞきながら、対物レンズとプレパラートをはなしていく。

②( )対物レンズをプレパラートからはなし、接眼レンズをのぞきながら、対物レンズとプレパラートを近づけていく。

2 食べ物のもとをたどり、食べ物を通した生物のつながりについて調べました。

(1)、(2)はそれぞれ全部できて10点(20点)

(1) カレーライスには、次の食材が使われていました。

①牛肉　②ニンジン　③タマネギ
④ジャガイモ　⑤米

①〜⑤のうち、どれが植物で、どれが動物ですか。記号で答えましょう。

植物(②、③、④、⑤)
動物(①)

(2) 植物や動物は、どのようにして養分を得ていますか。記号で答えましょう。

①自分で養分をつくり出して得ている。
②ほかの生物を食べて養分を得ている。
③養分がなくても、生きることができる。

植物(①)
動物(②)

37ページ

よく出る

3 池の水中の小さな生物を観察して、生物の食べる・食べられるの関係を調べました。

1つ10点(20点)

(1) 水中の生物は、小さな生物を出発点として、「食べる・食べられる」の関係でつながっていました。この「食べる・食べられる」の関係のつながりを何といいますか。

(食物連鎖)

(2) 生物の食べ物のもとをたどっていくと、どのような生物に行きつきますか。( )にあてはまる言葉をかきましょう。

自分で(養分)をつくり出す生物

4 空気や水を通した生物のつながりについて調べました。

(1)、(2)は1つ5点、(3)は全部できて10点(25点)

(1) 図は、空気を通した生物のつながりを表したものです。あ、いにあてはまる気体は何ですか。名前をかきましょう。

あ(二酸化炭素)
い(酸素)

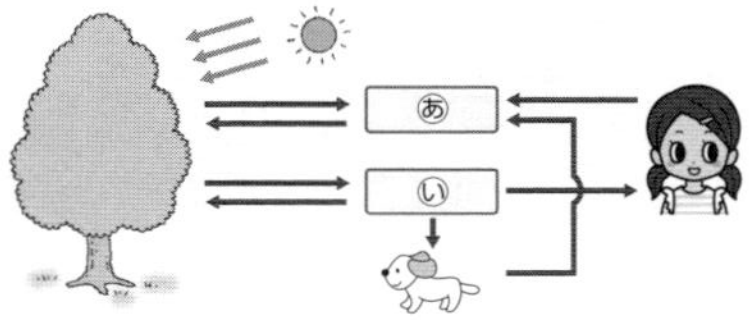

あ
い

(2) 動物も植物も行っている、いの気体を取り入れ、あの気体を出すはたらきを何といいますか。

(呼吸)

(3) 動物や植物は、どのようにして水を取り入れ、体外に出していますか。次の[　]から言葉を選んで、( )にかきましょう。

・動物は(口)から水を飲んで、(にょう)として体外に出す。
・植物は(根)から水を取り入れ、おもに(葉)から出している。

根　くき　葉　花　口　こう門　だ液　血液　にょう

できたらスゴイ!

5 植物と養分、空気、水の関係について、次の文の( )にあてはまる言葉をかきましょう。

思考・表現 1つ5点(20点)

植物は、葉に(① 日光)が当たっている昼間は、二酸化炭素を取り入れ、酸素を出している。このとき、(② 養分(でんぷん))がつくられる。植物は、生きていくための養分を自分でつくり出している。
また、植物の葉からは、(③ 根)から吸収《きゅうしゅう》された水が水蒸気《すいじょうき》として出ていく。これを(④ 蒸散)という。

この本の終わりにある「夏のチャレンジテスト」をやってみよう!

ふりかえり　3がわからないときは、32ページの1にもどって確認《かくにん》しましょう。
5がわからないときは、34ページの1にもどって確認しましょう。

36〜37ページ　てびき

1 (2)プレパラートはステージ(のせ台)に置き、クリップで留めます。
(3)接眼レンズをのぞきながら、対物レンズとプレパラートを近づけてはいけません。プレパラートを割《わ》るおそれがあります。

2 (2)植物は日光を利用して、自分で養分をつくることができます。動物は自分で養分をつくることができず、ほかの生物を食べて養分を取り入れています。

3 (1)食物連鎖《しょくもつれんさ》は、陸上や水中、土中など、いろいろなところで見られます。
(2)自分で養分をつくれない動物は、ほかの生物を食べて養分を得ています。

4 (1)(2)動物も植物も、呼吸《こきゅう》では酸素を取り入れ、二酸化炭素を出しています。植物は、動物と同じように、昼も夜も呼吸をしていますが、日光が当たる昼間は、酸素を出して二酸化炭素を取り入れているように見えます。
(3)動物はにょうのほか、あせや息にふくまれる水蒸気《すいじょうき》でも、水を出しています。植物は根から水を取り入れ、蒸散《じょうさん》で水を水蒸気として出しています。

5 植物は、動物と同じように、昼も夜も呼吸をしていますが、日光が当たる昼間は、二酸化炭素を取り入れて、酸素を出します。また、植物は、動物とちがい、養分を自分でつくり出しています。

ぴったり1
準備
5. 水よう液の性質
①水よう液の区別(1)

3分でまとめ

38ページ

水よう液の区別のしかたをかくにんしよう。

教科書 96〜100ページ　答え 20ページ

下の(　)にあてはまる言葉をかくか、あてはまるものを○で囲もう。

1 水よう液は、どうすれば区別することができるのだろうか。　教科書 96〜98ページ

▶こまごめピペットを使うと、(① 固体 ・ (液体))を少量だけはかり取ることができる。

	食塩水	炭酸水	うすい塩酸	重そう水	うすいアンモニア水
見た目	水と変わらなかった。	あわが出ていた。	水と変わらなかった。	水と変わらなかった。	水と変わらなかった。
におい	なかった。	なかった。	つんとしたにおいがした。	なかった。	つんとしたにおいがした。
水を蒸発させたとき	白い固体が残った。	何も残らなかった。	何も残らなかった。	白い固体が残った。	何も残らなかった。

▶食塩水や重そう水は、水を蒸発《じょうはつ》させると、とけている(③(固体)・ 液体)を取り出すことができる。
▶水よう液は、見た目やにおい、水を蒸発させたときのようすで、区別できることがある。

・(② 保護眼鏡)をかけて、かん気をしながら実験する。
・においは、鼻を直接近づけず、手であおいで確かめる。

2 炭酸水には、何がとけているのだろうか。　教科書 99〜100ページ

▶炭酸水から出る気体を試験管に集めて、集めた気体の性質を調べる。
・石灰水《せっかいすい》を入れてふると、石灰水は(① 白くにごる)。
・火のついた線香を入れると、線香の火は(②(すぐに消える)・ よく燃える)。
▶炭酸水には、(③二酸化炭素)がとけている。

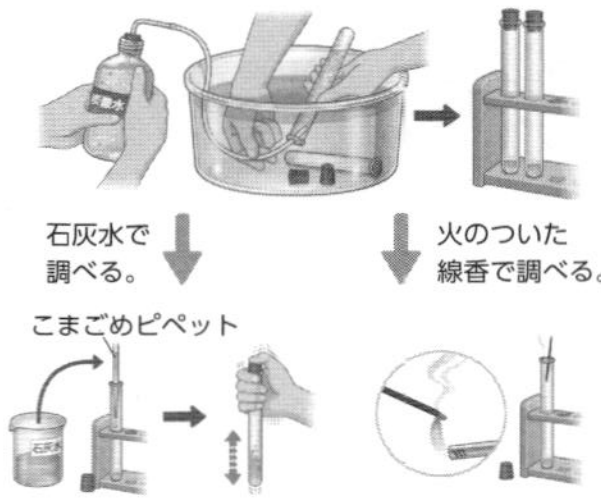

▶水よう液には、固体だけではなく、気体がとけているものも(④(ある)・ ない)。
▶塩酸には(⑤ 塩化水素)、アンモニア水には(⑥ アンモニア)という気体がとけている。

ここがだいじ!
①水よう液は、見た目やにおい、水を蒸発させたときのようすで、区別できることがある。
②水よう液には、固体だけでなく、気体がとけているものもある。

ぴたトリビア　固体で水にとけやすいものととけにくいものがあるように、気体にも水にとけやすいものととけにくいものがあります。

ぴったり2
練習
5. 水よう液の性質
①水よう液の区別(1)

39ページ

教科書 96〜100ページ　答え 20ページ

1 5種類の水よう液のちがいを調べました。

(1) ㋐〜㋔の水よう液のうち、見た目で区別できるものを1つ選び、記号で答えましょう。
(㋑)

(2) ㋐〜㋔の水よう液をそれぞれ蒸発《じょうはつ》皿《さら》に少量取り、加熱して水を蒸発させました。蒸発皿に白い固体が残ったものをすべて選び、記号で答えましょう。
(㋐、㋓)

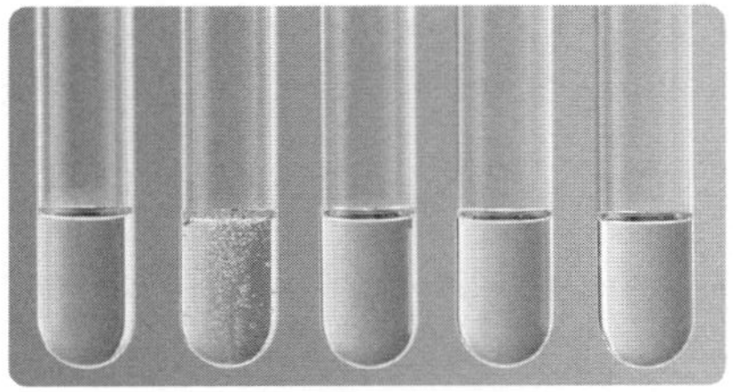

(3) ㋐〜㋔の水よう液を、①固体がとけている水よう液と、②気体がとけている水よう液に仲間分けし、それぞれ記号で答えましょう。
①固体がとけている水よう液(㋐、㋓)
②気体がとけている水よう液(㋑、㋒、㋔)

2 炭酸水にとけているものを調べました。

(1) 炭酸水から出る気体を試験管に集めて、その試験管に火のついたろうそくを入れました。ろうそくの火はどうなりますか。
((すぐに)消える。)

(2) 炭酸水から出る気体を試験管に集めて、その試験管に石灰水《せっかいすい》を入れてふりました。石灰水はどうなりますか。
(白くにごる。)

(3) この実験から、炭酸水にとけていた気体は何であるとわかりますか。
(二酸化炭素)

(4) 塩酸やアンモニア水も、気体がとけている水よう液です。それぞれ、とけている気体の名前をかきましょう。
塩酸(塩化水素)
アンモニア水(アンモニア)

ヒント
1 炭酸水だけ、あわが出ていることがわかります。
2 石灰水は、二酸化炭素にふれると白くにごる性質があります。

39ページ　てびき

1 (1)炭酸水だけは、あわが出ています。
(2)(3)蒸発《じょうはつ》させて固体が残るものは、固体がとけている水よう液です。蒸発させて何も残らないものは、気体がとけている水よう液です。

2 (1)〜(3)二酸化炭素中だけでなく、ちっ素中でも火が消えますが、集めた気体が石《せっ》灰水《かいすい》にふれると白くにごることから、炭酸水にとけていた気体は二酸化炭素とわかります。
(4)塩化水素もアンモニアも気体です。

おうちのかたへ
二酸化炭素の性質(ものを燃やすはたらきがないこと)や、石灰水の性質(二酸化炭素に触れると白く濁る)ことは、「1.ものが燃えるしくみ」で学習しています。

おうちのかたへ　5. 水よう液の性質
水溶液の性質やはたらきについて学習します。リトマス紙を使って水溶液の性質を分類できるかや、気体が溶けている水溶液があること、金属を変化させる水溶液があることを理解しているか、などがポイントです。

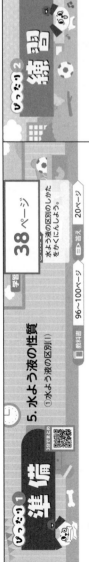

40ページ

ぴったり1 準備

5. 水よう液の性質

①水よう液の区別(2)

リトマス紙によって水よう液の仲間分けができることをかくにんしよう。

教科書 101〜103ページ　答え 21ページ

下の(　)にあてはまる言葉をかくか、あてはまるものを○で囲もう。

1 リトマス紙を使うと、水よう液をどのように仲間分けできるのだろうか。 教科書 101〜103ページ

▶(① リトマス紙)という試験紙を使うと、色の変化で水よう液を仲間分けすることができる。

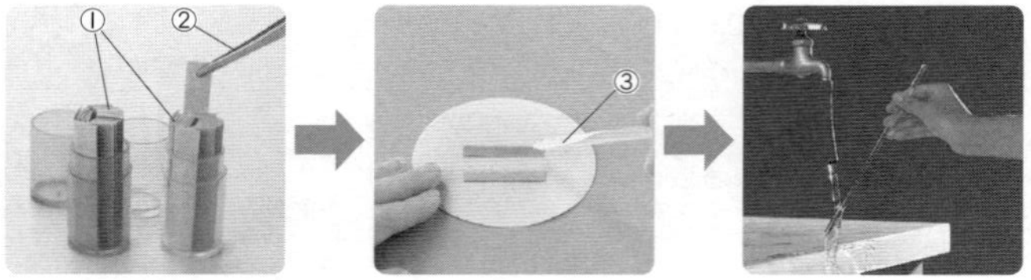

▶リトマス紙の使い方

・リトマス紙を(② ピンセット)で取り出す。

・直接手でさわらない。ふたはすぐに閉《し》める。

・(③ ガラス棒)を使って水よう液をリトマス紙につけて、色の変化を観察する。

・(③)は、１回ごとに(④ 水)で洗《あら》う。

▶いろいろな水よう液を青色と赤色のリトマス紙につけて、色の変化を調べる。

水よう液の名前	リトマス紙の色の変化	水よう液の性質
塩酸 炭酸水	赤→赤　青→赤　青色のリトマス紙だけが(⑤ 青・(赤))色に変化する。	(⑥ 酸 性)
食塩水	赤→赤　青→青　どちらの色のリトマス紙も変化しない。	(⑦ 中 性)
重そう水 アンモニア水	赤→青　青→青　赤色のリトマス紙だけが(⑧(青)・赤)色に変化する。	(⑨アルカリ 性)

▶水よう液は、リトマス紙の(⑩ 色)の変化によって、３つの仲間に分けることができる。

ここがだいじ！ ①水よう液は、リトマス紙の色の変化によって、酸性・中性・アルカリ性の３つの仲間に分けることができる。

ぴたトリビア リトマス紙には、リトマスゴケというコケから取れる色素が使われています。

41ページ

ぴったり2 練習

5. 水よう液の性質

①水よう液の区別(2)

教科書 101〜103ページ　答え 21ページ

1 写真の試験紙を使って、水よう液の性質を調べました。

(1) この試験紙を何といいますか。　(リトマス紙)

(2) この試験紙の説明として、正しいもの２つに○をつけましょう。

ア(○)赤色、青色の２種類ある。

イ(　)赤色、青色、黄色の３種類ある。

ウ(　)色の変化で、水よう液を２つの仲間に分けることができる。

エ(○)色の変化で、水よう液を３つの仲間に分けることができる。

(3) 下の文は、この試験紙の使い方を説明したものです。(　)にあてはまる言葉を、[　]から選んでかきましょう。

・この試験紙は、(①ピンセット)で取り出し、直接手でさわらない。この試験紙に水よう液をつけるときは、(② ガラス棒)を使い、次にこれを使うときは、１回ごとに(③ 水)で洗《あら》う。

手　ピンセット　ガラス棒《ぼう》　温度計　水

2 水よう液をリトマス紙につけたときの色の変化を見て、水よう液を仲間分けしました。

水よう液の名前	赤色のリトマス紙	青色のリトマス紙
炭酸水	赤色	赤色
食塩水	㋐(赤)色	㋑(青)色
うすい塩酸	㋒(赤)色	㋓(赤)色
重そう水	㋔(青)色	㋕(青)色
うすいアンモニア水	㋖(青)色	㋗(青)色

(1) 実験の結果、リトマス紙の色は何色になりましたか。表の(　)にあてはまる色をかきましょう。

(2) (1)の結果から、食塩水、うすい塩酸、重そう水、うすいアンモニア水は、それぞれ酸性・中性・アルカリ性のどれであるといえますか。

食塩水(中性)
うすい塩酸(酸性)
重そう水(アルカリ性)
うすいアンモニア水(アルカリ性)

(3) 炭酸水は、うすい塩酸と同じ仲間ですか。ちがう仲間ですか。　(同じ仲間)

41ページ　てびき

1 (1)(2)リトマス紙は赤色と青色の２種類があり、色の変化で水よう液を３つの仲間に分けることができます。
(3)リトマス紙には直接さわらず、取り出したら、ふたはすぐに閉《し》めます。ちがう水よう液が混ざらないように、ガラス棒《ぼう》は１回ごとに水で洗《あら》って使います。

2 (1)(2)食塩水は、赤色のリトマス紙と青色のリトマス紙のどちらの色も変化させないので、中性です。うすい塩酸は、青色のリトマス紙を赤色に変化させるので、酸性です。重そう水とうすいアンモニア水は、赤色のリトマス紙を青色に変化させるので、アルカリ性です。
(3)炭酸水とうすい塩酸をそれぞれリトマス紙につけたとき、色の変化が同じなので、どちらも酸性の水よう液です。

おうちのかたへ
リトマス紙の色の変化で、酸性・中性・アルカリ性の区別をします。酸(性)やアルカリ(性)の詳しい内容やpH、中和などは中学校理科で学習します。

5. 水よう液の性質
②水よう液と金属

金属を変化させる水よう液があることとそのときの変化をかくにんしよう。

教科書 104～110ページ　答え 22ページ

下の(　)にあてはまる言葉をかくか、あてはまるものを○で囲もう。

1 金属にうすい塩酸を加えると、金属はどうなるのだろうか。 教科書 104～106ページ

▶鉄やアルミニウムにうすい塩酸を加えると、鉄やアルミニウムは(① (あわ) ・ けむり)を出して小さくなり、見えなくなった。
▶鉄やアルミニウムに水を加えると、(② あわが出た ・ (変化しなかった))。
▶塩酸には、鉄やアルミニウムなどの金属を(③ **とかす**)はたらきがある。

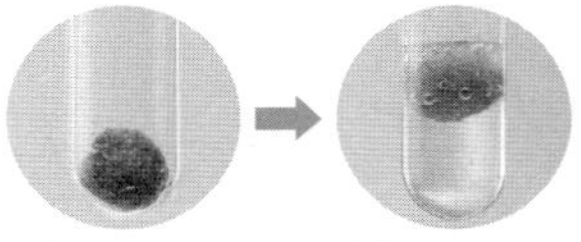
鉄(スチールウール)にうすい塩酸を加えたとき

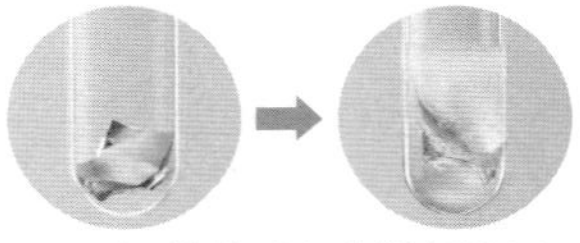
アルミニウム(はく)にうすい塩酸を加えたとき

2 塩酸にとけて見えなくなった金属は、どうなったのだろうか。 教科書 106～108ページ

▶うすい塩酸に鉄やアルミニウムがとけた液体から、それぞれ上《うわ》ずみ液を蒸発皿《じょうはつざら》に取って加熱し、水を蒸発《じょうはつ》させる。
・塩酸に金属がとけた液体から水を蒸発させると固体が出てくるが、もとの金属と見た目が(① 同じ ・ (ちがう))。

鉄がとけた液体を加熱した結果

うすい黄色の固体が残った。

アルミニウムがとけた液体を加熱した結果
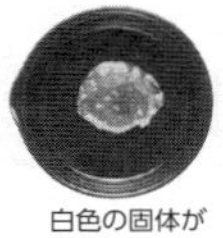
白色の固体が残った。

3 金属がとけた液体から出てきた固体は、もとの金属と同じものだろうか。 教科書 109～110ページ

▶もとの金属(鉄、アルミニウム)と、塩酸に金属がとけた液体から出てきた固体が同じものかどうか、見た目やうすい塩酸を加えたときの変化を比べる。
▶水よう液には、金属を別のものに変化させるはたらきが(① (ある) ・ ない)。

	鉄	アルミニウム
もとの金属	見た目 黒っぽい銀色。 うすい塩酸 あわを出してとけた。 水 変化は起こらなかった。	見た目 白っぽい銀色で、つやがあった。 うすい塩酸 あわを出してとけた。 水 変化は起こらなかった。
出てきた固体	見た目 うすい黄色の粉。 うすい塩酸 あわを出さずにとけた。 水 あわを出さずにとけた。	見た目 白い粉で、つやはない。 うすい塩酸 あわを出さずにとけた。 水 あわを出さずにとけた。

ここがだいじ!
①塩酸には、鉄やアルミニウムなどの金属をとかすはたらきがある。
②塩酸に金属がとけた液体を蒸発させると、固体が出てくる。出てきた固体は、もとの金属と性質がちがう。

ぴたトリビア　水よう液は、ふれたものを変化させることがあるので、保管する容器に何を使うかには注意が必要です。

5. 水よう液の性質
②水よう液と金属

教科書 104～110ページ　答え 22ページ

1 金属にうすい塩酸を加えたときの変化を調べました。

(1) 試験管に鉄(スチールウール)を少量入れ、うすい塩酸を加えたときにどうなるか調べました。正しいほうに○をつけましょう。
①(○)鉄は、あわを出して小さくなった。
②(　)鉄は、変化しなかった。

(2) 小さく切ったアルミニウム(アルミニウムはく)を試験管あ、いに入れ、あには水を、いにはうすい塩酸を加えて観察しました。アルミニウムに変化が起こるのは、あ、いのどちらですか。
(い)

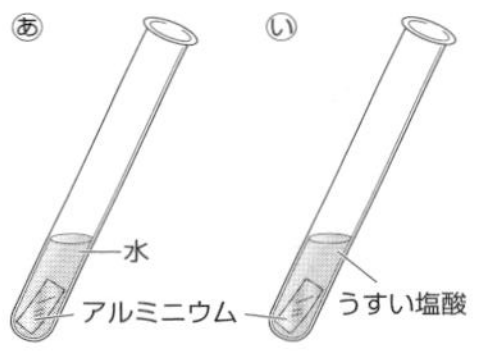

(3) (2)で答えたほうには、どんな変化が起こりますか。正しいほうに○をつけましょう。
①(○)アルミニウムは、あわを出して小さくなる。
②(　)アルミニウムは、あわを出さずに小さくなる。

2 うすい塩酸に鉄がとけた液体から水を蒸発《じょうはつ》させました。あ、いは、一方がとかす前の鉄(スチールウール)、もう一方がとけた液体から水を蒸発させて出てきたものです。

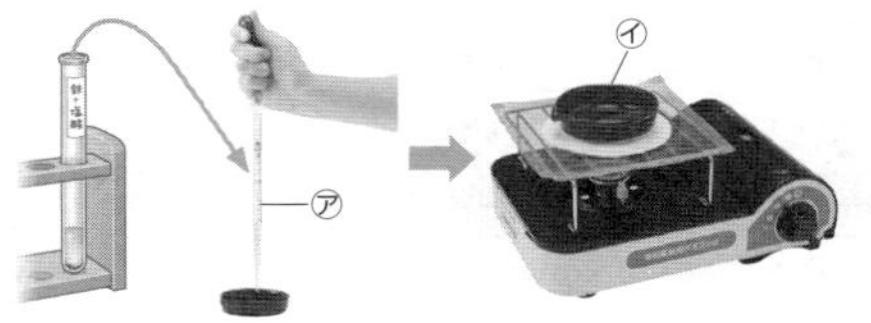

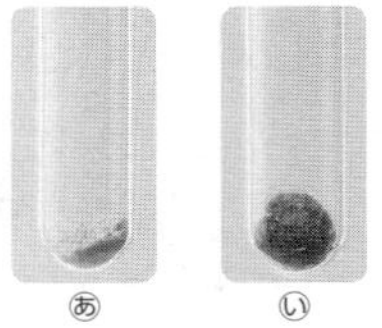

(1) 器具ア、イの名前をかきましょう。
ア(**こまごめピペット**)　イ(**蒸発皿**)

(2) うすい塩酸に鉄がとけた液体から水を蒸発させて出てきたものは、あ、いのどちらですか。
(あ)

(3) あ、いにうすい塩酸を加えたとき、あわを出さずにとけるのはどちらですか。
(あ)

(4) あ、いに水を加えたとき、とけるのはどちらですか。
(あ)

(5) あ、いは同じものであるといえますか、いえませんか。
(**いえない。**)

43ページ　てびき

1 (1)鉄にうすい塩酸を加えると、あわが出てとけていきます。
(2)(3)アルミニウムにうすい塩酸を加えると、あわが出てとけていきます。一方、アルミニウムは水にとけず、変化しません。

2 (2)うすい塩酸に鉄がとけた液体から水を蒸発《じょうはつ》させると、黄色い固体が出てきます。
(3)もとの鉄(い)は、うすい塩酸にあわを出してとけますが、とけた液体から出てきたもの(あ)はあわを出さずにとけ、あたたかくもなりません。
(4)もとの鉄(い)は水にとけませんが、とけた液体から出てきたもの(あ)は水にとけます。
(5)塩酸に鉄がとけた液体から出てきた固体は、もとの鉄と性質がちがうので、別のものになったと考えられます。

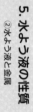

ぴったり3
確かめのテスト
5. 水よう液の性質

44ページ
/100 合格70点

教科書 94～113ページ　答え 23ページ

1 炭酸水について調べました。　1つ5点(25点)

(1) 炭酸水を蒸発皿《じょうはつざら》に取って加熱したとき、水を蒸発《じょうはつ》させた後のようすは、①、②のどちらですか。正しいほうに○をつけましょう。

①(　　)　白い固体が残る。

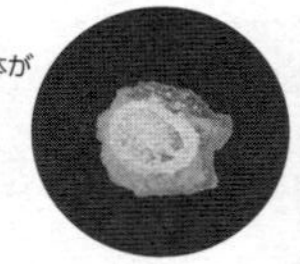

②(○)　何も残らない。

(2) 炭酸水には固体・液体・気体のどれがとけていますか。　(　気体　)

(3) 炭酸水から出てきた気体を集めた試験管に、石灰水《せっかいすい》を入れてふりました。石灰水はどうなりますか。　(白くにごる。)

(4) 炭酸水から出てきた気体を集めた試験管に、火のついた線香を入れました。線香の火はどうなりますか。　((すぐに)消える。)

(5) 炭酸水から出てきた気体は何ですか。　(二酸化炭素)

よく出る

2 リトマス紙を使って、水よう液を仲間分けしました。　技能　1つ5点(25点)

(1) リトマス紙の使い方について、正しいほうに○をつけましょう。

①リトマス紙を取り出すとき

ア(　　)手で取り出す。

イ(○)ピンセットで取り出す。

②水よう液をつけるとき

ア(○)ガラス棒《ぼう》で水よう液をリトマス紙につける。

イ(　　)手でリトマス紙を水よう液の中に入れる。

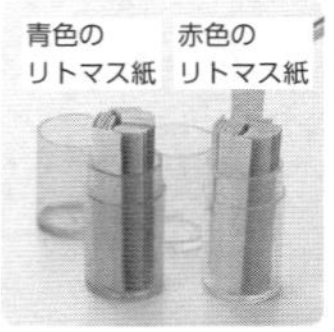

青色のリトマス紙
赤色のリトマス紙

(2) リトマス紙が次のように変化したとき、調べた水よう液の性質はそれぞれ何性ですか。

青色のリトマス紙だけが赤色に変化する。	どちらの色のリトマス紙も変化しない。	赤色のリトマス紙だけが青色に変化する。
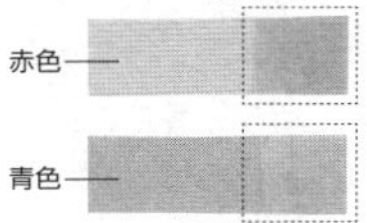変化しない 赤色 青色 赤色に変化	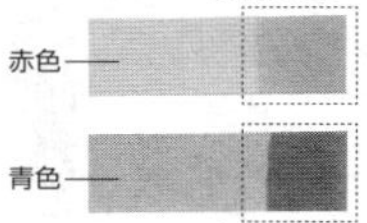変化しない 赤色 青色 変化しない	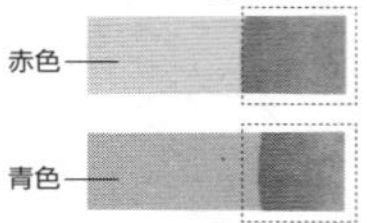青色に変化 赤色 青色 変化しない
①(　酸性　)	②(　中性　)	③(アルカリ性)

45ページ

3 試験管に入れた鉄(スチールウール)にうすい塩酸を加えて、変化を調べました。　1つ5点(20点)

(1) 鉄にうすい塩酸を加えると、どんな変化をしますか。　(あわを出してとける。)

(2) 変化が終わった後の液体から水を蒸発させると、どんなものが出てきますか。正しいほうに○をつけましょう。

①(　　)鉄が出てくる。

②(○)鉄とは別のものが出てくる。

(3) (2)で出てきたものに、うすい塩酸を加えました。どうなりますか。　(あわを出さずにとける。)

(4) (2)で出てきたものに、水を加えました。水にとけますか、とけませんか。　(とける。)

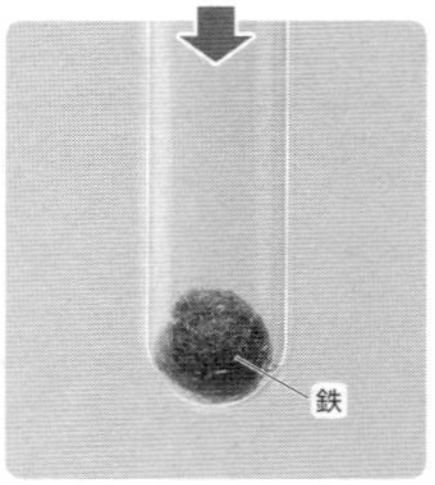

うすい塩酸を加える
鉄

できたらスゴイ!

4 ①～⑤の試験管の中に、□中の5種類の水よう液が入っています。　思考・表現

(1)、(2)はそれぞれ全部できて10点、(3)、(4)は1つ5点(30点)

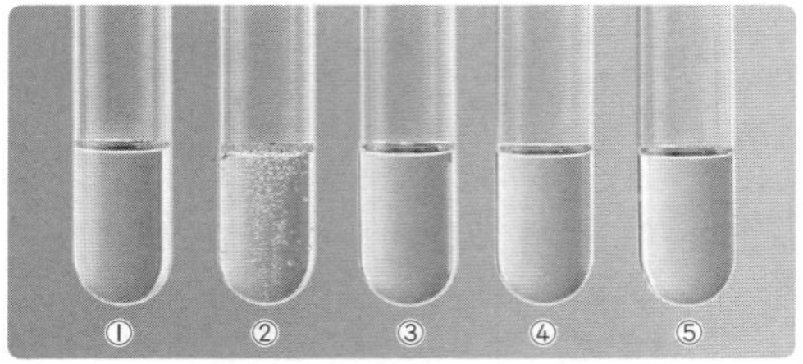

①
②
③
④
⑤

㋐うすい塩酸
㋑うすいアンモニア水
㋒炭酸水
㋓重そう水
㋔食塩水

・③、⑤はつんとしたにおいがした。
・リトマス紙を使って調べると、(①)、(②、③)、(④、⑤)の3種類に仲間分けできた。

(1) ①～⑤の試験管に入っている水よう液はそれぞれ何ですか。㋐～㋔の記号で答えましょう。

①(㋔)　②(㋒)　③(㋐)　④(㋓)　⑤(㋑)

(2) 3種類に仲間分けされた(①)、(②、③)(④、⑤)の水よう液は、それぞれ何性ですか。

(①)(　中性　)
(②、③)(　酸性　)
(④、⑤)(アルカリ性)

(3) 蒸発させると何も残らないのは、①～⑤のどの水よう液ですか。3つ答えましょう。　(②、③、⑤)

(4) アルミニウムに③を加えると、アルミニウムはどうなりますか。　(あわを出してとける。)

ふりかえり　2がわからないときは、40ページの1にもどって確認《かくにん》しましょう。
4がわからないときは、38ページの1と40ページの1にもどって確認しましょう。

44～45ページ　てびき

1 (1)(2)炭酸水は気体(二酸化炭素)がとけている水よう液で、水を蒸発《じょうはつ》させた後には何も残りません。

2 (2)酸性・中性・アルカリ性の水よう液をリトマス紙につけたときの色の変化は覚えておきましょう。

3 (2)～(4)塩酸に鉄がとけた液体から水を蒸発させて残ったものは鉄とはちがいます。うすい塩酸にはあわを出さずにとけ、水にとけます。

4 (1)(2)あわが出ていることから、②は炭酸水(㋒)とわかります。③と⑤はつんとしたにおいがしたことから、うすい塩酸(㋐)かうすいアンモニア水(㋑)になります。リトマス紙で②と③は同じ仲間ということから、③は酸性のうすい塩酸(㋐)、⑤はうすいアンモニア水(㋑)となります。リトマス紙で④と⑤は同じ仲間ということから、④はアルカリ性の重そう水(㋓)になります。①は食塩水(㋔)で中性です。
(3)気体がとけている水よう液を蒸発させても何も残りません。
(4)③はうすい塩酸なので、アルミニウムに加えると、あわを出してとけます。

6. 月と太陽

①月の形の変化と太陽(1)

3分でまとめ

学習 月の形の変化と太陽の位置関係をかくにんしよう。

教科書 116~119ページ　答え 24ページ

下の(　)にあてはまる言葉をかくか、あてはまるものを○で囲もう。

1 月の形が変わって見えるのは、月と太陽の位置と関係があるのだろうか。 教科書 116~119ページ

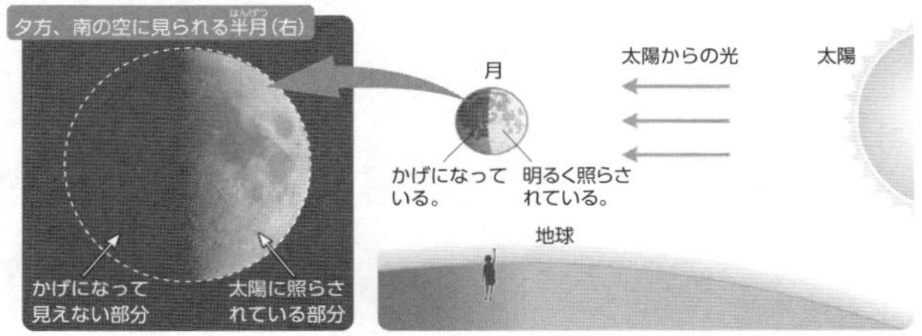

夕方、南の空に見られる半月《はんげつ》(右)
かげになって見えない部分
太陽に照らされている部分
月
かげになっている。
明るく照らされている。
太陽からの光
太陽
地球

▶月は、球の形をしていて、(① (太陽) ・ 地球)の光が当たっている部分だけが明るく光って見えている。

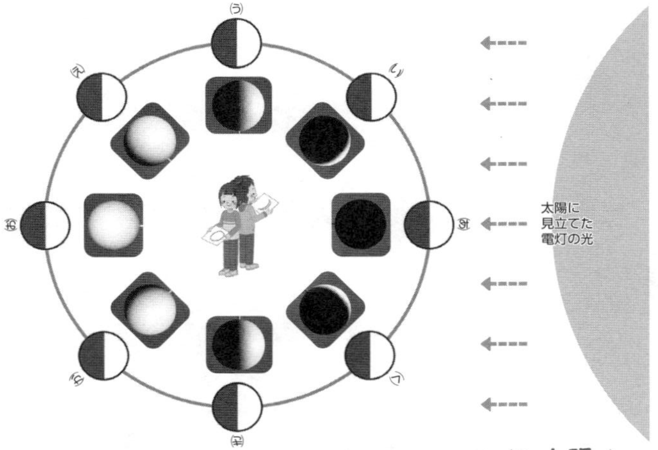

あ
い
う
え
お
か
き
く
太陽に見立てた電灯の光

▶月は、太陽の光を受けてかがやいているため、月のかがやいている側に(② **太陽**)がある。

ここがだいじ! ①月は、太陽の光が当たっている部分だけが明るく光って見える。

ぴたトリビア 月の表面には、「クレーター」とよばれる円形のくぼみが多く見られます。大きいものでは、直径500 km以上もあり、石や岩などが月にぶつかってできたと考えられています。

6. 月と太陽

①月の形の変化と太陽(1)

教科書 116~119ページ　答え 24ページ

1 写真のようにして、月の見え方を調べました。(　)にあてはまる言葉を[　]から選んでかきましょう。

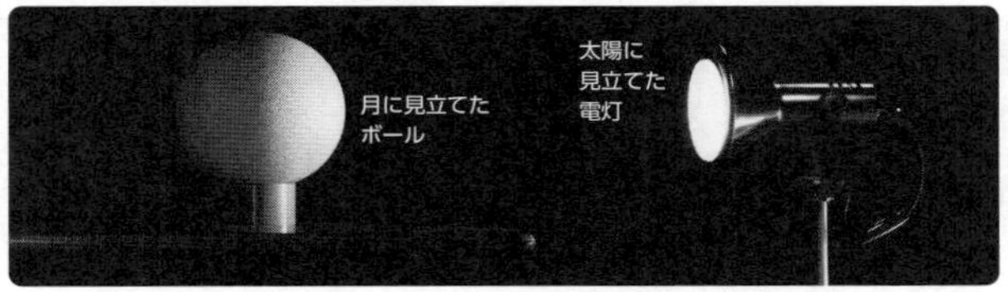

月に見立てたボール
太陽に見立てた電灯

(1) ボールは、電灯の光に照らされている部分だけが(① **明るく**)光って見え、(② **かげ**)になっている部分は見えない。

(2) 月も、ボールと同じように(③ **球**)の形をしているが、(④ **太陽**)の光があたった部分だけが(①)光って見える。

明るく　暗く　かげ　太陽　地球　月　球　円

2 月の見え方の変化について考えました。①~⑧の位置にある月は、地球から見てどんな形に見えるでしょうか。㋐~㋗から選んで記号で答えましょう。

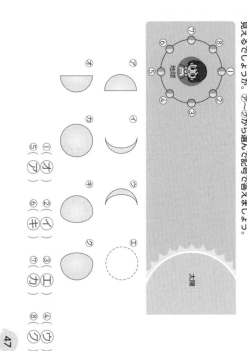

①
②
③
④
⑤
⑥
⑦
⑧
地球
太陽

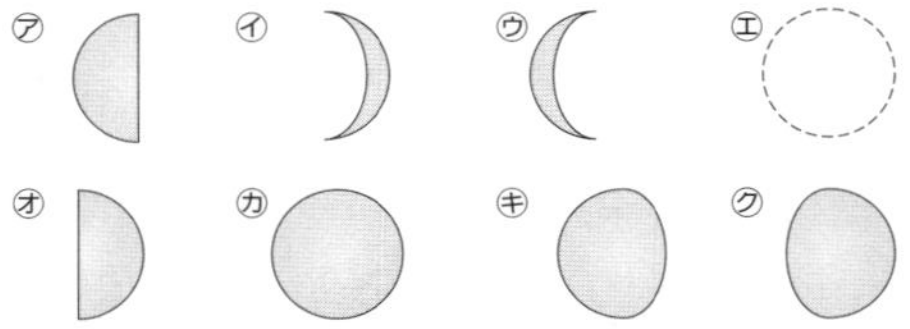

㋐
㋑
㋒
㋓
㋔
㋕
㋖
㋗

①(㋔)　②(㋑)　③(㋓)　④(㋒)
⑤(㋐)　⑥(㋖)　⑦(㋕)　⑧(㋗)

おうちのかたへ　**6. 月と太陽**

月の形の見え方について学習します。月と太陽の位置関係によって月の形の見え方がどうなるかを理解しているかがポイントです。

47ページ　てびき

1 (2)月はみずから光を出していないので、太陽の光が当たっている部分だけが明るく光って見えています。

2 月は、太陽の光が当たっている部分だけが明るく光って見えています。図では、どれも月の右側が光っているように見えますが、図の中心(地球)から見ると、光っている部分が見えるはんいが変わるので、月の形が変わって見えます。

おうちのかたへ

地球の自転や、月が地球の周りを公転していることは、中学校で学習します。

ぴったり1 準備

6. 月と太陽

①月の形の変化と太陽(2)

48ページ

月の見え方の変化と、月の形による名前をかくにんしよう。

教科書 118〜120ページ　答え 25ページ

下の(　)にあてはまる言葉をかくか、あてはまるものを○で囲もう。

1 月の見え方は、どのように変化するのだろうか。

教科書 118〜120ページ

▶月の見え方は、毎日少しずつ変わっていく。新月から約15日で(① **満月**)となり、約29.5日で(② **新月**)にもどる。

月の見え方の変化

0 1 2 3 4 5 6 7 8 9 10 11 12 13 14

㋐　㋑　半月(上弦の月)

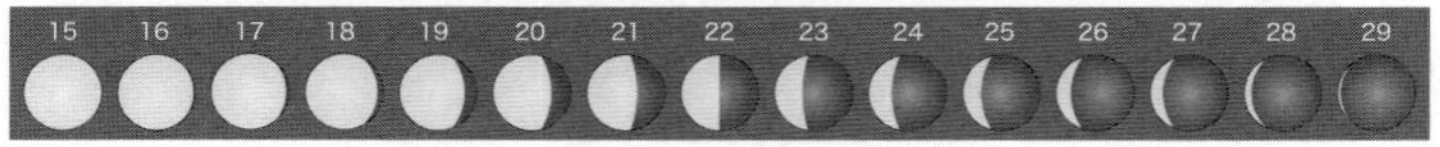

15 16 17 18 19 20 21 22 23 24 25 26 27 28 29

㋒　半月(下弦の月)

▶㋐の月を(③ **新月**)、㋑の月を(④ **三日月**)、㋒の月を(⑤ **満月**)とよぶ。

▶月の形と、月と太陽の位置関係

月の名前	月と太陽の位置関係
新月	月と太陽は、地球から見て(⑥ (同じ側)・ 反対側)にある。
半月(上弦《じょうげん》の月)	地球から見て太陽は、月の(⑦ (右側)・ 左側)にある。
満月	月と太陽は、地球をはさんで(⑧ 同じ側 ・(反対側))にある。
半月(下弦《かげん》の月)	地球から見て太陽は、月の(⑨ 右側 ・(左側))にある。

▶日によって、月と(⑩ **太陽**)の位置関係が変わることで太陽の光を受けてかがやいて見える月の形が変わる。

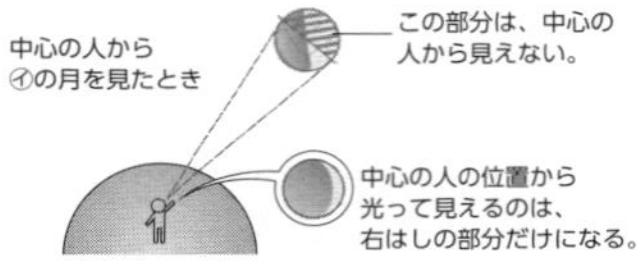

中心の人から
㋑の月を見たとき
この部分は、中心の人から見えない。
中心の人の位置から光って見えるのは、右はしの部分だけになる。

ここがだいじ！　①日によって、月と太陽の位置関係が変わることで、太陽の光を受けてかがやいて見える月の形が変わる。

ぴたトリビア　地球は太陽の周りをまわっていて、「わく星」といいます。そのわく星の周りを回っている月のような天体を「衛星」といいます。

ぴったり2 練習

6. 月と太陽

①月の形の変化と太陽(2)

49ページ

教科書 118〜120ページ　答え 25ページ

1 月の見え方の変化について調べました。

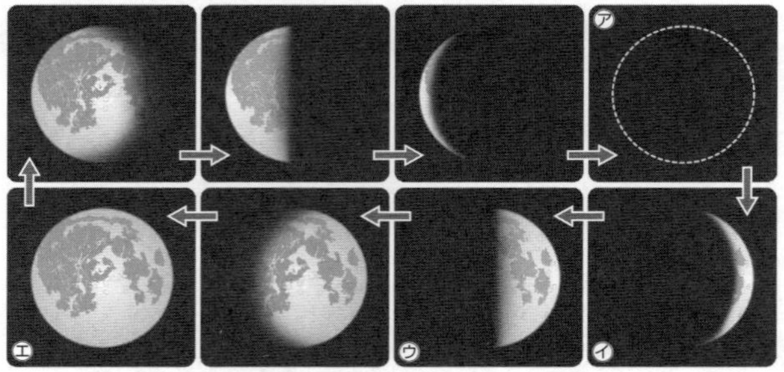

㋐
㋑
㋒
㋓

(1) ㋐〜㋓の月の形を、それぞれ何とよびますか。

㋐(**新月**)　㋑(**三日月**)
㋒(**半月(上弦の月)**)　㋓(**満月**)

(2) ①〜④の説明で、正しいものには○を、まちがっているものには×をつけましょう。

①(×)月は、みずから光を出して明るくかがやいている。
②(×)月には、もともといろいろな形をしたものがある。
③(×)新月から満月になるまで、約1か月かかる。
④(○)月のかがやいている側には太陽がある。

2 ある日の夕方に、南西の空に見えた月を観察しました。

(1) 月の観察記録として、正しいものは、㋐、㋑のどちらですか。

(㋐)

(2) 観察したとき、太陽は東側、南側、西側のうちのどちらにありますか。

(**西側**)

㋐
夕方
南
西

㋑
夕方
南
西

ヒント　❷ 太陽の位置は、東から南の空の高いところを通り、西へと変わります。夕方には、太陽はどちらにあるでしょうか。

49ページ　てびき

❶ (1)月の見え方は毎日少しずつ変わっていきます。
(2)①月はみずから光を出していません。②月は1つで、球の形をしていますが、月と太陽の位置関係が変わるため、日によって月の形が変わって見えます。③新月から約15日で満月になります。④月は太陽の光を受けてかがやいているため、月のかがやいている側に太陽があります。

❷ 夕方に観察したということは、太陽は西のほうにあります。月は太陽の光を受けてかがやいているので、西側に月の明るく見える部分がある㋐が正しい観察記録になります。

おうちのかたへ
時間がたつと、太陽の位置が東から南の空の高いところを通り、西へと変わることは、3年で学習しています。

ぴったり3 確かめのテスト。

6. 月と太陽

/100 合格 70 点

教科書 114〜123ページ　答え 26ページ

よく出る

1 月と太陽の位置と、月の見え方と形の変化について調べました。

(1)は全部できて10点、(2)は1つ10点(40点)

(1) 電灯とボールを使って、月の見え方と形の変化について調べるとき、どのようにすればよいですか。次の文の(　)にあてはまる言葉をかきましょう。 技能

月は、(球)の形をしていて、(太陽)の光が当たっている部分だけが明るく光って見える。
　そこで、暗くした部屋で(月)に見立てたボールに、太陽に見立てた電灯の光を当てて、球の位置を変えたとき、明るく照らされた部分の形がどのように変わるかを調べる。

(2) 作図 月の形と太陽の位置関係を調べると、図のようになりました。**イ**、**ウ**、**カ**のときに見える月の形をかきましょう。

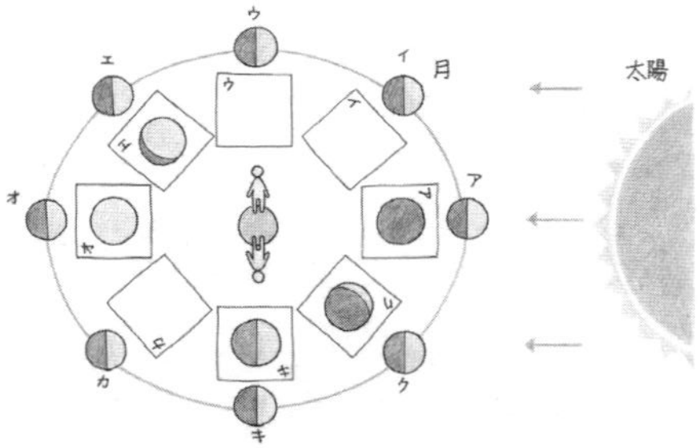

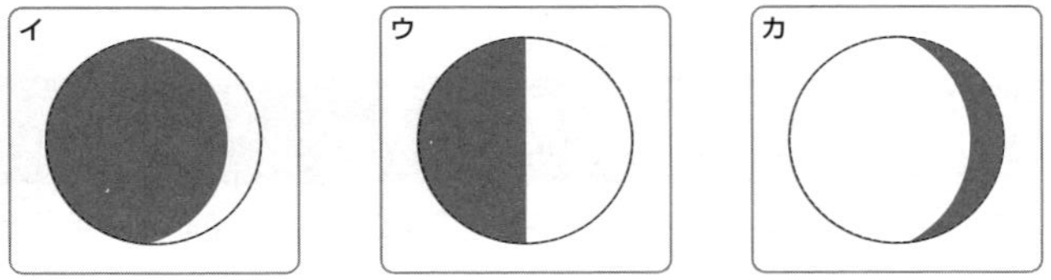

2 月の形や見え方について調べました。

(1)、(3)は1つ5点、(2)は10点(30点)

(1) ①は半月(上弦《じょうげん》の月)です。②〜④の月の名前をかきましょう。

①半月(上弦の月)　②(三日月)　③(満月)　④(新月)

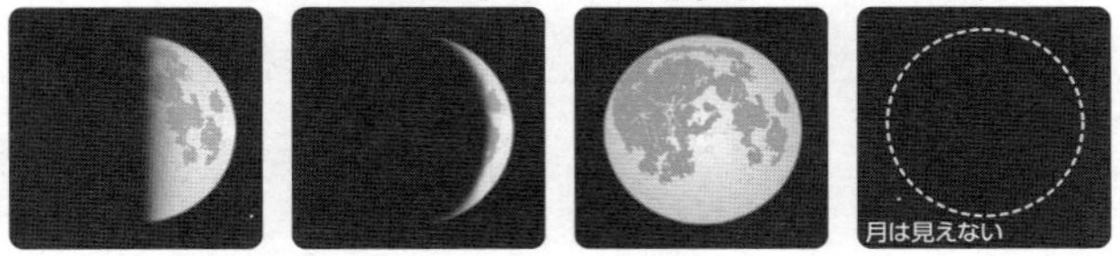

(2) 10月9日と10月12日の午後5時に、それぞれ見える月の形と月の位置を観察して記録しました。太陽は東、西、南、北のどちらのほうにありましたか。

(西(のほう))

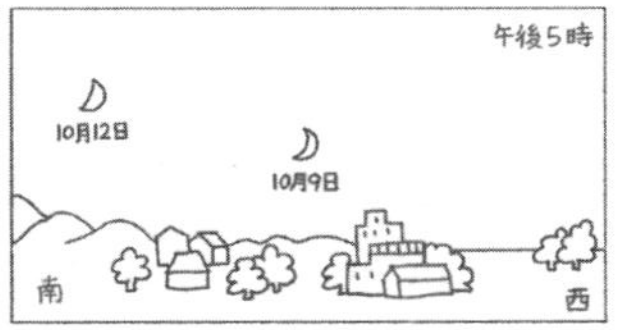

(3) 月と太陽の位置関係はどのようになっていますか。正しいものに○をつけましょう。

①(　)太陽は、月の暗い側にある。
②(○)太陽は、月がかがやいている側にある。
③(　)月の形と太陽の位置関係に、きまりはない。

できたらスゴイ!

3 図のように、半月(下弦《かげん》の月)が南の空に出ていました。 思考・表現 1つ10点(30点)

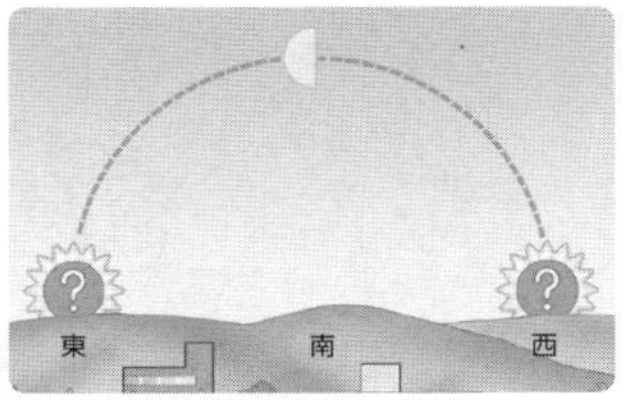

(1) このとき、太陽は東のほうか、西のほうか、どちらにありますか。

(東(のほう))

(2) 図のようになるのは、明け方、昼ごろ、夜中のいつですか。

(明け方)

(3) この月が西にしずむのは、明け方、昼ごろ、夜中のいつですか。

(昼ごろ)

ふりかえり　1がわからないときは、46ページの1にもどって確認《かくにん》しましょう。
3がわからないときは、48ページの1にもどって確認しましょう。

50〜51ページ　てびき

1 (1)月は球の形をしています。太陽を照明、月をボールと見立てると、ボールの明るく照らされた部分が、月の明るく光っている部分になります。
(2)図では、どれも半月になるように見えますが、図の中心(地球)から見ると、光っている部分が見えるはんいが変わるので、月の形が変わって見えます。

2 (2)(3)太陽は、月のかがやいている側にあります。10月9日と10月12日の2つの観察記録は、どちらも月の西側が明るくなっているので、太陽は西のほうにあったことがわかります。

3 (1)月の東側が明るくなっているので、太陽は東のほうにあるとわかります。
(2)太陽が東にあるのは、明け方です。
(3)明け方に東にあった太陽は、昼ごろには南の空の高いところに動き、そのころ月は西にしずみます。

ぴったり1 準備

7. 大地のつくりと変化

①大地のつくり

52ページ

地層のつくりと、火山灰の特ちょうをかくにんしよう。

教科書 126〜132ページ　答え 27ページ

下の(　)にあてはまる言葉をかくか、あてはまるものを○で囲もう。

1 地層《ちそう》がしま模様《もよう》に見えるのは、どうしてだろうか。　教科書 126〜130ページ

▶れき(石)、砂《すな》、どろ、火山灰《かざんばい》などがそれぞれ層《そう》になって積み重なっているので、(① **地層**)はしま模様に見える。(①)は、横にもおくにも広がっている。

(② **どろ**)

(③ **砂**)

(④ **れき**)

つぶの大きさが2mm以上の石をれきという。

▶(①)にふくまれている、大昔の生物の体や生活のあとなどを(⑤ **化石**)という。

アンモナイトの化石

2 火山灰には、どんな特ちょうがあるのだろうか。　教科書 131〜132ページ

▶地層には、火山の(① **噴火**)で、火口からふき出た火山灰などが降《ふ》り積もってできたものもある。

▶火山灰のつぶは、(② 角ばった ・ 丸い)ものが多く、とうめいなガラスのかけらのようなものもある。

つぶが角ばっている。

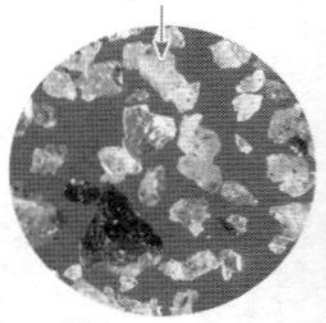

水で洗《あら》った火山灰のつぶ

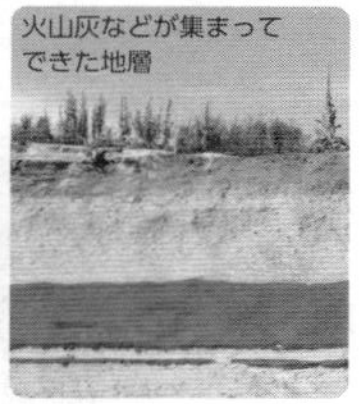

火山灰などが集まってできた地層

ここがだいじ！
①地層は、れき・砂・どろ、火山灰などが層になって積み重なり、横にも、おくにも広がっている。
②地層の中には、化石がふくまれていることがある。
③火山の噴火《ふんか》で、火山灰などが降り積もってできた地層もある。

ぴたトリビア　火山灰は、火山の地下にあるマグマがふき出すときできた細かい破片《はへん》のことです。木や紙などを燃やしてできる灰とはちがいます。

52

ぴったり2 練習

7. 大地のつくりと変化

①大地のつくり

53ページ

教科書 126〜132ページ　答え 27ページ

1 がけに見られるしま模様《もよう》について調べました。

(1) 写真のような、しま模様に見える層《そう》の重なりを何といいますか。　(**地層**)

(2) (1)は、れき・砂《すな》・どろが積み重なってできています。これらをつぶの大きい順に並《なら》べてかきましょう。

(**れき**)→(**砂**)→(**どろ**)

(3) 「れき」とはどのようなものですか。正しいものに○をつけましょう。

ア(　)つぶの細かい砂
イ(○)大きさが2mm以上の石
ウ(　)こぶしくらいの大きさの石

2 地層の中で見つかった化石について調べました。

(1) 写真は、何の生物の化石ですか。正しいものに○をつけましょう。

ア(　)サンゴ　イ(　)タニシ
ウ(　)ビカリア　エ(○)アンモナイト

(2) 下の文は、化石の説明をしたものです。(　)にあてはまる言葉をかきましょう。

・地層《ちそう》には、大昔の(① **生物**)の体や(② **生活**)のあとなどがふくまれることがあり、これを化石という。

3 火山灰《かざんばい》のつぶと砂を比べます。

(1) 火山灰のつぶは、㋐、㋑のどちらですか。記号で答えましょう。

(㋑)

(2) 火山灰の説明として、正しいほうに○をつけましょう。

ア(　)丸みのある形をしている。
イ(○)角ばったものが多く、とうめいなガラスのかけらのようなものもある。

㋐

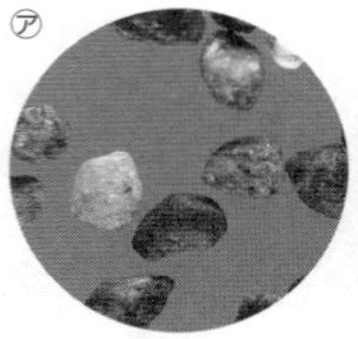

㋑

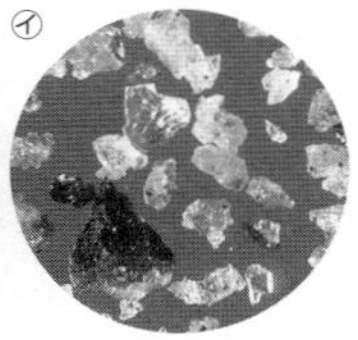

53

53ページ てびき

1 (1)地層《ちそう》は、れき・砂《すな》・どろなどが層《そう》になって積み重なってできています。
(2)(3)れき・砂・どろはつぶの大きさで区別されます。

2 (1)アンモナイトは海にすんでいた大昔の生物です。陸上の地層から海にすむ生物の化石が見つかれば、そこは海だったことがわかります。
(2)大昔の生物の体のほか、足あとなど生活のあとなども地層にふくまれて化石となることがあります。

3 (1)(2)火山灰のつぶは角ばったものが多く、丸みのある形はしていません。とうめいなガラスのかけらのようなものもふくまれています。噴火《ふんか》によって遠くはなれた地域《ちいき》や、流れる水のはたらきのない場所に降《ふ》り積もったりすることもあります。

おうちのかたへ　7. 大地のつくりと変化
大地のつくりと変化について学習します。地層の構成物や地層のでき方、火山や地震によって大地が変化することを理解しているか、などがポイントです。

ぴったり1 準備

7. 大地のつくりと変化

②地層《ちそう》のでき方

54ページ

学習 水のはたらきによる地層のでき方をかくにんしよう。

教科書 133～137ページ　答え 28ページ

下の(　)にあてはまる言葉をかくか、あてはまるものを○で囲もう。

1 水のはたらきによる地層は、どのようにしてできたのだろうか。 教科書 133～137ページ

▶れき・砂《すな》・どろを混ぜた土をペットボトルに３分の１ほど入れ、さらに水を８分めぐらいまで入れてふたをして、ペットボトルをよくふる。

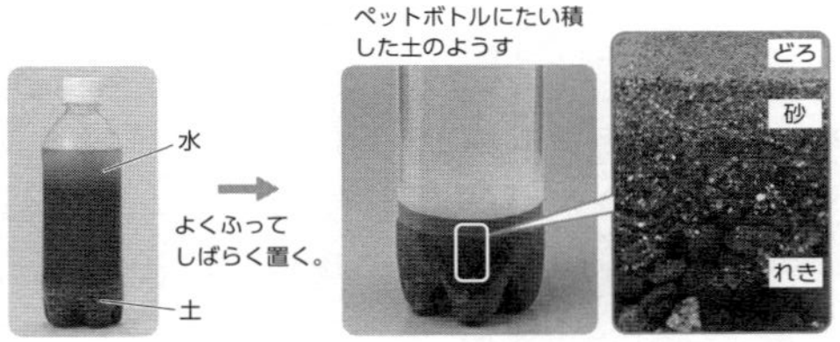

水
土
よくふって
しばらく置く。
ペットボトルにたい積した土のようす
どろ
砂
れき

▶水のはたらきによって(① **運ぱん**)されたれき・砂・どろは、つぶの大きさによって分かれて、水底に(② **たい積**)する。

▶地層は、このような(②)が何度もくり返されてできる。

▶地層は、流れる(③ **水**)のはたらきや火山の噴《ふん》火《か》によってできる。

▶たい積したれき・砂・どろや火山灰《かざんばい》などは、長い年月の間に固まると、かたい(④ **岩石**)になる。

(⑤ **れき岩**)　(⑥ **砂岩**)　(⑦ **でい岩**)

れきが、砂などと混じり、固まってできている。　同じような大きさの砂のつぶが固まってできている。　細かいどろのつぶが固まってできている。

ここがだいじ！
①水のはたらきによる地層は、れき・砂・どろなどが水底にたい積してできる。
②地層が固まってできた岩石には、れき岩・砂岩《さがん》・でい岩の３つがある。

ぴたトリビア 化石には、例えば花粉の化石のように、けんび鏡で見ないとわからない小さな化石もあります。

ぴったり2 練習

7. 大地のつくりと変化

②地層《ちそう》のでき方

55ページ

教科書 133～137ページ　答え 28ページ

1 れき・砂《すな》・どろを混ぜた土をといにのせ、その土を水で水そうに流しこみ、土の積もるようすを観察しました。

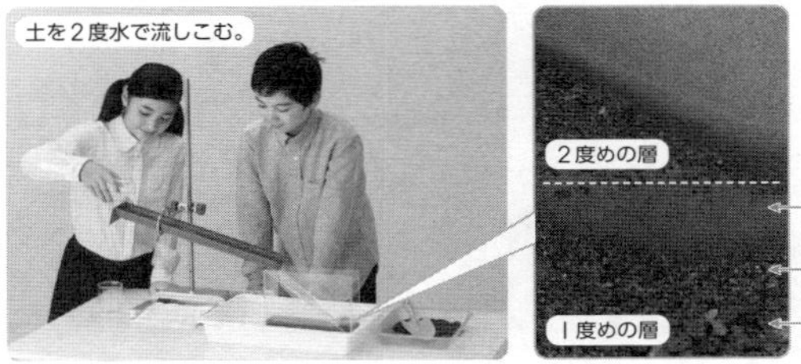

土を２度水で流しこむ。
２度めの層
１度めの層

㋐(**どろ**)
㋑(**砂**)
㋒(**れき**)

(1) ㋐～㋒はそれぞれ、れき・砂・どろのどの層《そう》かかきましょう。

(2) ２度めの層のれき・砂・どろが積もる順番は、１度めの層と同じですか、ちがいますか。
(**同じ**)

(3) 写真のように、㋒→㋑→㋐の順に下から積もるのは、つぶが何によって分かれるからですか。正しいものに○をつけましょう。
ア(　)色　イ(○)大きさ　ウ(　)かたさ

(4) 流れる水のはたらきで運ばれた土が積もることを何といいますか。
ア(　)しん食　イ(　)運ぱん　ウ(○)たい積

2 岩石になった地層を虫眼鏡《むしめがね》で観察します。

㋐　㋑　㋒

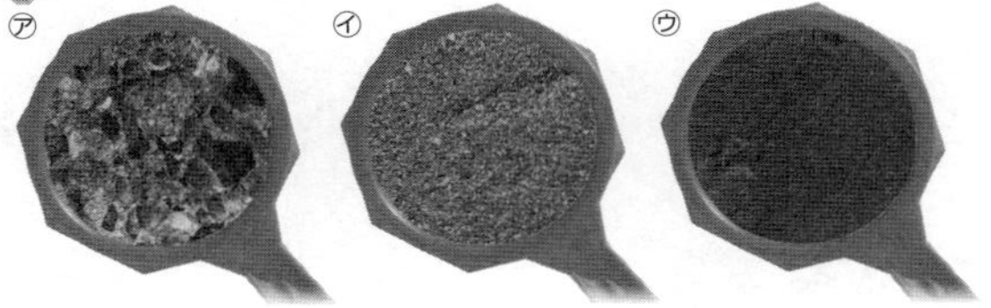

(1) 次の文は㋐～㋒の岩石の特ちょうを説明しています。あてはまる岩石を記号で答えましょう。
①同じような大きさの砂のつぶが固まってできている。(㋑)
②れきが、砂などと混じり、固まってできている。(㋐)
③細かいどろのつぶが固まってできている。(㋒)

(2) ㋐～㋒の岩石の名前をかきましょう。
㋐(**れき岩**)　㋑(**砂岩**)　㋒(**でい岩**)

55ページ　てびき

1 (1)～(3)水のはたらきによって運ぱんされた土は、つぶの大きさによって分かれて水底にたい積します。このとき、れき・砂《すな》・どろと、つぶの大きい順に底からたい積します。地層《ちそう》は、このようなことが何度もくり返されてできたと考えられます。
(4)しん食は、流れる水が地面をけずるはたらきのことです。

2 (1)たい積したれき・砂・どろなどは、長い年月の間に固まると、かたい岩石になります。

おうちのかたへ
流れる水の３つのはたらきである「侵食」（地面を削るはたらき）、「運搬」（土を運ぶはたらき）、「堆積」（土を積もらせるはたらき）については、５年で学習しています。

ぴったり1
準備

7. 大地のつくりと変化
③火山や地震《じしん》と大地の変化

56ページ

火山活動や地震による大地の変化や災害についてかくにんしよう。

教科書 138〜143ページ　答え 29ページ

下の(　)にあてはまる言葉をかこう。

1 火山活動や地震によって、どんな大地の変化や災害が起こるのだろうか。 教科書 138〜143ページ

▶火山が噴火《ふんか》すると、火口から(① **火山灰**)などがふき出たり、(② **よう岩**)が流れ出たりする。

よう岩が流れ出す火山

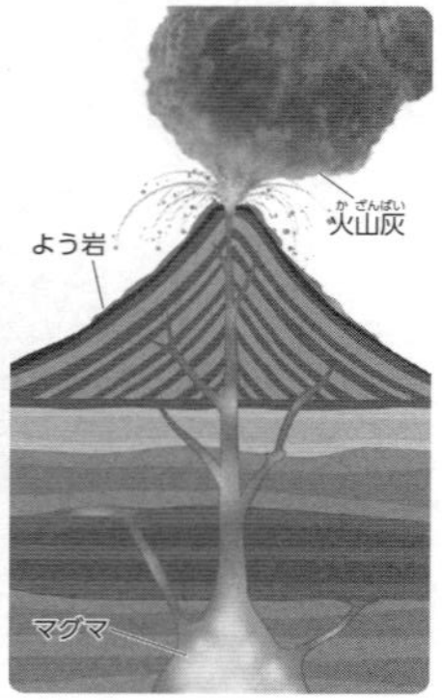

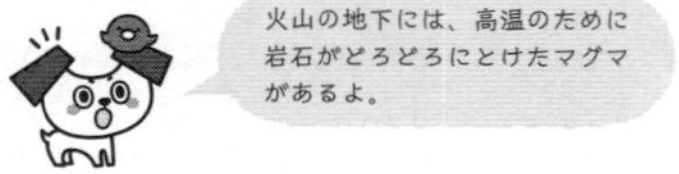

火山の地下には、高温のために岩石がどろどろにとけたマグマがあるよ。

▶地震は、地下で大きな力がはたらき、大地にずれができることで起こる。この大地のずれを(③ **断層**)という。大きな地震では、山くずれが起こったり、土地の高さが変わったりすることもある。

▶地震が海底で起こると、(④ **津波**)が発生することがある。

地層《ちそう》に見られる断層

▶火山活動や地震が多い日本では、(⑤ **災害**)に備えることが大切である。一方、大地の活動から、多くのめぐみも受けている。

ここがだいじ！
①火山活動によって、山や陸地ができたり、くぼ地ができたりするなど、大地が変化することがある。
②断層《だんそう》ができることで地震が起こり、山くずれや土地の高さが変わるなど、大地が変化することがある。

ぴたトリビア　火山活動や地震《じしん》はひ害《がい》だけでなく、温泉《おんせん》やわき水、美しい景観などをもたらし、生活を豊かにすることもあります。

ぴったり2
練習

7. 大地のつくりと変化
③火山や地震《じしん》と大地の変化

57ページ

教科書 138〜143ページ　答え 29ページ

1 火山活動による大地の変化について調べました。図は、火山の噴火《ふんか》のようすを表しています。

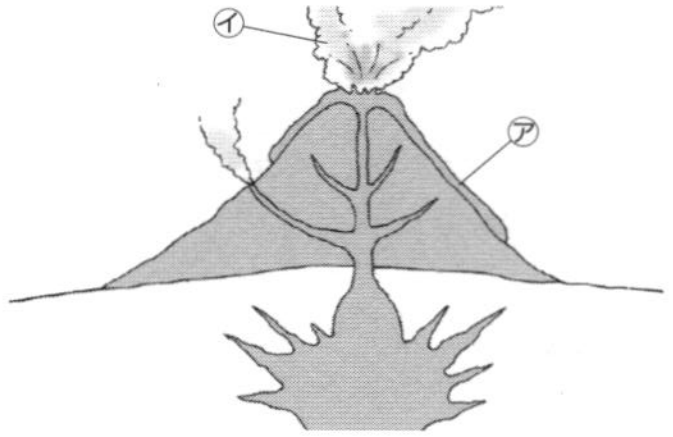

(1) 火山の噴火によって、火口から流れ出た㋐を何といいますか。
(**よう岩**)

(2) 火山の噴火によって、火口からふき出た㋑を何といいますか。
(**火山灰**)

2 地震による大地の変化について調べました。

(1) 地震は、地下で大きな力がはたらき、大地にずれができることで起こります。このような大地のずれを何といいますか。
(**断層**)

(2) 地震が海底で起こると、これにより大きな波が陸におし寄せることがあります。このような波を何といいますか。
(**津波**)

3 火山活動や地震による大地の活動で災害が発生することもある一方で、多くのめぐみも受けています。

(1) 火山活動による災害の例を　から選び、記号で答えましょう。
(㋒)

(2) 火山の利用の例を　から選び、記号で答えましょう。
(㋑)

㋐ゆれによって山くずれが起こる。　㋑火山の熱を利用して発電する。
㋒火山灰《かざんばい》やよう岩で町がうもれる。　㋓大きなゆれで建物がこわれ、火災が起こる。

57ページ てびき

1 (1)(2)火山が噴火《ふんか》すると、火口から火山灰《かざんばい》などがふき出たり、よう岩が流れ出たりします。火山の地下にたまっているものは、高温のために岩石がとけたマグマです。

2 (1)地震《じしん》は大地にずれができることで起こります。この大地のずれを断層《だんそう》といいます。
(2)地震が起きたときには、津波《つなみ》にも注意が必要です。

3 (1)㋐、㋓は地震による災害の例です。

ぴったり3 確かめのテスト

7. 大地のつくりと変化

教科書 124～153ページ　答え 30ページ

58ページ

/100　合格 70 点

よく出る

1 がけに見られたしま模様《もよう》を調べました。　1つ6点(30点)

(1) わたしたちが生活をしている地面の下も、いくつかの層《そう》が重なったしま模様になっていることがあります。このような層の重なりを何といいますか。
(地層)

(2) このしま模様には、れき・砂《すな》・どろが積み重なっているものが観察できました。れき・砂・どろの中で、つぶの大きさがいちばん小さいのはどれですか。
(どろ)

(3) 地層《ちそう》には、化石がふくまれていることがあります。①～③で、正しいものには○を、まちがっているものには×をつけましょう。

①(×)化石になった生物は、すべて陸で生活している生き物だけである。
②(○)生物の生活のあとが化石として残っていることがある。
③(○)地層から化石が出てくると、大地がどのようにできたかを知る手がかりになる。

2 がけの下などに見られるしま模様には、火山灰《かざんばい》がふくまれているものもありました。　1つ6点(12点)

(1) 火山灰のつぶには、どのような特ちょうがありますか。正しいものに○をつけましょう。
①(　)丸みのあるものが多く、とうめいなガラスのかけらのようなものもある。
②(○)角ばったものが多く、とうめいなガラスのかけらのようなものもある。
③(　)丸みのあるものが多く、色は黒いものが多い。
④(　)角ばったものが多く、色は黒いものが多い。

(2) 火山灰をふくむ地層のでき方について、正しいほうに○をつけましょう。
①(○)火山灰は、流れる水のない場所でも降《ふ》り積もり、地層をつくる。
②(　)火山灰は、流れる水のはたらきによってたい積し、地層をつくる。

59ページ

学習

3 水の中にれき・砂・どろの混じった土を入れて、よくかき混ぜてしばらく置いておいたところ、れき・砂・どろは分かれてたい積しました。　技能 (1)は全部できて10点、(2)は6点(16点)

(1) れき・砂・どろは、どのようにたい積しましたか。①～③に、あてはまるものをかきましょう。
①(どろ)
②(砂)
③(れき)

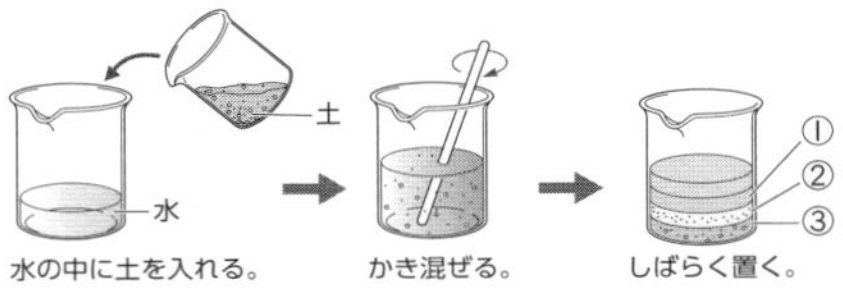

(2) 水底に土がたい積するとき、何によって分かれてたい積しますか。あてはまるものに○をつけましょう。
ア(　)つぶの形　イ(　)つぶの色　ウ(○)つぶの大きさ

4 たい積したれき・砂・どろなどは、長い年月の間に固まると、かたい岩石になります。(1)～(3)にあてはまる岩石を、それぞれ記号で答えましょう。　1つ6点(18点)

①でい岩　②砂岩《さがん》　③れき岩

(1) 同じような大きさの砂のつぶが固まってできている。　(②)
(2) れきが、砂などと混じり、固まってできている。　(③)
(3) 細かいどろのつぶが固まってできている。　(①)

すきだぜスゴイ!!

5 火山活動や地震《じしん》による大地の変化とくらしについて調べました。　(1)、(2)①は1つ7点、(2)②は10点(24点)

(1) 地下で大きな力がはたらき、大地にずれが起こると地震が起こります。このずれのことを何といいますか。
(断層)

(2) 記述 地震により津波《つなみ》が発生することがあります。　思考・表現
① 地震により津波が発生するのは、どのようなところで地震が起こったときですか。
(海底(の地下))
② 津波に対する備えとして考えられることや取り組みについて、1つかきましょう。
(避難できる高い建物をつくる、津波を防ぐ高いてい防をつくる、高い建物までの道のりを確認しておく、など。)

ふりかえり
1がわからないときは、52ページの1にもどって確認しましょう。
5がわからないときは、56ページの1にもどって確認しましょう。

この本の終わりにある「冬のチャレンジテスト」をやってみよう！

58～59ページ　てびき

1 (2)れき・砂《すな》・どろはつぶの大きさで区別されていて、どろのつぶがいちばん小さいです。
(3)海などにすむ生物の化石もあります。また、大昔の生物の体だけでなく、生物の生活のあとも化石になります。

2 (1)火山灰《かざんばい》のつぶは、砂のつぶに比べると、角ばったものが多いです。
(2)火山灰は、流れる水のない場所でも降《ふ》り積もります。また、遠くはなれた地域《ちいき》まで飛ばされて降り積もる場合もあります。

3 (1)(2)れき・砂・どろは、つぶの大きさによって分かれて、水底にたい積します。このとき、つぶの大きいものほど、底のほうに積もります。

4 たい積したれき・砂・どろが固まって岩石になったものが、れき岩・砂岩《さがん》・でい岩です。

5 (2)高いてい防や高い建物をつくって、津波《つなみ》がおし寄せるのを防いだり、陸までおし寄せても流されないようにしたりしておくことが考えられます。一人ひとりができる取り組みとしては、避難《ひなん》場所への道のりを確認《かくにん》しておいたり、避難訓練をしてすぐに行動できるようにしたりしておくことが考えられます。

ぴったり1 準備

8. てこのはたらき

①棒《ぼう》を使った「てこ」

てこのしくみやそのはたらきをかくにんしよう。

教科書 156～158ページ　答え 31ページ

下の(　)にあてはまる言葉をかくか、あてはまるものを〇で囲もう。

1 てこをどう使えば、重いものを小さな力で持ち上げられるだろうか。 教科書 156～158ページ

▶棒の１点を支えにして、棒の一部に力を加えることで、ものを動かすことができるものを
(① **てこ**)という。
・(② **支点**)…棒を支えるところ。
・(③ **力点**)…棒に力を加えるところ。
・(④ **作用点**)…棒からものに力がはたらくところ。

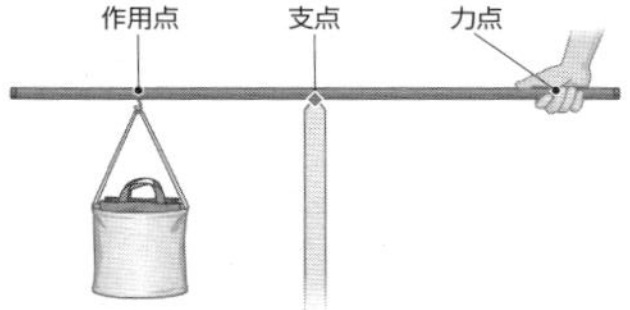

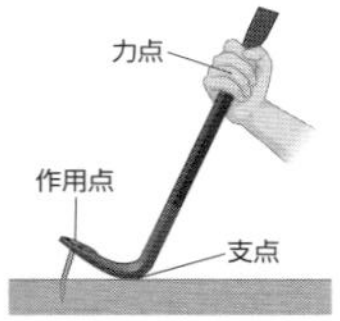

▶作用点の位置だけを動かして、おもりを持ち上げたときの手ごたえを比べる。
・支点から作用点までのきょりが
(⑤ (短く)・ 長く)なるほど、
手ごたえは小さくなった。

変える条件	作用点の位置
同じ条件	支点と力点の位置

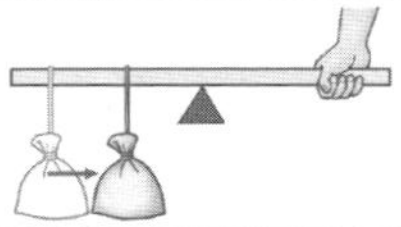

▶力点の位置だけを動かして、おもりを持ち上げたときの手ごたえを比べる。
・支点から力点までのきょりが
(⑥ 短く ・ (長く))なるほど、
手ごたえは小さくなった。

変える条件	力点の位置
同じ条件	作用点と支点の位置

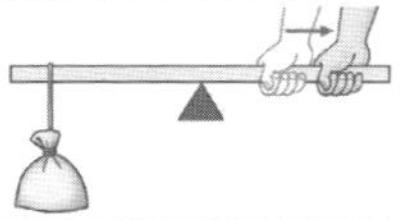

▶てこは、支点から(⑦ **作用点**)までのきょりが短いほど、また、支点から
(⑧ **力点**)までのきょりが長いほど、重いものを小さな力で持ち上げることができる。

ここがだいじ！
①てこには、支点・力点・作用点がある。
②てこは、支点から作用点までのきょりが短いほど、また、支点から力点までのきょりが長いほど、重いものを小さな力で持ち上げることができる。

ぴたトリビア　てこのしくみを利用すると、そのままでは動かすことができない重いものも、人の力で動かすことができます。

ぴったり2 練習

8. てこのはたらき

①棒《ぼう》を使った「てこ」

教科書 156～158ページ　答え 31ページ

1 棒を使ったてこで、砂《すな》ぶくろを持ち上げました。

(1) 砂ぶくろを持ち上げるには、どのようにすればよいですか。正しいほうに〇をつけましょう。
①(　)㋒をおし上げる。
②(〇)㋒をおし下げる。

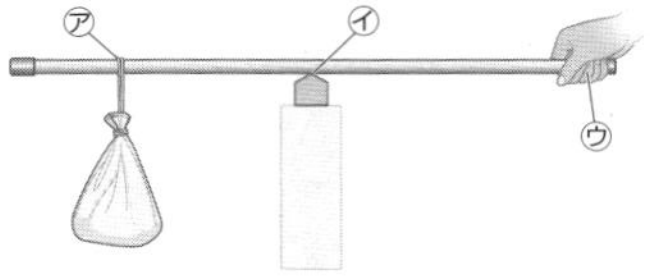

(2) ㋐、㋑、㋒は、支点・力点・作用点のどれですか。
㋐(**作用点**)　㋑(**支点**)　㋒(**力点**)

2 てこに力を加える位置や、砂ぶくろの位置を変えて、手ごたえを比べました。

(1) ㋐と㋑では、支点・力点・作用点のうち、どの位置を変えていますか。
(**力点**)

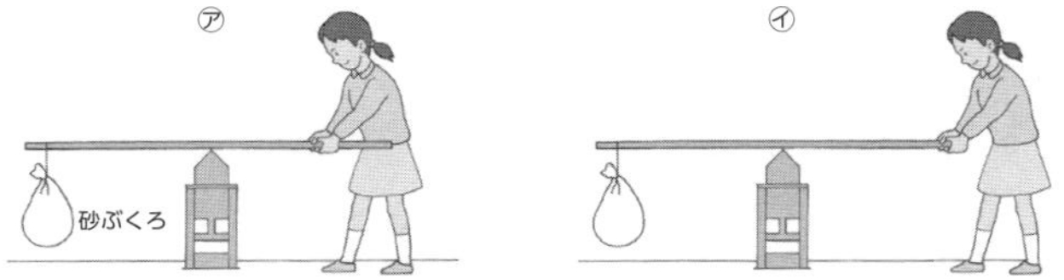

(2) ㋐、㋑のうち、より小さな力で砂ぶくろを持ち上げることができるのはどちらですか。
(㋑)

(3) ㋒と㋓では、支点・力点・作用点のうち、どの位置を変えていますか。
(**作用点**)

(4) ㋒、㋓のうち、より小さな力で砂ぶくろを持ち上げることができるのはどちらですか。
(㋓)

ヒント ❷ ㋐～㋓はどれも同じ棒を使っていて、支点の位置は棒の真ん中にあります。棒のはしや支点からのきょりを見て、どの位置を変えているか考えます。

おうちのかたへ　**8. てこのはたらき**
てこの規則性について学習します。力を加える位置や大きさを変えたときのてこのはたらきの変化を理解しているか、てこを利用した道具を見つけることができるか、などがポイントです。

61ページ　てびき

❶ (2)棒《ぼう》を支えるところを支点、棒に力を加えるところを力点、棒からものに力がはたらくところを作用点といいます。

❷ (1)(2)㋐、㋑では支点から力点までのきょりがちがいます。支点から力点までのきょりが長いほど、より小さな力でものを持ち上げることができます。
(3)(4)㋒、㋓では支点から作用点までのきょりがちがいます。支点から作用点までのきょりが短いほど、より小さな力でものを持ち上げることができます。

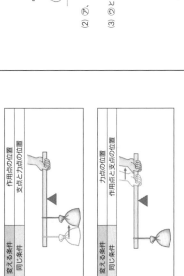

てこのうでをかたむけるはたらきや、つり合うときのきまりをかくにんしよう。

教科書 159～163ページ　答え 32ページ

下の(　)にあてはまる言葉をかくか、あてはまるものを○で囲もう。

1 てこが水平につり合うときには、どんなきまりがあるのだろうか。 教科書 159～163ページ

▶おもりをつるす位置や、おもりの重さ(数)を変えて、てこが水平につり合うきまりを調べる。

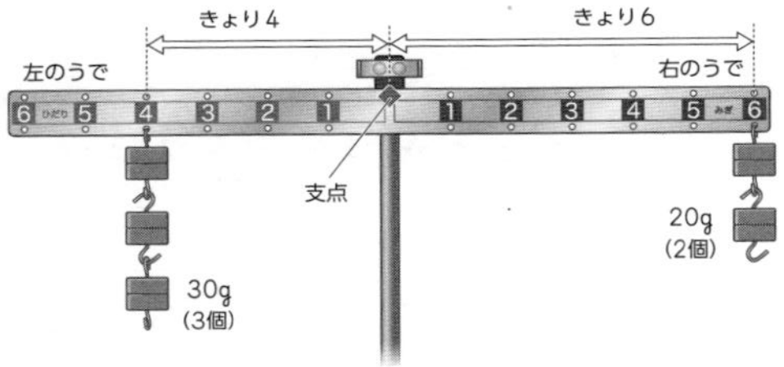

	左のうで	右のうで					
きょり(目盛《めも》り)	4	1	2	3	4	5	6
重さ(g)	30	(① 120)	60	(② 40)	30	×	20

きょり2倍、重さ半分　　つり合う重さのおもりがない。

▶てこが水平につり合っているとき、おもりの重さ(うでを下に引く力の大きさ)は、支点からのきょりに(③　比例　・(反比例))する。

▶てこのうでをかたむけるはたらきは、「おもりの重さ(力の大きさ)」×「支点からのきょり」で表すことができ、このはたらきが支点の左右で(④ 等しい)とき、てこは水平につり合う。

左のうでをかたむけるはたらき		右のうでをかたむけるはたらき
おもりの(⑤ 重さ)(力の大きさ) × 支点からの(⑥ きょり)	=	おもりの(⑤)(力の大きさ) × 支点からの(⑥)

ここがだいじ!

①てこが水平につり合っているとき、おもりの重さ(うでを下に引く力の大きさ)は、支点からのきょりに反比例する。

②てこのうでをかたむけるはたらきは、「おもりの重さ(力の大きさ)」×「支点からのきょり」で表され、このはたらきが支点の左右で等しいとき、てこは水平につり合う。

ぴたトリビア 上皿《うわざら》てんびんは、左右のうでの長さが同じなので、左右に同じ重さのものをのせると水平につり合うことを利用して、重さをはかる道具です。

教科書 159～163ページ　答え 32ページ

1 実験用てこを使って、てこが水平につり合うきまりを調べました。

(1) 左のうでの6の位置におもりを1個(10g)つるしました。右のうでにおもり1個をつり下げるとき、てこが水平につり合うのはどの位置ですか。

右のうでの(6)の位置

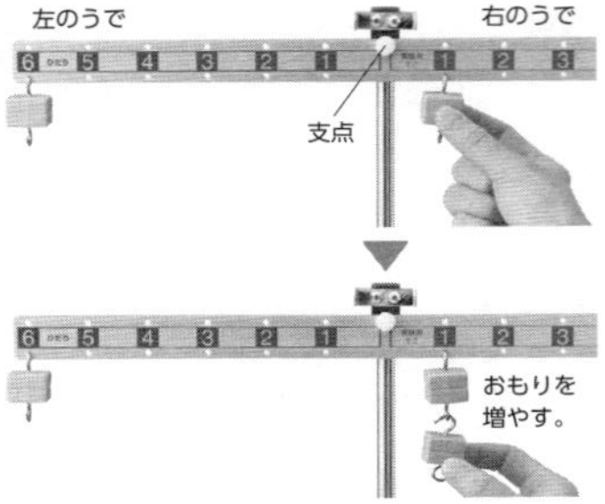

(2) (1)でつり下げたおもりのうち、右のうでのおもり1個を、右のうでの1の位置につり下げたところ、てこのうではかたむきました。このとき、左と右のどちらのうでが下がりますか。

(左のうで)

(3) 右のうでの1～5の位置についても、1個10gのおもりの数を増やしながらつるしていき、てこが水平になるまで調べたところ、表のようになりました。なお、×のところは、つり合う重さのおもりがなかったところです。

	左のうで	右のうで					
きょり(目盛《めも》り)	6	1	2	3	4	5	6
重さ(g)	10	60	㋐	㋑	×	×	10

①てこが水平になっているとき、左のうでをかたむけるはたらきと、右のうでをかたむけるはたらきは、それぞれいくつになりますか。

左のうで(60)
右のうで(60)

②表の㋐、㋑にあてはまる数をかきましょう。

㋐(30)
㋑(20)

(4) てこが水平につり合っているとき、おもりの重さ(うでを下に引く力の大きさ)と支点からのきょりの関係について、正しいほうに○をつけましょう。

①(　)おもりの重さ(うでを下に引く力の大きさ)は、支点からのきょりに比例する。

②(○)おもりの重さ(うでを下に引く力の大きさ)は、支点からのきょりに反比例する。

63ページ　てびき

1 (1)てこの左右のうでに、同じ重さのおもりをつり下げて水平につり合うのは、支点からのきょりが同じときです。これはてんびんと同じです。

(2)おもりの重さが同じとき、支点からのきょりを短くすると、うでをかたむけるはたらきが小さくなります。

(3)てこのうでをかたむけるはたらきは、「おもりの重さ」×「支点からのきょり」で表すことができます。このはたらきが左右で等しいときに、てこは水平につり合います。

(4)右のうでのきょりが1から2、3、…、つまり2倍、3倍、…、になると、重さは60gから30g、20g、…つまり$\frac{1}{2}$倍、$\frac{1}{3}$倍、…、になることから、反比例しているとわかります。

おうちのかたへ
「比例」「反比例」については、算数でも6年で学習します。算数の教科書や授業での学習も参考にしながら確認させるとよいでしょう。

ぴったり1
準備

8. てこのはたらき
③てこを利用した道具

64ページ

学習 てこを利用した道具のしくみをかくにんしよう。

教科書 164〜167ページ　答え 33ページ

下の(　)にあてはまる言葉をかくか、あてはまるものを○で囲もう。

1 てこを利用した道具は、どんなしくみになっているのだろうか。 教科書 164〜167ページ

▶身の回りのてこを利用した道具について、支点・力点・作用点をかき入れましょう。

▶支点から力点までのきょりが
(① (長い) ・ 短い)ほど、
支点から作用点までのきょりが
(② 長い ・ (短い))ほど、より
小さな力で作業することができる。

支点が力点と作用点の間にある道具

はさみ
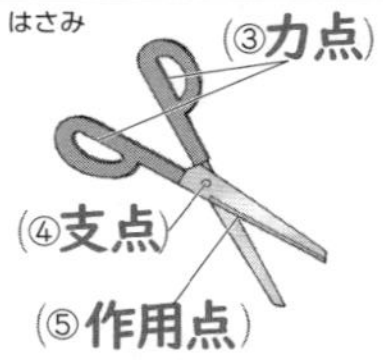

(③力点)
(④支点)
(⑤作用点)

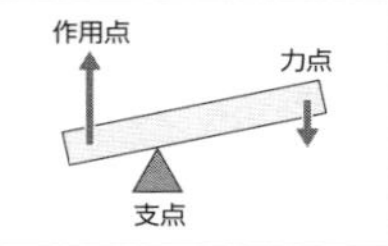

作用点
力点
支点

【そのほかの道具】
バール、ペンチ、クリップ

▶力点よりも、作用点のほうが支点の
(⑥ (近く) ・ 遠く)にあるため、
力点での力を、作用点で大きくする
ことができる。

作用点が支点と力点の間にある道具

せんぬき
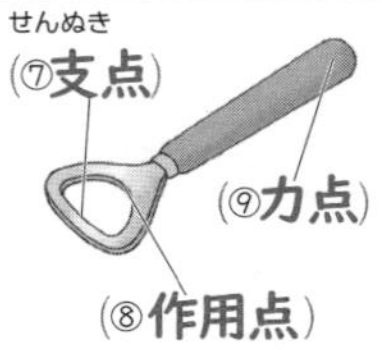

(⑦支点)
(⑨力点)
(⑧作用点)

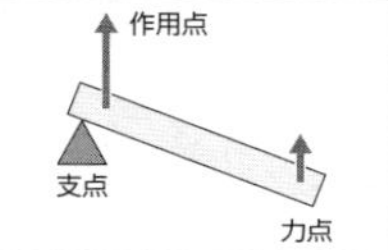

作用点
支点
力点

【そのほかの道具】
空きかんつぶし、穴《あな》あけパンチ

▶作用点よりも、力点のほうが支点の
(⑩ (近く) ・ 遠く)にあるため、
力点での力は、作用点で小さくなる。

力点が支点と作用点の間にある道具

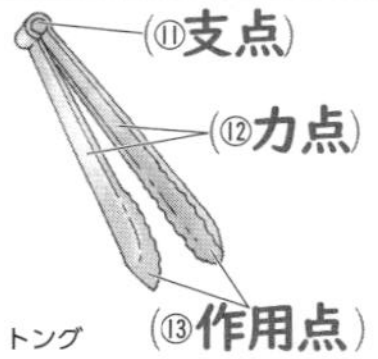

(⑪支点)
(⑫力点)
トング
(⑬作用点)

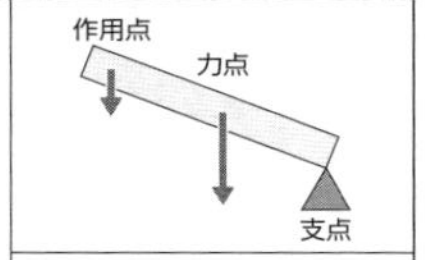

作用点
力点
支点

【そのほかの道具】
ピンセット、糸切りばさみ

ここがだいじ! ①てこを利用した道具は、支点・力点・作用点の並《なら》び方や位置をくふうすることで、はたらく力を大きくしたり、小さくしたりしている。

ぴたトリビア てこのしくみは 2000 年以上も前から知られていて、道具などに利用されてきました。

64

ぴったり2
練習

8. てこのはたらき
③てこを利用した道具

65ページ

教科書 164〜167ページ　答え 33ページ

1 身の回りのてこを利用した道具のしくみについて調べました。図の①〜③は、表の㋐〜㋒のどれにあたりますか。(　)に記号をかきましょう。

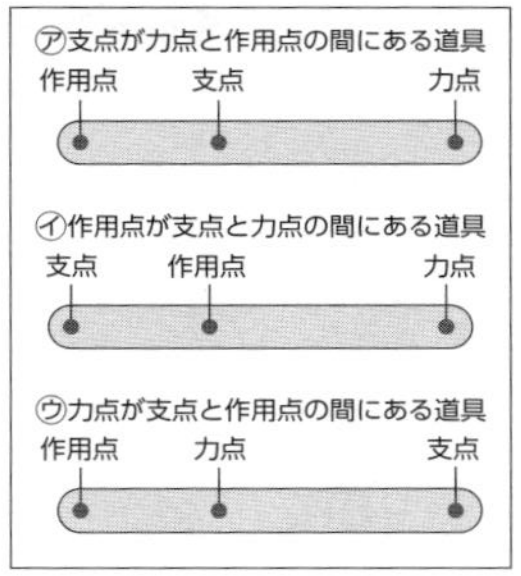

㋐支点が力点と作用点の間にある道具
作用点　支点　力点
㋑作用点が支点と力点の間にある道具
支点　作用点　力点
㋒力点が支点と作用点の間にある道具
作用点　力点　支点

① ピンセット
(㋒)

② バール
(㋐)

③ 空きかんつぶし
(㋑)
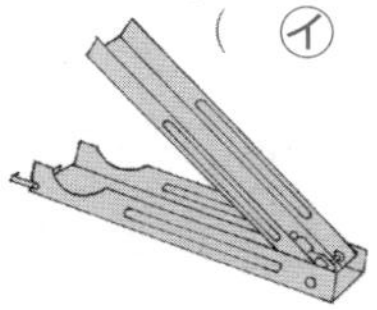

2 バールでくぎをぬくときのてこの利用について調べました。

(1) ㋐〜㋒は、支点・力点・作用点のどれですか。
㋐(力点)　㋑(支点)　㋒(作用点)

(2) バールの説明として、正しいほうに○をつけましょう。

㋐の位置が㋑に近いほど、くぎにはたらく力は大きくなるよ。
㋐の位置が㋑から遠いほど、くぎにはたらく力は大きくなるよ。

①(　)　②(○)

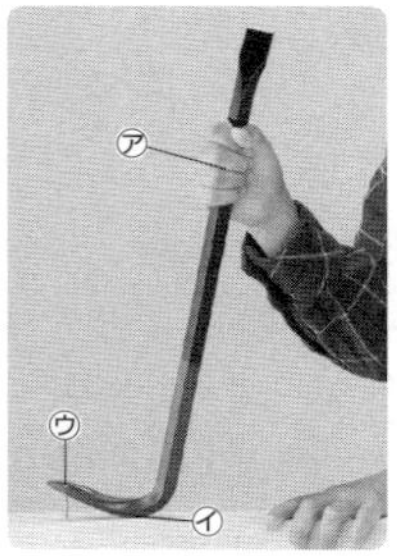

㋐
㋒
㋑

(3) 支点・力点・作用点の位置関係が、バールと同じ道具は何ですか。
次の中から、あてはまるものに○をつけましょう。
①(　)せんぬき　②(　)糸切りばさみ　③(○)ペンチ

65

65ページ　てびき

1 動かないところが支点になります。力を加えるところが力点、ものに力がはたらくところが作用点になります。

2 (2)力点の位置を動かしたときにどうなるか考えます。㋑(支点)から㋐(力点)までのきょりが長いほど、小さな力で作業ができます。つまり、力点での力の大きさが同じでも、くぎにはたらく力は大きくなります。
(3)バールとペンチは支点が力点と作用点の間にある道具、せんぬきは作用点が支点と力点の間にある道具、糸切りばさみは力点が支点と作用点の間にある道具です。

ぴったり3 確かめのテスト

8. てこのはたらき

/100 合格 70 点

教科書 154〜171ページ　答え 34ページ

よく出る

1 棒《ぼう》を使ったてこで、砂《すな》ぶくろを持ち上げました。 1つ4点(32点)

(1) ㋐〜㋒は、支点・力点・作用点のどれですか。

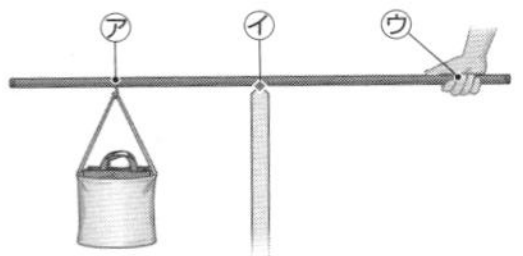

㋐(作用点)
㋑(支点)
㋒(力点)

(2) 次の文は、㋐〜㋒の点を説明したものです。
あてはまる点の記号を(　)にかきましょう。
①棒からものに力がはたらくところ。 (㋐)
②棒に力を加えるところ。 (㋒)
③棒を支えるところ。 (㋑)

(3) 図の㋐を㋑から遠ざけると、㋒をおす手ごたえはどうなりますか。 (大きくなる。)

(4) 図の㋒を㋑から遠ざけると、㋒をおす手ごたえはどうなりますか。 (小さくなる。)

2 実験用てこと、1個10gのおもりを使って、てこがつり合うときのきまりを調べました。 (1)は1つ4点、(2)は8点(32点)

・左のうでの4の位置におもりを3個つるしました。てこが水平につり合うように、右のうでにおもりを何個かつるします。

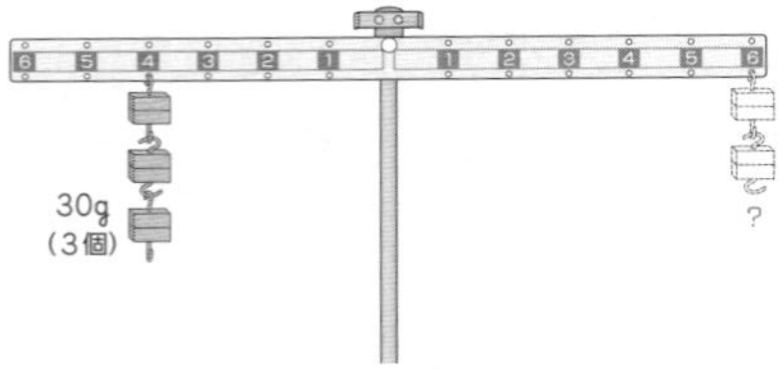

(1) 目盛《めも》りの位置とおもりの重さの関係について、下の表の(　)にあてはまる数字をかき入れ、表を完成させましょう。つり合う重さのおもりがないときは、×をかきましょう。 技能

	左のうで	右のうで					
きょり(目盛り)	4	1	2	3	4	5	6
重さ(g)	30	(①120)	(②60)	(③40)	(④30)	(⑤ ×)	(⑥20)

(2) てこのうでをかたむけるはたらきを、「おもりの重さ」と「支点からのきょり」という言葉を使って表すと、どのように表されますか。

(おもりの重さ×支点からのきょり)

3 身の回りのてこを利用した道具について調べました。 思考・表現 (1)、(2)は1つ4点、(3)は8点(24点)

(1) はさみの支点・力点・作用点は、それぞれ㋐〜㋒のどれですか。

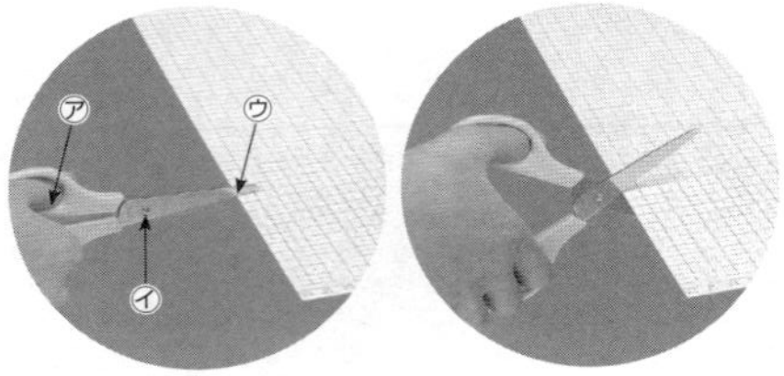

支点(㋑)
力点(㋐)
作用点(㋒)

(2) はさみで厚紙を切るときは、「はの先」「はの中央」「はの根もと」のうち、どの位置に紙をはさむと、より小さな力で切れますか。

(はの根もと)

(3) 記述 (2)のように答えたのはなぜですか。次の の中の言葉を使って、説明しましょう。

支点　作用点　きょり

(支点から作用点までのきょりが短いほど、より小さな力で作業ができる(より大きな力がはたらく)から。)

できたらスゴイ!

4 実験用てこを使って、てこのつり合いについて調べました。 (1)は4点、(2)は8点(12点)

(1) このてこの支点はどこですか。図の㋐〜㋒から選んで答えましょう。
(㋑)

(2) ㋒(右のうでの2)の位置を手でおして、てこが水平につり合うようにしたとき、手は何gのおもりと同じ力でおしていることになりますか。

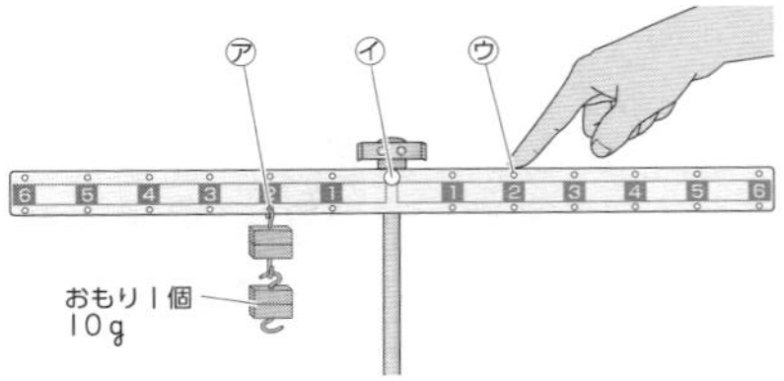

(20g)

ふりかえり
1がわからないときは、60ページの1にもどって確認《かくにん》しましょう。
4がわからないときは、62ページの1にもどって確認しましょう。

66〜67ページ てびき

1 (3)㋐(作用点)を㋑(支点)から遠ざけると、㋒(力点)をおす手ごたえは大きくなります。
(4)㋒(力点)を㋑(支点)から遠ざけると、㋒(力点)をおす手ごたえは小さくなります。

2 (1)左のうでは、「おもりの重さ」×「支点からのきょり」が30×4＝120なので、右のうでも120になるような重さにします。右のうでのきょりが5のときは、重さは24gになりますが、おもりは1個10gなので、つり合うようにすることはできません。

3 (2)(3)支点から作用点までのきょりを短くすると、同じ力を加えた場合でも、作用点にはより大きな力がはたらきます。支点から作用点までのきょりを短くしたときに、より小さな力で作業ができること、または、作用点にはたらく力が大きくなることがかかれていれば正解です。

4 (2)㋐と㋒は支点からのきょりが等しいので、㋒にも20gのおもりをつり下げれば、水平につり合います。よって、手でおして水平になるようにしたときは、20gのおもりと同じ力でおしていることになります。

ぴったり1 準備

68ページ

9. 発電と電気の利用

①電気をつくる(1)

3分でまとめ

手回し発電機や光電池での発電のしくみをかくにんしよう。

教科書 173〜176ページ　答え 35ページ

下の(　)にあてはまる言葉をかくか、あてはまるものを○で囲もう。

1 手回し発電機や光電池《こうでんち》は、かん電池と同じようなはたらきをするのだろうか。 教科書 173〜176ページ

▶手回し発電機や光電池を使うと、電気をつくることができる。電気をつくることを(① **発電**)という。

▶手回し発電機とモーターをつないで回路をつくり、手回し発電機のハンドルを回す向きや速さを変えて、モーターの回る向きや速さを調べる。

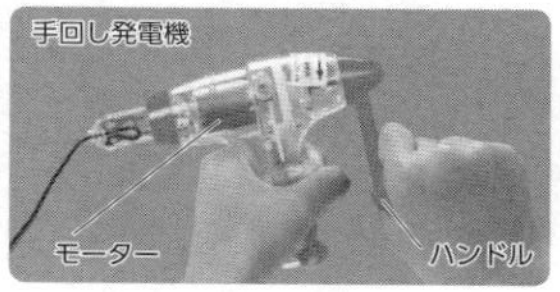

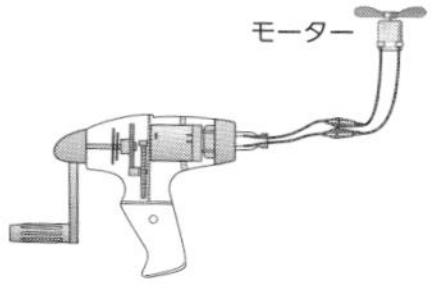

ハンドルを回す向きや速さ	㋐ゆっくりと回したとき	㋑逆向きに回したとき	㋒速く回したとき
モーター	モーターが回った。	㋐と(② 同じ・(逆))向きに回った。	㋐より(③ (速く)・ゆっくりと)回った。

▶光電池とモーターをつないで回路をつくり、光電池をつなぐ向きや当てる光の強さを変えて、モーターの回る向きや速さを調べる。

つなぐ向きや当たる光の強さ	㋐鏡1枚で光を当てたとき	㋑つなぐ向きを逆にしたとき	㋒当たる光を強くしたとき
モーター	モーターが回った。	㋐と(④ 同じ・(逆))向きに回った。	㋐より(⑤ (速く)・ゆっくりと)回った。

ここがだいじ！ ①手回し発電機や光電池を使うことで、発電することができる。

ぴたトリビア 火力発電は、燃料を燃やして水を水蒸気《すいじょうき》に変えて、その水蒸気で発電機を回転させて発電するしくみです。

ぴったり2 練習

69ページ

9. 発電と電気の利用

①電気をつくる(1)

教科書 173〜176ページ　答え 35ページ

1 手回し発電機について調べました。

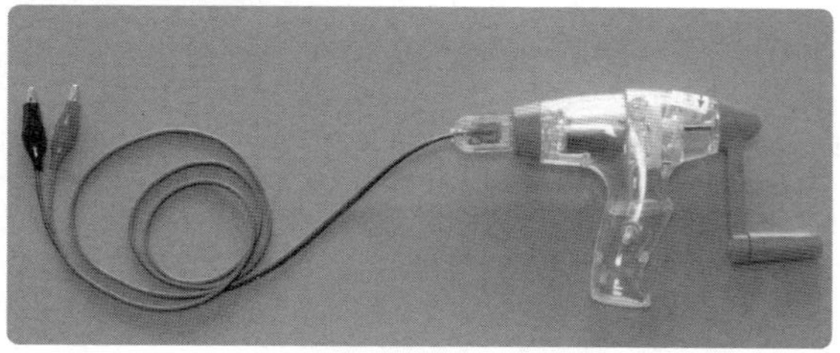

(1) 手回し発電機を使うと、電気をつくることができます。電気をつくることを何といいますか。
(**発電**)

(2) 手回し発電機について、正しいものには○を、まちがっているものには×をつけましょう。
①(○)手回し発電機にモーターをつないで、ハンドルを回すとモーターが回る。
②(×)手回し発電機のハンドルを1回回すと、その後もずっとモーターが回り続ける。
③(×)手回し発電機のハンドルを逆向きに回すと、モーターは回らない。

2 光電池《こうでんち》にプロペラをつけたモーターをつないで回路をつくり、光電池に光を当ててモーターを回しました。

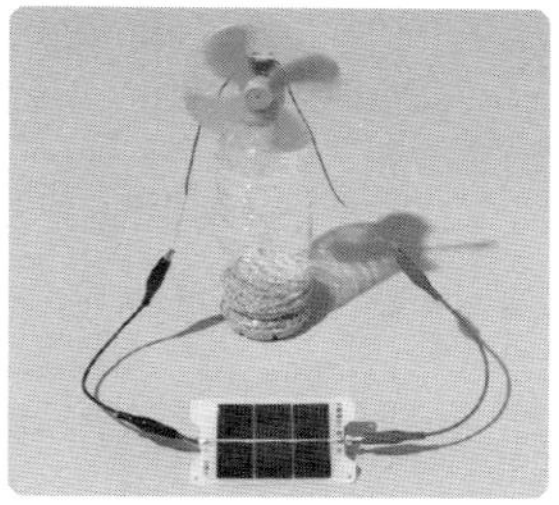

(1) 光電池をつなぐ向きを逆にしたとき、モーターの回り方はどうなりますか。正しいものに○をつけましょう。
①(　)もとと同じ向きに回る。
②(○)もとと逆向きに回る。
③(　)モーターは回らない。

(2) 光電池に当たる光の強さを強くすると、モーターの回る速さはどうなりますか。正しいほうに○をつけましょう。
①(○)モーターの回り方は速くなる。
②(　)モーターの回り方はゆっくりになる。

ヒント 1 2 かん電池にモーターをつないで回路をつくり、かん電池の向きを変えると、モーターの回る向きが変わります。

69ページ てびき

1 (2)手回し発電機のハンドルを回すと電気がつくられるので、モーターをつないで手回し発電機のハンドルを回すと、モーターが回ります。

2 (1)光電池《こうでんち》をつなぐ向きを逆にすると、モーターは逆向きに回ります。
(2)光電池に当たる光が強くなると、モーターの回り方が速くなります。

おうちのかたへ
教科書などでは「光電池」と書かれていますが、これは一般に使われている「太陽電池」と同じものです。

おうちのかたへ　9. 発電と電気の利用
発電や蓄電、電気の変換について学習します。電気をつくったり蓄えたりすることができること、電気を光や音、熱、運動などに変換することができることを理解しているか、電気の性質やはたらきを利用した道具を見つけることができるか、などがポイントです。

ぴったり1 準備

9. 発電と電気の利用

①電気をつくる(2)
②電気をたくわえて使う

コンデンサーにたくわえて電気を利用できることをかくにんしよう。

教科書 176～180ページ　答え 36ページ

下の(　)にあてはまる言葉をかくか、あてはまるものを○で囲もう。

1 手回し発電機や光電池《こうでんち》のはたらきをまとめよう。 教科書 176～177ページ

▶手回し発電機のハンドルを回したり、光電池に光を当てたりすると、かん電池と同じように、(① 電流)が流れる。

▶手回し発電機のハンドルを回す向きを逆にしたり、光電池をつなぐ向きを逆にしたりすると、電流の(② 向き)が逆になる。

▶手回し発電機のハンドルを回す速さを変えたり、光電池に当てる光の強さを変えたりすると電流の(③ 大きさ)が変わる。

2 発電した電気は、どのようにたくわえて使うことができるのだろうか。 教科書 178～180ページ

▶コンデンサーには、電気を(① たくわえる)ことができる。

▶同じだけ電気をたくわえたコンデンサーを豆電球と発光ダイオードにつなぎ、明かりがつく時間を調べる。

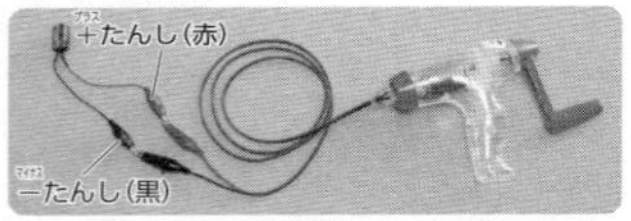

コンデンサーと手回し発電機を、赤色の導線どうし、黒色の導線どうしでつなぐ。

豆電球に明かりがついた時間	発光ダイオードに明かりがついた時間
14秒	2分20秒

▶豆電球より発光ダイオードのほうが、使う電気の量が(② 少ない ・ 多い)。

ここがだいじ！

①手回し発電機のハンドルを回す向きを逆にしたり、光電池をつなぐ向きを逆にしたりすると、電流の向きも逆になる。
②手回し発電機のハンドルを回す速さを変えたり、光電池に当てる光の強さを変えたりすると、電流の大きさが変わる。
③発電した電気は、コンデンサーなどにたくわえて使うことができる。
④コンデンサーにたくわえた同じ量の電気は、使う器具によって使える時間が変わる。

ぴたトリビア　電灯に明かりをつけるとあたたかくなるように、電灯は電気を光だけでなく熱にも変かんしています。

ぴったり2 練習

9. 発電と電気の利用

①電気をつくる(2)
②電気をたくわえて使う

教科書 176～180ページ　答え 36ページ

1 手回し発電機や光電池《こうでんち》にそれぞれモーターをつないで回路をつくり、はたらきをを調べました。

(1) 手回し発電機のハンドルを回す向きを逆にすると、モーターに流れる電流の向きはどうなりますか。正しいものに○をつけましょう。
①(　)もとと同じ向きに流れる。
②(○)もとと逆向きに流れる。
③(　)電流は流れない。

(2) 光電池をつなぐ向きを逆にすると、モーターに流れる電流の向きはどうなりますか。正しいものに○をつけましょう。
①(　)もとと同じ向きに流れる。
②(○)もとと逆向きに流れる。
③(　)電流は流れない。

(3) 手回し発電機のハンドルを回す速さを変えると、電流の大きさはどうなりますか。正しいほうに○をつけましょう。
①(○)電流の大きさは変わる。
②(　)電流の大きさは変わらない。

(4) 光電池に当たる光の強さを変えると、電流の大きさはどうなりますか。正しいほうに○をつけましょう。
①(○)電流の大きさは変わる。
②(　)電流の大きさは変わらない。

2 コンデンサーと手回し発電機をつないで、コンデンサーに電気をたくわえました。

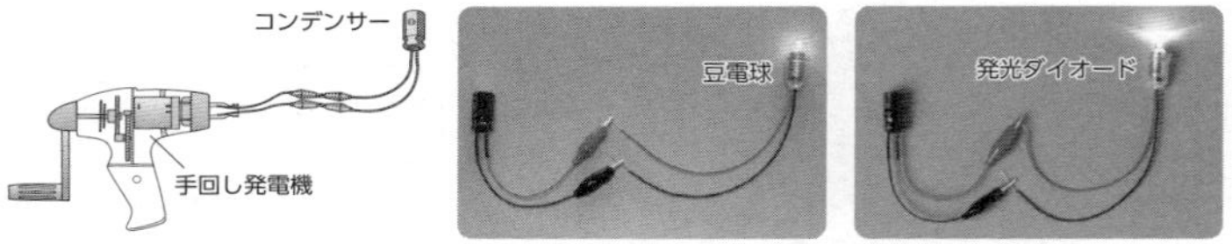

(1) 同じ量の電気をたくわえた2つのコンデンサーを、豆電球と発光ダイオードにそれぞれつないだとき、長く明かりがついているのは、豆電球と発光ダイオードのどちらですか。
(発光ダイオード)

(2) 豆電球と発光ダイオードで、少しの電気で長く明かりをつけることができるのはどちらですか。
(発光ダイオード)

ヒント ❶ 電流の向きが変わると、モーターの回る向きが変わります。電流が大きくなると、モーターの回る速さが速くなります。

71ページ てびき

❶ (1)(2)手回し発電機のハンドルを回す向きを逆にしたり、光電池《こうでんち》をつなぐ向きを逆にしたりすると、電流の向きも逆になり、モーターは逆向きに回ります。
(3)(4)手回し発電機のハンドルを回す速さや光電池に当たる光の強さを変えると、電流の大きさが変わります。手回し発電機のハンドルを速く回したり、光電池に当たる光を強くしたりすると、流れる電流も大きくなり、モーターの回り方が速くなります。

❷ (1)(2)発電した電気は、コンデンサーにたくわえることができます。電気の量が同じなら、豆電球より発光ダイオードのほうが長く明かりがつきます。つまり、豆電球より発光ダイオードのほうが、少しの電気で長く明かりをつけることができます。

ぴったり1 準備

9. 発電と電気の利用

③電気の利用とむだなく使うくふう

身の回りの電気の利用やむだなく使うためのくふうをかくにんしよう。

教科書 181～186ページ　答え 37ページ

下の(　　)にあてはまる言葉をかこう。

1 電気をどのように利用し、むだなく使うためにどんなくふうがあるのだろうか。 教科書 181～186ページ

▶電気は、光や音、熱、運動などに変えて利用されている。電気をむだなく使うために、必要なときだけ電気を使うようなくふうがされているものもある。

電気を(① **光**)に変える

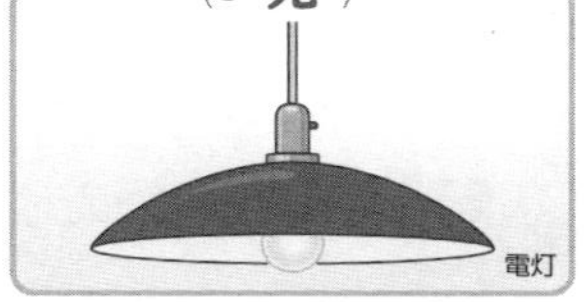

電灯

電気を(② **音**)に変える

ラジオ

電気を(③ **熱**)に変える

アイロン

電気を(④**運動**)に変える

せんぷう機

▶コンピュータが動作するための手順や指示のことを(⑤ **プログラム**)といい、(⑤)をつくることを(⑥ **プログラミング**)という。

▶(⑥)によって、電気を必要なときだけ、むだなく使うくふうがされているものがある。

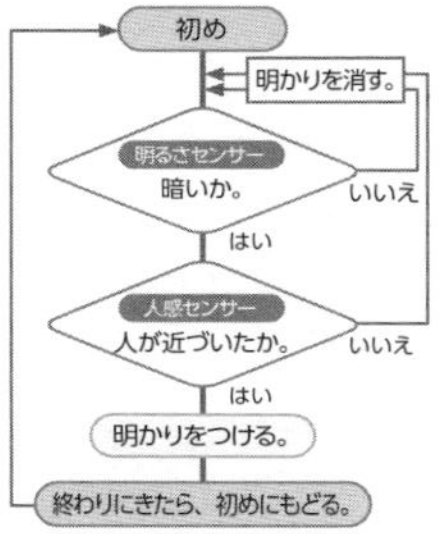

初め
明かりを消す。
明るさセンサー
暗いか。
いいえ
はい
人感センサー
人が近づいたか。
いいえ
はい
明かりをつける。
終わりにきたら、初めにもどる。

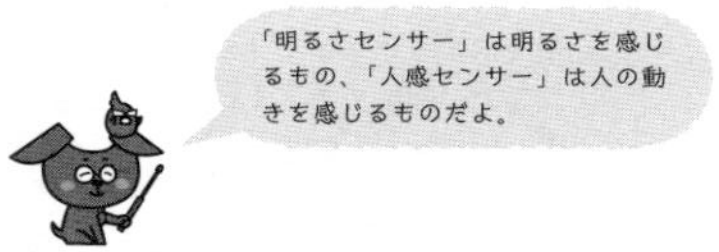

「明るさセンサー」は明るさを感じるもの、「人感センサー」は人の動きを感じるものだよ。

ここがだいじ!

①身の回りの電気製品は、電気を光や音、熱、運動などに変えて利用している。

②プログラミングによって、電気を必要なときだけ、むだなく使うくふうがされているものがある。

ぴたトリビア　電気は、光や熱、音、運動などに変かんしやすく、導線(電線)で送りやすいので、おもなエネルギーとして利用されています。

ぴったり2 練習

9. 発電と電気の利用

③電気の利用とむだなく使うくふう

教科書 181～186ページ　答え 37ページ

1 **身の回りの電気製品は、電気を光や音、熱、運動などに変えて使っています。そこで、電気の利用のしかたについて調べました。**

けい光灯
電気自動車
オーブントースター
テレビ

(1) けい光灯は、電気を何に変えて使っていますか。　(**光**)

(2) 電気自動車は、電気を何に変えて使っていますか。　(**運動**)

(3) オーブントースターは、電気を何に変えて使っていますか。　(**熱**)

(4) テレビは、電気を何と何に変えて使っていますか。　(**光**)(**音**)

2 **電気を必要なときだけ、むだなく使うためのくふうとして、自動的に電球の明かりがつく器具があります。これはコンピュータに、動作させる条件に合うかどうかを判断させ、明かりをつける動作をさせています。**

(1) コンピュータが動作するための手順や指示のことを、何といいますか。　(**プログラム**)

(2) (1)をつくることを何といいますか。　(**プログラミング**)

(3) 図は、人の動きを感じたときに、自動的に明かりをつけるときの条件と動作の手順を表したものです。

①㋐に入る文として正しいほうに○をつけましょう。

ア(　　)明るいか。

イ(◯)暗いか。

②㋑に入る文として正しいほうに○をつけましょう。

ア(◯)人が近づいたか。

イ(　　)人がいなくなったか。

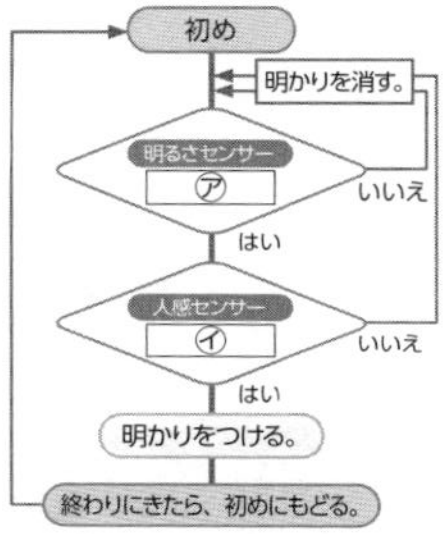

初め
明かりを消す。
明るさセンサー
㋐
いいえ
はい
人感センサー
㋑
いいえ
はい
明かりをつける。
終わりにきたら、初めにもどる。

73ページ　てびき

1 (1)けい光灯は光を出します。つまり、電気を光に変えています。

(2)電気自動車は電気によって走ります。つまり、電気を運動に変えています。

(3)オーブントースターは熱を出します。つまり、電気を熱に変えています。

(4)テレビは光と音を出します。つまり、電気を光と音に変えています。

2 (3)①をアとすると、明るいときに明かりがつくようになってしまいます。また、②をイとすると、人がいなくなったときに明かりがつくようになってしまいます。

おうちのかたへ

小学校理科では、「エネルギー」は扱わないので、電気の利用では、電気が光や音、熱、運動に変わる、という表現をしています。「エネルギー」や「エネルギーの変換と保存」は中学校理科で学習します。

ぴったり3 確かめのテスト。 9. 発電と電気の利用

74ページ

/100 合格 70 点

教科書 172〜191ページ　答え 38ページ

よく出る

1 手回し発電機とプロペラつきモーターをつないで回路をつくり、手回し発電機のハンドルをゆっくりと一定の速さで回すと、モーターは回りました。 1つ5点(25点)

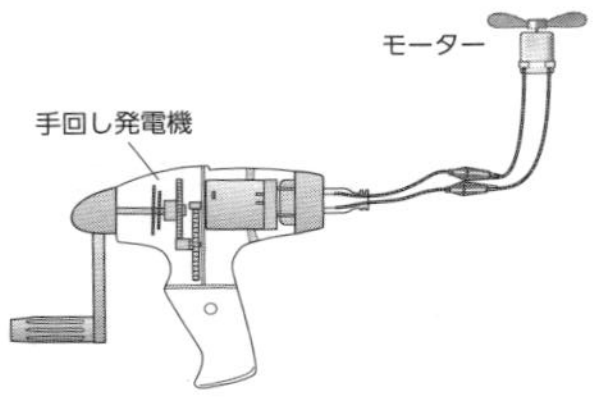

(1) 手回し発電機のハンドルを回すのをやめると、モーターはどうなりますか。

（止まる。(回らない。)）

(2) 手回し発電機のハンドルを回すのを速くすると、モーターの回る速さと向きはどうなりますか。

速さ（速くなる。）
向き（変わらない。(同じ向きに回る。)）

(3) 手回し発電機のハンドルを回す速さは変えず、回す向きを逆にすると、モーターの回る速さと向きはどうなりますか。

速さ（変わらない。(同じ速さで回る。)）
向き（逆向きに回る。）

2 光電池《こうでんち》とモーターをつないで回路をつくり、光電池に光を当てると、モーターは回りました。 1つ5点(25点)

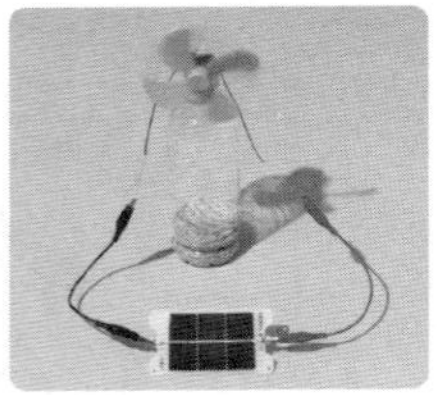

(1) 光電池をつなぐ向きを逆にすると、モーターの回る速さと向きはどうなりますか。

速さ（変わらない。）
向き（逆向きに回る。）

(2) (1)のことから、光電池をつなぐ向きを逆にすると、電流の向きはどうなるといえますか。

（逆向きになる。）

(3) 光電池に当たる光が強くなると、モーターが回る速さはどうなりますか。

（速くなる。）

(4) 光電池に当たる光が強くなると、電流の大きさはどうなりますか。

（大きくなる。）

学習

75ページ

3 手回し発電機で発電した電気をコンデンサーにたくわえて、たくわえた電気で豆電球と発光ダイオードの明かりをつけました。 1つ5点(15点)

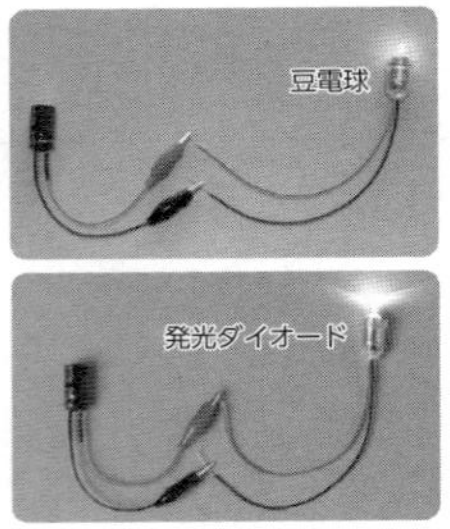

(1) コンデンサーにたくわえられている電気の量が同じとき、長く明かりがついているのは、豆電球と発光ダイオードのどちらですか。

（発光ダイオード）

(2) 豆電球や発光ダイオードは、電気を何に変えて利用している器具ですか。

（光）

(3) 電気をたくわえたコンデンサーを電子オルゴールにつなぐと、オルゴールが鳴りました。電子オルゴールは、電気を何に変えて利用している器具ですか。

（音）

4 ㋐〜㋓の電気製品は、電気を光、音、熱、運動のどれかに変えて利用しています。①〜④にあてはまるものを、それぞれ1つ選び、記号で答えましょう。 1つ5点(20点)

㋐ ラジオ　㋑ 電気スタンド　㋒ 電気ポット　㋓ せんぷう機

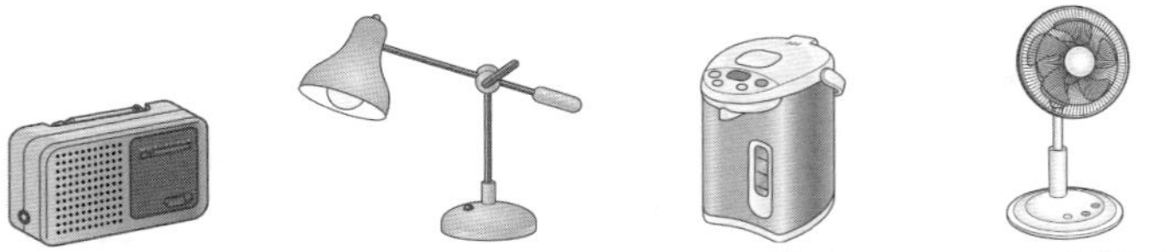

①電気→光（㋑）　②電気→音（㋐）
③電気→熱（㋒）　④電気→運動（㋓）

できたらスゴイ!

5 明かりをつけていた豆電球と発光ダイオードにふれてみると、豆電球のほうがあたたかく感じました。 1つ5点(15点)

(1) 少しの電気で長く明かりをつけることができるのは、豆電球と発光ダイオードのどちらですか。

（発光ダイオード）

(2) 豆電球と発光ダイオードで、効率よく電気を光に変えているのはどちらですか。

（発光ダイオード）

(3) 記述 (2)のように答えた理由を、「熱」という言葉を使って説明しましょう。 思考・表現

（発光ダイオードは光を出すときに、豆電球のように熱を出さないから。(豆電球は光を出すときに熱も出しているから。)）

ふりかえり ❶がわからないときは、68ページの❶にもどって確認《かくにん》しましょう。
❺がわからないときは、70ページの❷にもどって確認しましょう。

74〜75ページ てびき

❶ (1)手回し発電機は、ハンドルを回しているときだけ、電流が流れます。
(2)手回し発電機のハンドルを回す速さを変えると、流れる電流の大きさは変わりますが、電流の向きは変わりません。
(3)手回し発電機のハンドルを回す向きを変えると、電流の向きは変わりますが、電流の大きさは変わりません。

❷ (1)(2)光電池《こうでんち》をつなぐ向きを逆にすると、電流の向きも逆になり、モーターの回る向きも逆になります。
(3)(4)光電池に当たる光が強くなると、電流は大きくなり、モーターも速く回ります。

❸ (1)豆電球と発光ダイオードでは、同じ電気の量でも、明かりがついている時間にちがいがあり、豆電球より発光ダイオードのほうが長く明かりがつきます。
(3)電子オルゴールは、電流を流すと音が出ます。

❹ 電気製品のはたらきから考えます。

❺ (1)(2)少しの電気で長く明かりをつけることができる発光ダイオードのほうが、豆電球より効率よく電気を光に変えているといえます。
(3)豆電球は、電気を光だけでなく熱にも変えているので、発光ダイオードより電気を使っていることになります。

ぴったり1 準備　10. 自然とともに生きる

①わたしたちの生活と環境《かんきょう》とのかかわり

3分でまとめ

76ページ

空気・水・生物とわたしたちの生活のかかわりをかくにんしよう。

教科書 194〜197ページ　答え 39ページ

下の(　)にあてはまる言葉をかくか、あてはまるものを○で囲もう。

1 わたしたちの生活は、環境に、どんなえいきょうをあたえているのだろうか。　教科書 194〜197ページ

▶空気とわたしたちの生活

- わたしたちの生活に、電気やガスは欠かせない。
- 電気をつくるときに燃料を燃やすと
(① 酸素)が使われて
(② 二酸化炭素)が出る。
- 空気中の二酸化炭素の割合《わりあい》が
(③ (増える)・減る)と、地球の気温が上がると考えられている(地球温暖化《おんだんか》)。

▶水とわたしたちの生活

- 水は、生活のさまざまな場面で利用されているだけでなく、農業や工業にも、多くの水を必要とする。
- ヒトは自然の中を(④ じゅんかん)する水を利用している。
- 川や海の水質の変化は、そこにすむ生物にえいきょうをあたえる。

▶生物とわたしたちの生活

- わたしたちは、生きていくための(⑤ 養分)を、生物を食べることで得ている。食べ物として、植物や動物を育てたり、魚をとったりしている。
- 森林の木も、家や家具、紙などの材料として、管理しながら利用している。
- 管理ができなくなった畑や海のごみなどは、そこにくらす生物にえいきょうをあたえる。

生物は食べる・食べられるの関係でつながっていたね(食物連鎖《しょくもつれんさ》)。

ここがだいじ！　①ヒトの活動によって、空気中の二酸化炭素の割合が増えたり、川や海がよごれたりするなど、ヒトは地球の環境に、えいきょうをあたえている。

ぴたトリビア　地球上にある水の97％以上は海にあります。水は地球のすべての生物の命を支える大切なものです。

ぴったり2 練習　10. 自然とともに生きる

①わたしたちの生活と環境《かんきょう》とのかかわり

77ページ

教科書 194〜197ページ　答え 39ページ

1 空気とわたしたちの生活について調べました。図の矢印は、ある気体㋐の出入りを表しています。

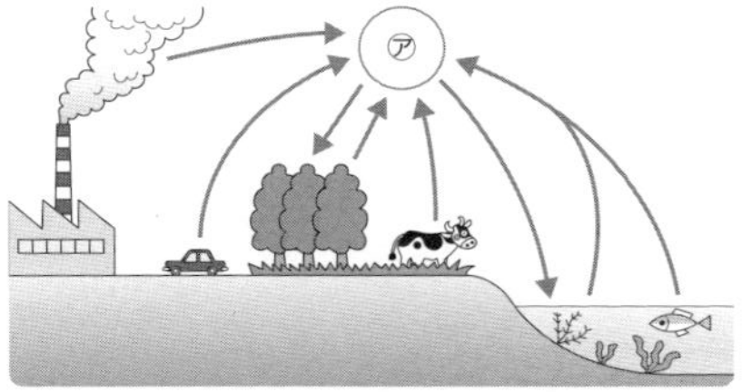

(1) 動物も植物も、酸素を体内に取り入れ、体内でできた二酸化炭素を外に出しています。このはたらきを何といいますか。
(呼吸)

(2) 図の㋐の気体は何ですか。あてはまるものに○をつけましょう。
①(　)ちっ素
②(　)酸素
③(○)二酸化炭素

(3) 火力発電所や工場などでは、燃料を燃やしています。燃料として使われるおもなものを1つかきましょう。
(石油、石炭、天然ガス、など。)

(4) 燃料を燃やすときに使われる気体、出てくる気体をそれぞれかきましょう。
使われる気体(酸素)
出てくる気体(二酸化炭素)

2 食べ物や飲み水とわたしたちの生活について調べました。

(1) わたしたちは生きていくための養分を取り入れるために、ほかの動物や植物を食べています。動物と植物は、自分で養分をつくり出すことができますか、できませんか。
動物(できない。)
植物(できる。)

(2) わたしたちは、口から水を取り入れています。植物はどこから水を取り入れますか。
(根)

(3) ヒトは、飲み物以外に、どんなことに水を利用していますか。1つかきましょう。
(洗たく、農作物を育てる、工場で装置《そうち》を冷やす、など。)

(4) 水は自然の中をじゅんかんしていて、水面や地面などから、蒸発して出て行きます。水が蒸発して気体になった姿《すがた》を、何といいますか。
(水蒸気)

ヒント　❶ (2)㋐の気体の出入りを表す矢印の向きを見ると、動物は出すだけですが、植物は出すだけでなく取り入れています。

77ページ　てびき

❶ (1)(2)ものが燃えると二酸化炭素が出ます。動物も植物も呼吸《こきゅう》をして二酸化炭素を出します。植物は日光が当たっているときは二酸化炭素を取り入れています。これらのことから、㋐の気体は二酸化炭素とわかります。
(3)(4)燃料には石油や石炭、天然ガスなどが使われます。これらを燃やすと酸素が使われて、二酸化炭素が出ます。

❷ (1)動物は自分で養分をつくることができないので、ほかの生物を食べることで養分を取り入れています。
(3)ヒトは飲み水以外にも水を利用しています。また、水は生物のすみかにもなっています。
(4)水(液体)は蒸発《じょうはつ》して水蒸《すいじょう》気《き》(気体)になります。冷えて0℃になると氷(固体)になります。

おうちのかたへ　10. 自然とともに生きる

人と環境のかかわりについて学習します。これまで小学校で学習してきたことをふまえて、人はどのように環境とかかわっているか、人が環境に及ぼす影響や環境が人の生活に及ぼす影響を考えることができるかがポイントです。

ぴったり1 準備

10. 自然とともに生きる
②自然環境《かんきょう》を守る
③これからの未来へ

学習 **78ページ**

環境を守るための取り組みをかくにんしよう。

教科書 198〜203ページ　答え 40ページ

下の(　)にあてはまる言葉をかくか、あてはまるものを○で囲もう。

1 環境を守るために、どんな取り組みが行われているのだろうか。 教科書 198〜203ページ

▶地球の空気や水、生物などの(① **環境**)が変化すると、わたしたちの生活にもえいきょうが出る。

▶(②(二酸化炭素)・ 酸素)が出ることを減らしたり、生物がすみやすい(③ **環境**)を守ったりする取り組みが広がっている。

▶環境を守ることは、ヒトをふくむ(④ **生物**)を守ることになる。

空気や水、土、ほかの生物など、その生物を取り巻いているものを、環境というよ。

▶環境へのえいきょうを少なくする取り組みの例
- 下水の有効活用…下水処理《しょり》のバイオガスで発電したり、どろで肥料をつくったりする。
- 雪の利用…冬にたくわえた雪を、冷蔵《れいぞう》や冷ぼうに利用する。

▶環境を守る取り組みの例
- 植林活動…山や田畑の環境を守る。水害などの災害を減らすことにもつながる。
- 海辺を守る取り組み…数多くの生物がすむ海辺を、うめ立てずに守り続ける。

▶わたしたちにもできることの例
- 電気の使用量を減らす…冷蔵庫の開け閉《し》めを手早くしたり、明かりをこまめに消したりする。
- エコバッグの利用…レジぶくろのごみの量も、レジぶくろをつくる量も減らすことができる。

▶(⑤ **SDGs**)とは「Sustainable Development Goals（持続可能な開発目標）」を略した言葉で、2015年に開かれた国連の「持続可能な開発サミット」で、193か国が2030年までに達成するためにかかげた目標である。

▶将来《しょうらい》の人々がくらしやすい環境を守りながら、今を生きる人々も豊かにくらせる社会のことを(⑥ **持続可能な社会**)という。

ここがだいじ!
①二酸化炭素が出ることを減らしたり、生物がすみやすい環境を守ったりする取り組みが広がっている。
②環境を守ることは、ヒトをふくむ生物を守ることになる。

ぴたトリビア　ヒトが生活するうえで自然環境にえいきょうをおよぼします。自分の生活の中で環境に多くの負担《ふたん》をかける行動がないか、考えてみましょう。

ぴったり2 練習

10. 自然とともに生きる
②自然環境《かんきょう》を守る
③これからの未来へ

学習 **79ページ**

教科書 198〜203ページ　答え 40ページ

1 わたしたちのくらしが環境にどのようなえいきょうをあたえているか、環境からどのようなえいきょうをあたえられているかを調べました。

(1) 火力発電所や工場では、燃料を燃やしています。このときのことで、正しいものに○をつけましょう。
①(○)燃料が燃えるときには、二酸化炭素が出る。
②(　)燃料を燃やしても、環境にえいきょうはない。
③(　)空気がよごれても、わたしたちの食べ物にはえいきょうはない。

(2) 工場や家庭からは、はい水が出ています。このときのことで、正しいものに○をつけましょう。
①(　)よごれた水は、そのまま川や海に流しても、環境にえいきょうはない。
②(○)工場内のしせつや下水処理場《しょりじょう》で、よごれた水をきれいな水にしてから流して、環境へのえいきょうがないようにしている。
③(　)水がよごれても、わたしたちの食べ物にはえいきょうはない。

2 わたしたちができる、環境を守る取り組みについて考えました。

(1) 電気の利用について、環境を守ることにつながることはどれですか。あてはまるものすべてに○をつけましょう。
①(○)人がいない部屋の明かりは消す。
②(○)見ていないテレビは消す。
③(　)エアコンは常につけておく。

(2) ものを燃やすと、酸素が使われて、二酸化炭素が出ます。次の中で、二酸化炭素をたくさん出すことにつながるものはどれですか、あてはまるものすべてに○をつけましょう。
①(○)燃えるごみをたくさん出す。
②(○)電気やガスをたくさん使う。
③(　)山に木を植える。

79ページ てびき

1 ヒトは空気や水、生物などの環境《かんきょう》と常にかかわり合って生活しています。空気や水をよごすと環境にえいきょうをあたえることになり、その環境の変化がわたしたちの生活にえいきょうをあたえることになります。

2 電気やガスを使う、ということは酸素を使い、二酸化炭素を出すなど、環境にえいきょうをあたえることにつながります。

ぴったり3 確かめのテスト

10. 自然とともに生きる

80ページ

/50 合格40点

教科書 192～203ページ　答え 41ページ

よく出る

1 ヒトの活動と空気の関係について調べました。図の矢印は、ある気体㋐、㋑の出入りを表しています。 1つ8点(24点)

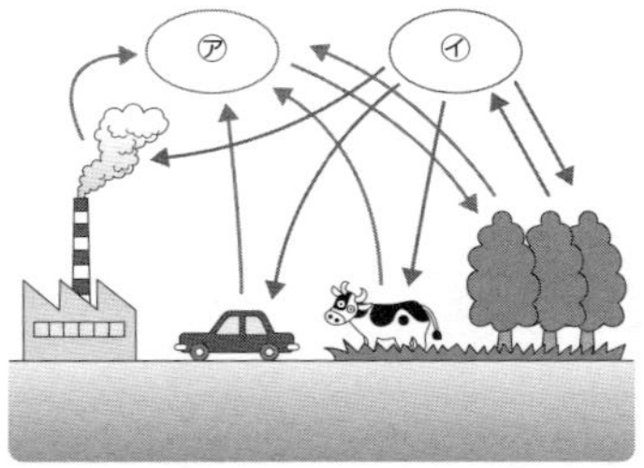

(1) 図の㋐、㋑の気体は何ですか。なお、植物に日光が当たっているときは、植物は㋑の気体を出しています。

㋐(二酸化炭素)
㋑(酸素)

(2) 次の文のうち、正しいものに○をつけましょう。

①(　)ものを燃やすと㋐の気体が使われて、㋑の気体が出る。

②(○)森林が減ると、空気の成分にえいきょうが出る。

③(　)空気をよごしても、ヒトの食べ物にえいきょうはない。

2 ヒトの活動と水の関係について調べました。図は水のじゅんかんを表しています。 (1)、(2)は1つ8点、(3)は10点(26点)

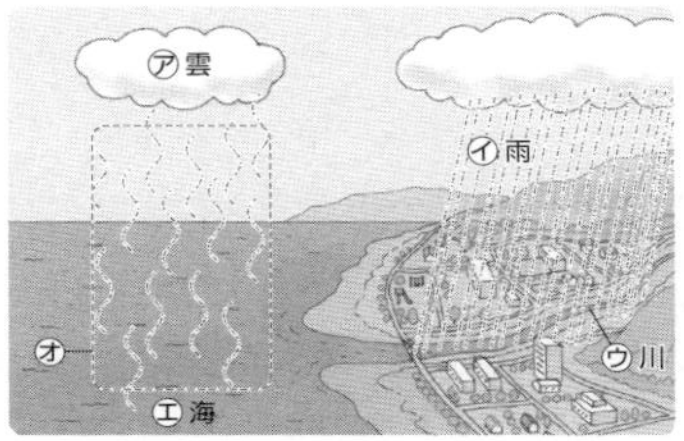

(1) 海などで蒸発《じょうはつ》した水の一部が雲をつくります。水が蒸発して気体になったものを何といいますか。

(水蒸気)

(2) ㋐～㋔の中で、ヒトのくらしにおもに利用される水はどれですか。記号で答えましょう。

(㋒)

(3) 記述 まなさんの家では、環境《かんきょう》を守るために、次のようなことをしています。

食器の油よごれをふいてから、食器を洗《あら》っています。

環境を守るのに、どう役立っているかかきましょう。 思考・表現

(油よごれをそのまま(下水に)流さずに、川や海がよごれるのを減らすようにしている。)

この本の終わりにある「春のチャレンジテスト」をやってみよう！

この本の終わりにある「学力診断《しんだん》テスト」をやってみよう！

80ページ てびき

1 (1)ものが燃えるときや呼吸《こきゅう》では、酸素が使われ、二酸化炭素が出ます。植物は日光が当たると、二酸化炭素を取り入れ、酸素を出します。これらのことから、㋐が二酸化炭素、㋑が酸素とわかります。

(2)森林が減ると、二酸化炭素を取り入れ、酸素を出すはたらきが小さくなります。

2 (2)おもに川の水を取り入れてじょう水場できれいにし、生活などに利用しています。

(3)食器を水で洗《あら》うと、そのよごれが下水に流れて、川や海をよごすことにつながります。食器の油よごれをふいてから水で洗うと、使う洗《せん》ざいの量が少なくなり、流す油よごれも少なくなります。

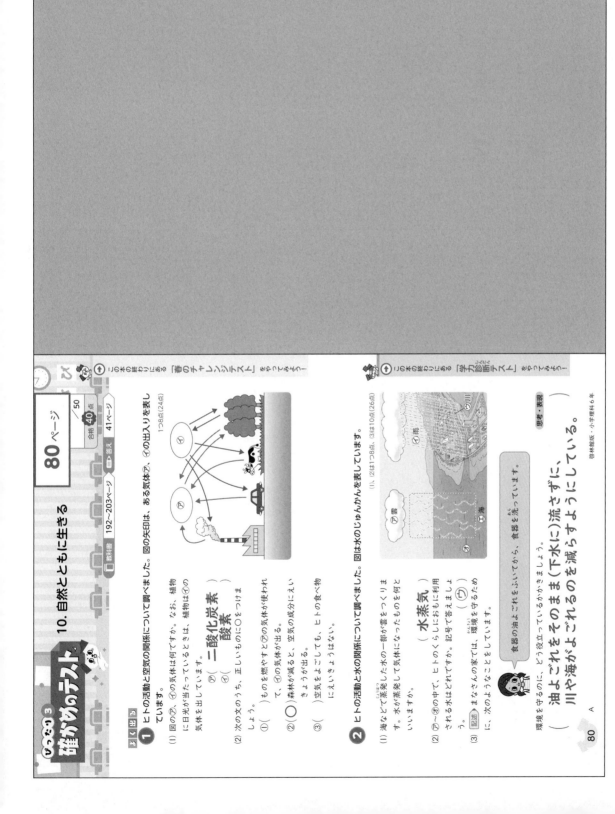

夏のチャレンジテスト

教科書　10〜87ページ

月　日

名前

時間 40分

知識・技能	思考・判断・表現	合格80点
/60	/40	/100

答え42〜43ページ

知識・技能

1 びんの中でろうそくを燃やしました。

1つ4点(12点)

(1) 作図 底のないびんを使い、ねん土に切りこみを入れ、底にすきまをつくり、線香を近づけました。線香のけむりの動きを、図に矢印でかきましょう。

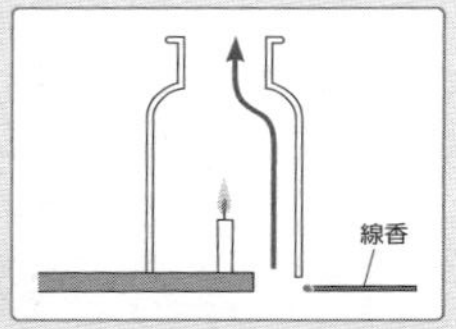
線香

(2) 空気と、びんの中で火が消えるまで燃やした後の空気のちがいを、石灰水《せっかいすい》で調べました。

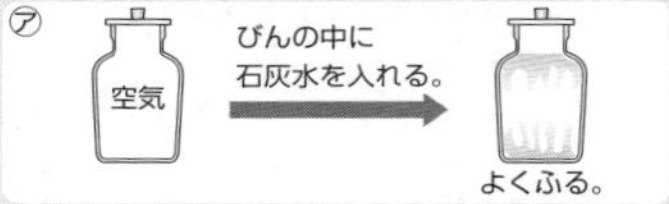
㋐
空気
びんの中に
石灰水を入れる。
よくふる。

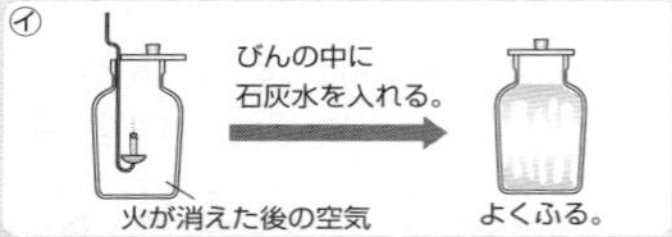
㋑
びんの中に
石灰水を入れる。
火が消えた後の空気
よくふる。

①石灰水が白くにごるのは、㋐、㋑のどちらですか。

（ ㋑ ）

②①の結果から、㋑のびんの中では何の気体が増えたことがわかりますか。

（ 二酸化炭素 ）

2 ヒトが吸《す》う空気やはき出した息について調べました。

1つ4点(12点)

(1) ㋐、㋑は、何という体のつくりですか。

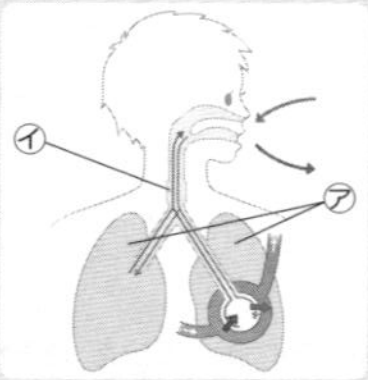
㋑
㋐

㋐（ 肺 ）
㋑（ 気管 ）

(2) 酸素を取り入れて、二酸化炭素を出すはたらきを何といいますか。

（ 呼吸 ）

3 同じぐらいに育ったジャガイモをほり出し、㋐、㋑のように根を色水にひたして、ポリエチレンのふくろをかぶせて日なたに置きました。

1つ4点(24点)

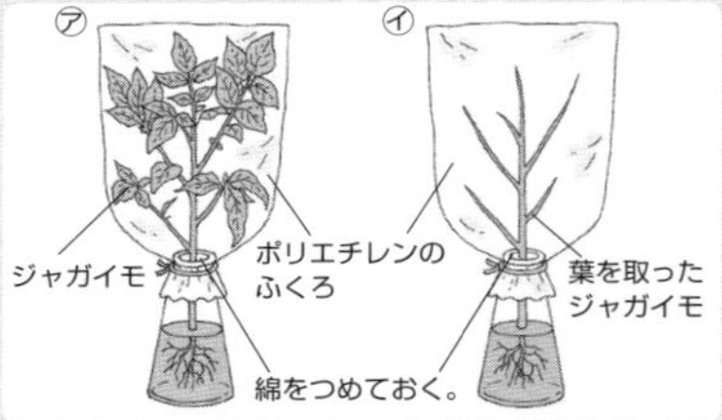
㋐
㋑
ジャガイモ
ポリエチレンのふくろ
葉を取ったジャガイモ
綿をつめておく。

(1) ふくろの内側に、たくさんの水てきがついたのは、㋐、㋑のどちらですか。

（ ㋐ ）

(2) (1)の結果から、どのようなことがいえますか。正しいものに○をつけましょう。

ア（　）水はおもに根から出ていく。
イ（　）水はおもにくきから出ていく。
ウ（ ○ ）水はおもに葉から出ていく。

(3) 葉の裏《うら》の表面には、水蒸気《すいじょうき》が出ていく小さな穴《あな》があります。

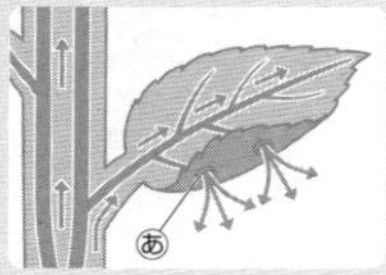
あ

①植物の体から、水が水蒸気となって出ていくことを何といいますか。

（ 蒸散 ）

②水蒸気が出ていく小さな穴あを何といいますか。

（ 気こう ）

(4) ㋐の根・くき・葉を、カッターナイフで縦《たて》や横に切って、切り口のようすを観察しました。

①切り口を見て、色がついているのはどの部分ですか。あてはまるものに○をつけましょう。

ア（　）根
イ（　）根とくき
ウ（ ○ ）根、くき、葉

②植物は、どこから水を取り入れていますか。

（ 根 ）

うらにも問題があります。

夏のチャレンジテスト　おもて　てびき

1 (1)線香のけむりは、下(底のすきま)からびんの中に流れこんで、上(びんの口)から出ていきます。

(2)石灰水《せっかいすい》は、二酸化炭素にふれると白くにごる性質があります。ろうそくが燃えるとき、酸素が減って、二酸化炭素が増えます。空気(㋐)では石灰水に変化は見られませんが、ものを燃やした後の空気(㋑)では、二酸化炭素が増えたため、石灰水は白くにごります。

2 (1)鼻や口から入った空気は、気管を通って、胸《むね》の左右に１つずつある肺《はい》に入ります。

3 (1)〜(3)植物が取り入れた水は、おもに葉から水蒸気《すいじょうき》となって出ていきます(ウ)。そのため、葉がついている㋐のほうが、たくさん水蒸気が出ていきます。

(4)葉へと続く水の通り道があるので、根、くき、葉のどこを切っても、切り口に色がついています。

4 生物どうしのつながりについて調べました。

1つ4点(12点)

(1) ㋐〜㋒の生物を、食べられるものから食べるものの順に並《なら》べ、記号でかきましょう。

（ ㋒ → ㋑ → ㋐ ）

(2) 自分で養分をつくることのできる生物は、㋐〜㋒のどれですか。

（ ㋒ ）

(3) 生物の間の「食べる・食べられる」の関係のつながりを何といいますか。

（ 食物連鎖 ）

思考・判断・表現

5 キャンプへ出かけ、火をおこすために木を組みました。

(1)、(2)は1つ4点、(3)は1つ3点(14点)

(1) よく燃える木の組み方について話し合いました。㋐、㋑のうち、正しいほうに○をつけましょう。

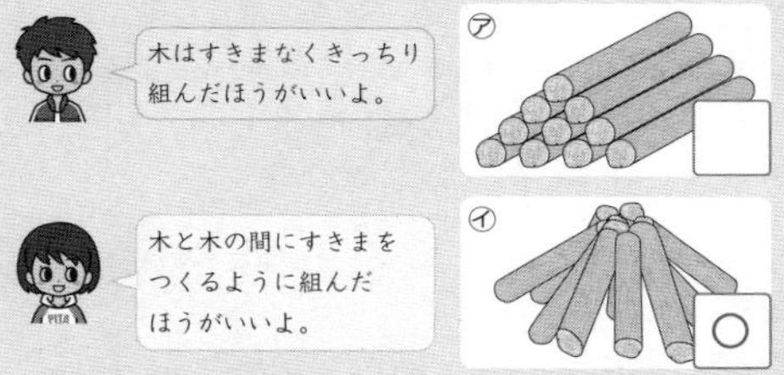
木はすきまなくきっちり組んだほうがいいよ。
㋐
木と木の間にすきまをつくるように組んだほうがいいよ。
㋑
○

(2) 記述 (1)で○をつけた意見が正しいと思ったのはなぜですか。理由をかきましょう。

（ 木の間にすきまがあるため、空気が入れかわって新しい空気にふれることができるから。 ）

(3) 空気は、ちっ素、酸素、二酸化炭素などの気体が混ざっています。

空気の成分
ちっ素
酸素
二酸化炭素など

①ものが燃えるためには、どの気体が必要ですか。

（ 酸素 ）

②ものが燃えるときに変化がないのは、ちっ素、酸素、二酸化炭素のうちのどれですか。

（ ちっ素 ）

6 うすいでんぷんの液をつくり、その中にだ液を入れ、変化を調べました。 (1)、(3)、(4)は1つ3点、(2)は4点(13点)

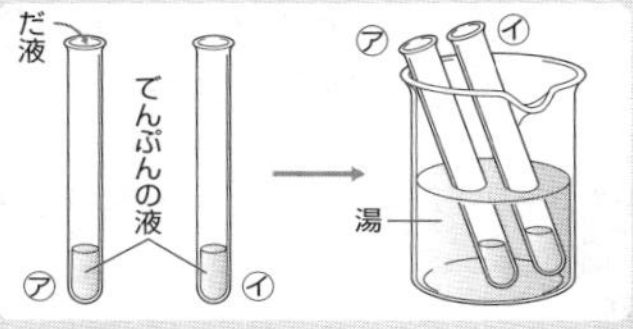
だ液
でんぷんの液
㋐
㋑
湯

(1) 数分後、㋐、㋑にヨウ素液を加えたとき、一方は色が変化しました。それは㋐、㋑のどちらですか。

（ ㋑ ）

(2) 記述 この実験から、だ液にはどのようなはたらきがあることがわかりますか。

（ でんぷんを別のものに変化させるはたらき ）

(3) 食べ物をかみくだいたり、体に吸収《きゅうしゅう》されやすいものに変えたりするはたらきを何といいますか。

（ 消化 ）

(4) (3)にかかわるだ液のような液体を何といいますか。

（ 消化液 ）

7 空気を通した生物のつながりをまとめました。

(1)、(2)は1つ3点、(3)は4点(13点)

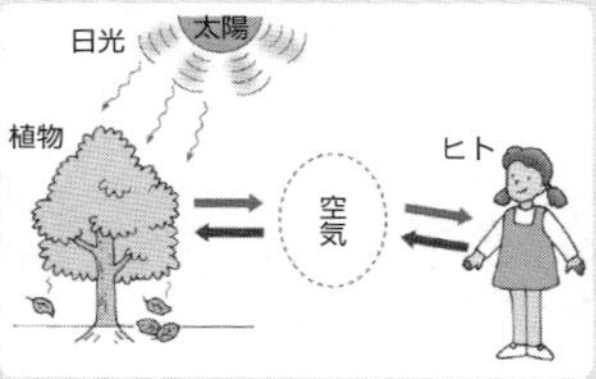
日光
太陽
植物
空気
ヒト

(1) 図の ➡ や ➡ は、何という気体の出入りを表していますか。

① ➡（ 酸素 ）

② ➡（ 二酸化炭素 ）

(2) ヒトやほかの動物が呼吸《こきゅう》をするときに出す気体は、何という気体ですか。

（ 二酸化炭素 ）

(3) 記述 ➡ で表された気体が空気中からなくならない理由をかきましょう。

（ 植物(の葉)に日光が当たると、酸素を出すから。 ）

夏のチャレンジテスト　うら　てびき

4 (1)(2)食べ物のもとをたどると、自分で養分をつくり出す生物に行きつきます。
(3)生物どうしは、植物が動物に食べられ、その動物もほかの動物に食べられるような「食べる・食べられる」の関係でつながっています。

5 (1)(2)空気が入れかわって、新しい空気にふれることで、ものはよく燃え続けます。木をすきまなく組む(㋐)より、すきまをつくるように組む(㋑)ほうが、新しい空気にふれやすいので、よく燃えます。
(3)酸素には、ものを燃やすはたらきがあります。ものが燃えるときは、酸素が減って、二酸化炭素が増えますが、ちっ素は変化しません。

6 (1)(2)でんぷんにヨウ素液をつけると、こい青むらさき色に変化します。でんぷんの液(㋑)にヨウ素液を加えると、色が変化しますが、だ液を加えたでんぷんの液(㋐)は、だ液によってでんぷんが別のものに変化するため、ヨウ素液を加えても、色は変化しません。
(3)(4)消化にかかわるだ液のような液体を、消化液といいます。

7 (1)(2)ヒトやほかの動物は、呼吸《こきゅう》によって酸素を取り入れ、体内にできた二酸化炭素を出しています。
(3)植物も呼吸はしていますが、葉に日光が当たっているときには、空気中の二酸化炭素を取り入れ、酸素を出しています。そのため、酸素は空気中からなくなりません。

冬のチャレンジテスト

教科書 94~153ページ

月　日

名前

時間 40分

知識・技能	思考・判断・表現	合格80点
/60	/40	/100

答え44~45ページ

知識・技能

1 食塩水、うすい塩酸、うすいアンモニア水をリトマス紙につけて、性質を調べました。　1つ2点(14点)

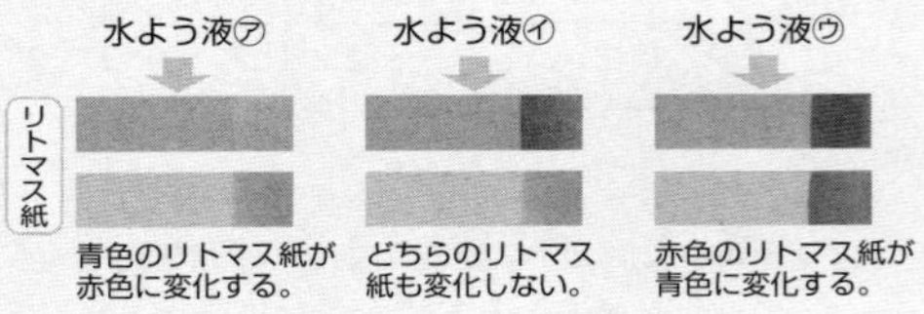

水よう液㋐
水よう液㋑
水よう液㋒
リトマス紙
青色のリトマス紙が赤色に変化する。
どちらのリトマス紙も変化しない。
赤色のリトマス紙が青色に変化する。

(1) リトマス紙の色の変化から、㋐~㋒の水よう液はそれぞれ、酸性、中性、アルカリ性のどれですか。

㋐(酸性)
㋑(中性)
㋒(アルカリ性)

(2) ㋐~㋒の水よう液は、それぞれ何ですか。名前をかきましょう。

㋐(うすい塩酸)
㋑(食塩水)
㋒(うすいアンモニア水)

(3) ㋐~㋒で、気体がとけている水よう液を、すべて記号で答えましょう。　(㋐、㋒)

2 鉄にうすい塩酸を加えて、変化を調べました。　1つ3点(12点)

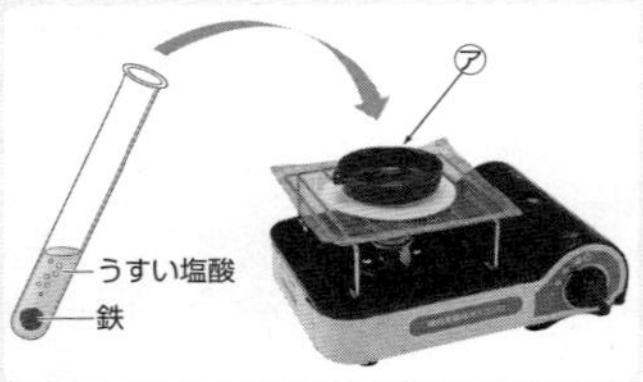

㋐
うすい塩酸
鉄

(1) ㋐の器具の名前をかきましょう。　(蒸発皿)

(2) うすい塩酸に鉄がとけた液体を加熱すると、固体が出てきました。この固体は何色ですか。　((うすい)黄色)

(3) (2)の固体にうすい塩酸を加えると、どうなりますか。正しいものに○をつけましょう。

ア(　)あわを出してとける。　イ(　)とけない。
ウ(○)あわを出さないでとける。

(4) (3)の結果から、(2)の固体はもとの鉄と同じものといえますか、いえませんか。　(いえない。)

3 月の形と見え方を調べました。　(1)は4点、(2)~(4)は1つ3点(16点)

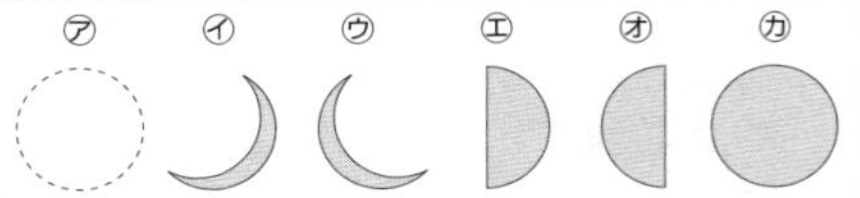

㋐
㋑
㋒
㋓
㋔
㋕

(1) 月の形の見え方は、毎日少しずつ変わっていきます。㋐の月から、月の形の変化を、正しい順に並《なら》べましょう。ただし、㋐の月は見えません。

(㋐ → ㋑ → ㋓ → ㋕ → ㋔ → ㋒)

(2) ㋑、㋓の形の月を、それぞれ何といいますか。

㋑(三日月)
㋓(半月(上弦の月))

(3) 月の形は、どのくらいでもとの形にもどりますか。正しいものに○をつけましょう。

①(　)約1週間
②(　)約10日間
③(○)約1か月間

(4) 月が明るく光っているところは、何の光が当たっているところですか。　(太陽(の光))

4 岩石について調べました。　1つ2点(8点)

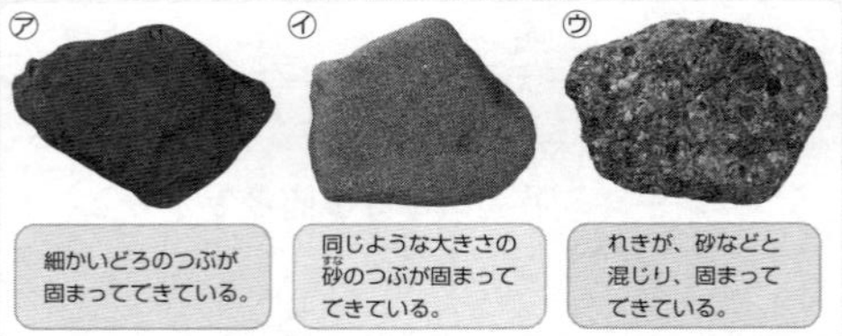

㋐
㋑
㋒
細かいどろのつぶが固まってできている。
同じような大きさの砂《すな》のつぶが固まってできている。
れきが、砂などと混じり、固まってできている。

(1) ㋐~㋒はそれぞれ、何という岩石ですか。名前をかきましょう。

㋐(でい岩)
㋑(砂岩)
㋒(れき岩)

(2) ㋐~㋒の岩石は、何のはたらきでできた岩石ですか。正しいほうに○をつけましょう。

①(　)火山の噴火《ふんか》のはたらき
②(○)流れる水のはたらき

うらにも問題があります。

冬のチャレンジテスト　おもて　てびき

1 (1)(2)青色のリトマス紙が赤色に変化した㋐はうすい塩酸で酸性の水よう液、どちらの色のリトマス紙も変化しない㋑は食塩水で中性の水よう液、赤色のリトマス紙が青色に変化した㋒はうすいアンモニア水でアルカリ性の水よう液です。

(3)塩酸は塩化水素の気体が、アンモニア水にはアンモニアの気体が、それぞれとけています。

2 (2)~(4)うすい塩酸に鉄がとけた液体を加熱して、水を蒸発《じょうはつ》させると、うすい黄色の固体が残ります。この固体がうすい塩酸にとけるときには、あわを出さずにとけます。鉄がうすい塩酸にとけるときにはあわを出してとけます。とけ方のちがいから、うすい塩酸に鉄がとけた液体から水を蒸発させて出てきた固体は、もとの鉄と同じものとはいえません。

3 (1)~(3)月の見え方は、毎日少しずつ変わっていきます。新月《しんげつ》から約15日で満月《まんげつ》になり、約1か月で新月にもどります。

(4)月は球の形をしていて、太陽の光が当たっている部分だけが明るく光って見えます。日によって、月と太陽の位置関係が変わるため太陽の光を受けてかがやいて見える月の形が変わります。

4 (1)(2)流れる水のはたらきによって運ぱんされたれき・砂《すな》・どろは、つぶの大きさによって分かれて、水底にたい積します。たい積したれき・砂・どろは、長い年月の間に固まると、かたい岩石になります。

5 地層《ちそう》のようすを調べました。

(1)、(4)は1つ2点、(2)は3点、(3)は全部できて3点(10点)

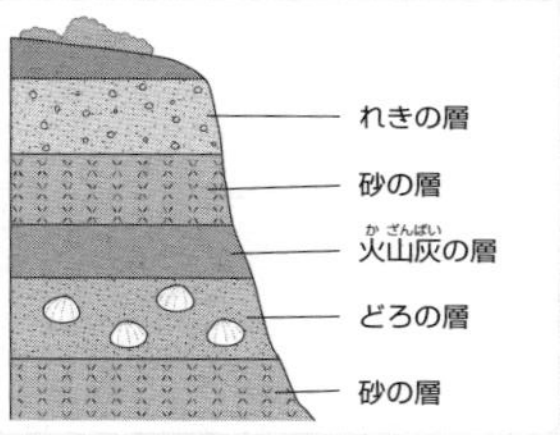
れきの層
砂の層
火山灰《かざんばい》の層
どろの層
砂の層

(1) どの層《そう》から、大昔の貝が出てきました。このような大昔の生物の体や生活のあとのことを、何といいますか。

(化石)

(2) 火山灰の層ができたころ、近くでどんなことが起こったと考えられますか。

(火山の噴火が起こった(と考えられる)。)

(3) 火山灰のつぶには、どんな特ちょうがありますか。あてはまるものすべてに○をつけましょう。

①(　)丸みがあるものが多い。
②(○)角ばったものが多い。
③(○)とうめいなガラスのかけらのようなものもある。

(4) れき、砂、どろで、つぶの大きさがいちばん大きいものはどれですか。

(れき)

思考・判断・表現

6 炭酸水から出る気体を集めました。

1つ4点(12点)

炭酸水

(1) 炭酸水から出る気体を集めたびんの中に、火のついた木を入れるとどうなりますか。

((すぐに火が)消える。)

(2) 炭酸水から出る気体を集めたびんの中に、石灰水《せっかいすい》を入れてふると、どうなりますか。

(白くにごる。)

(3) (1)、(2)の結果から、炭酸水から出る気体は何だとわかりますか。

(二酸化炭素)

7 月の形の見え方を、ボールを使って調べました。

(1)は全部できて4点、(2)、(3)は1つ4点、(4)は6点(18点)

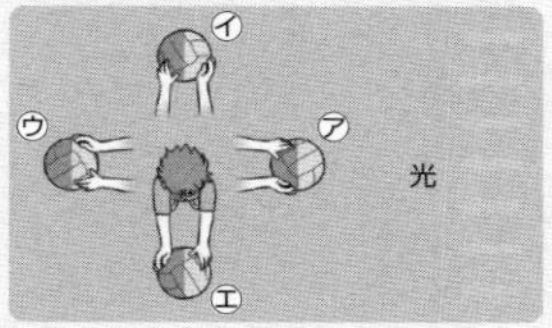
㋐
㋑
㋒
㋓
光

(1) この実験で、人とボールは、地球と月のどちらを表していますか。

人 (地球)
ボール(月)

(2) ボールの光っている部分が満月のように見える位置は、㋐～㋓のどれですか。

(㋒)

(3) ㋐の位置では、光っている部分が全く見えませんでした。このような月を何といいますか。

(新月)

(4) 記述 この実験から、日によって月の形が変わって見えるのは、どのような理由からだといえますか。

(月と太陽の位置関係が変わるから。)

8 れき、砂、どろを混ぜた土を、水の入った容器に入れ、よくふり混ぜた後、静かに置いておきました。

(1)は全部できて6点、(2)は4点(10点)

しばらく
置いておく。
ふり混ぜる。
㋐
㋑
㋒

(1) ㋐～㋒には、それぞれ何が積もっていますか。

㋐(どろ)
㋑(砂)
㋒(れき)

(2) (1)から、積もり方にはどんなきまりがあることがわかりますか。次の説明のうち、正しいほうに○をつけましょう。

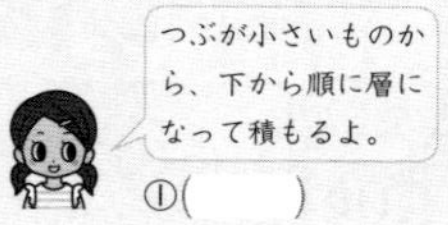
つぶが小さいものから、下から順に層になって積もるよ。

①(　)

つぶが大きいものから、下から順に層になって積もるよ。

②(○)

冬のチャレンジテスト　うら　てびき

5 (1)地層《ちそう》には、大昔の生物の体や生活のあとなどがふくまれることがあり、これを化石といいます。
(2)地層は、水のはたらきでできるほか、火山の噴火《ふんか》で、火口からふき出た火山灰《かざんばい》などが降《ふ》り積もってできたものもあります。
(3)火山灰のつぶは、角ばったものが多く、とうめいなガラスのかけらのようなものもあります。
(4)れき・砂《すな》・どろは、つぶの大きさで区別されています。つぶの大きさが2mm以上の石をれきといいます。どろのつぶは、虫眼鏡《むしめがね》などで拡大しないと見えないほど小さいです。

6 (1)炭酸水には二酸化炭素がとけています。二酸化炭素にはものを燃やすはたらきはないので、二酸化炭素を入れたびんの中に火のついた木を入れると、すぐに火が消えます。
(2)二酸化炭素は、石灰水《せっかいすい》を白くにごらせる性質があります。

7 (1)光の当たったボールは、太陽からの光が当たった月に見立てます。
(2)(3)㋐は新月、㋒は満月、㋑と㋓は半月のように見えます。
(4)月は球の形をしていて、太陽の光が当たっている部分だけが明るく光って見えます。日によって、月と太陽の位置関係が変わることで、太陽の光を受けてかがやいて見える月の形が変わって見えます。

8 (1)(2)水の中でつぶの大きさによって分かれて、層《そう》になって積もります。このとき、つぶの大きいれきが下のほうに、つぶの小さいどろが上のほうに積もります。

春のチャレンジテスト

教科書 154〜203ページ

名前　　月　日

時間 40分

知識・技能	思考・判断・表現	合格80点
/60	/40	/100

答え46〜47ページ

知識・技能

1 てこのはたらきについて調べました。

(1)、(2)は1つ2点、(3)は3点(15点)

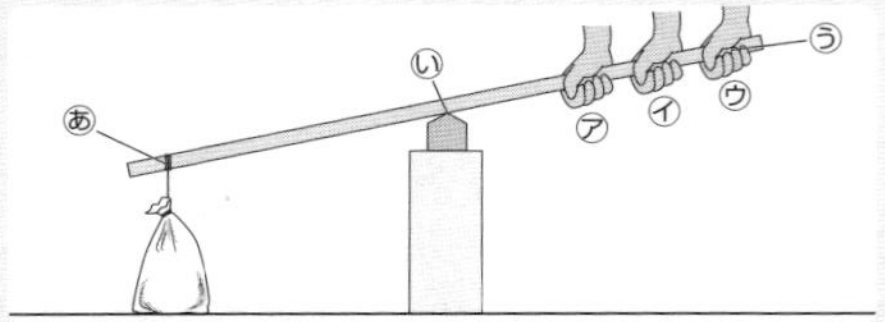

(1) 棒《ぼう》をてことして使ったとき、①〜③にあてはまるのは、あ〜うのどの点ですか。

①棒を支えるところ　（ い ）

②棒に力を加えるところ　（ う ）

③棒からものに力がはたらくところ　（ あ ）

(2) 棒をてことして使ったとき、あ〜うの点をそれぞれ何といいますか。

あ（作用点）　い（ 支点 ）　う（ 力点 ）

(3) 図の砂《すな》ぶくろを持ち上げるとき、うに加える力がいちばん小さいのは、ア〜ウのどの位置に手があるときですか。

（ ウ ）

2 てこのつり合いについて調べました。

(1)は全部できて3点、(2)は3点(6点)

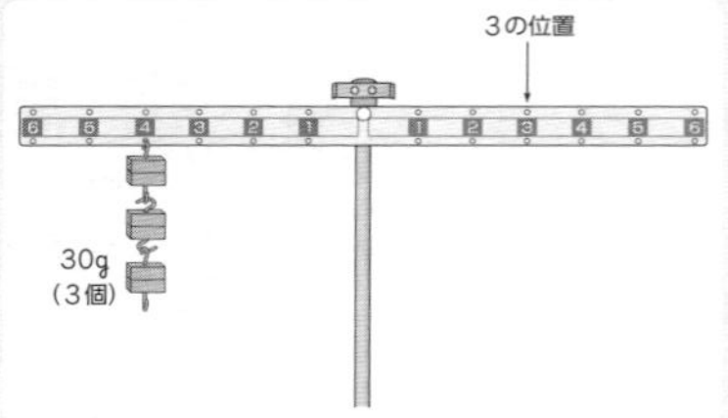

(1) てこのうでをかたむけるはたらきは、何×何で表されますか。

（おもりの重さ（力の大きさ））×（支点からのきょり）

(2) 図のてこを水平につり合わせるには、右のうでの3の位置に、1個10gのおもりを、何個つるせばよいですか。

（ 4個 ）

3 手回し発電機のハンドルを回して、発電しました。

1つ3点(15点)

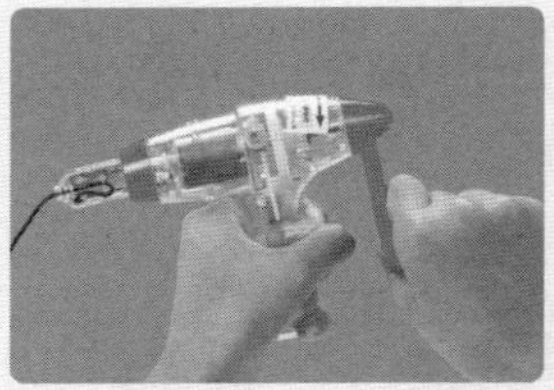

(1) 手回し発電機のハンドルを逆向きに回すと、電流の向きはどうなりますか。

（ 逆になる。 ）

(2) 手回し発電機をモーターにつなぎました。ハンドルを回す速さを速くすると、モーターはどうなりますか。

（(より)速く回る。）

(3) ①〜③の道具はそれぞれ、電気を何に変えていますか。

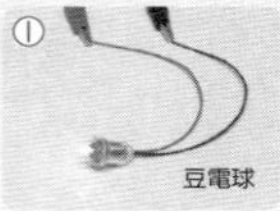

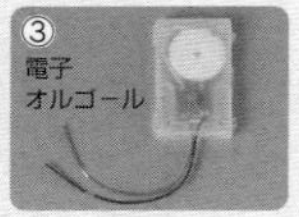

①（ 光 ）　②（ 運動 ）　③（ 音 ）

4 あに光を当てると、回路に電流が流れて、モーターが回りました。

1つ3点(9点)

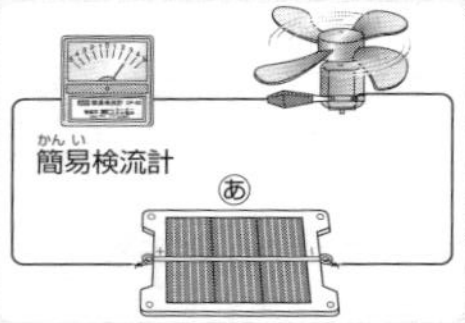

(1) あの器具を何といいますか。

（光電池(太陽電池)）

(2) あをつなぐ向きを逆にすると、モーターの回る向きはどうなりますか。

（ 逆向きに回る。 ）

(3) あに当たる光を強くしたとき、回路に流れる電流の大きさはどうなりますか。

（ 大きくなる。 ）

うらにも問題があります。

春のチャレンジテスト　おもて　てびき

1 (1)(2)棒《ぼう》を支えるところ(い)を支点、棒に力を加えるところ(う)を力点、棒からものに力がはたらくところ(あ)を作用点といいます。

(3)支点・作用点の位置は変えず、力点の位置だけを変えます。同じものでも、支点から力点までのきょりが長くなるほど、手ごたえは小さく、小さな力で持ち上げることができます。

2 (1)てこのうでをかたむけるはたらきは、「おもりの重さ(力の大きさ)×支点からのきょり」で表すことができます。

(2)てこのうでをかたむけるはたらきが支点の左右で等しいとき、てこは水平につり合います。左のうでをかたむけるはたらきは、おもりの重さが10×3＝30(30g)、支点からのきょりが4なので、30×4＝120です。右のうでのきょりは3になるので、おもりの重さを□とすると、右のうでをかたむけるはたらきは、□×3＝120となります。これは、□＝40となります。おもりの重さは1個10gなので、おもりを4個つるせばよいことになります。

3 (1)(2)手回し発電機のハンドルを回すと、電流が流れます。ハンドルの回す向きを逆にすると、電流の向きも逆になります。また、ハンドルを回す速さを速くすると、電流の大きさは大きくなります。

(3)身の回りの電気製品は、電気を光や音、熱、運動などに変えて利用しています。

4 (2)(3)光電池《こうでんち》(太陽電池)に光を当てると、電流が流れます。光電池をつなぐ向きを逆にすると、電流の向きも逆になります。また、光電池に当たる光の強さを強くすると、電流の大きさは大きくなります。

5 空気とわたしたちの生活について調べました。 1つ3点(15点)

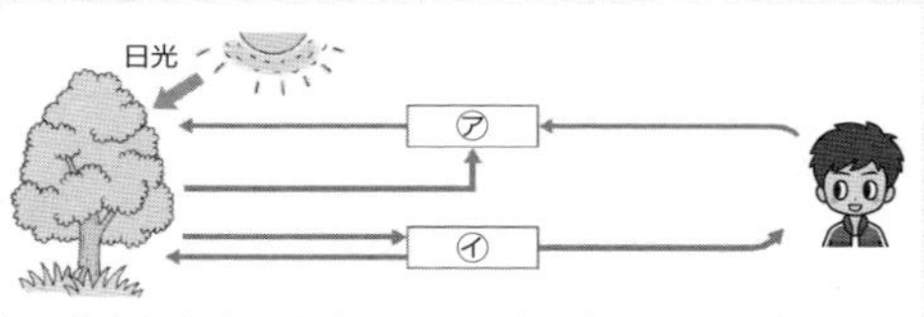

(1) ㋐、㋑はそれぞれ、何という気体ですか。

㋐(二酸化炭素)
㋑(酸素)

(2) 次の文の( )にあてはまる言葉をかきましょう。

すべての生物は(① 呼吸)により、㋑の気体を取り入れ、㋐の気体を出している。しかし、㋑の気体がなくならないのは、(② 植物)が日光に当たると、㋑の気体を出すからである。

(3) 発電のときに燃料を燃やして、㋐の気体が発生するものはどれですか。あてはまるものに○をつけましょう。

①( )風力発電
②(○)火力発電
③( )水力発電

思考・判断・表現

6 身の回りのてこを利用した道具について考えます。 (1)、(2)は1つ4点、(3)は6点(14点)

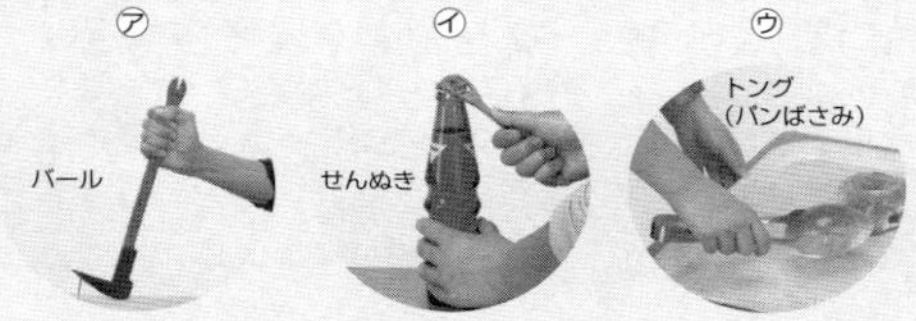

(1) ①〜③で、正しいものに○をつけましょう。

①( )㋐は作用点が支点と力点の間にある道具である。
②( )㋑は支点が力点と作用点の間にある道具である。
③(○)㋒は力点が支点と作用点の間にある道具である。

(2) ㋒の道具について、パンにはたらく力は、㋒の道具を手でつかむ力よりも大きいですか、小さいですか。

(小さい。)

(3) 記述 (2)のように考えたのはなぜですか。「支点」「力点」「作用点」という言葉を使って説明しましょう。

(力点が作用点よりも支点の近くにあるため、作用点ではたらく力は力点での力よりも小さくなるから。)

7 コンデンサーをそれぞれ、豆電球と発光ダイオードにつなぎます。 1つ4点(8点)

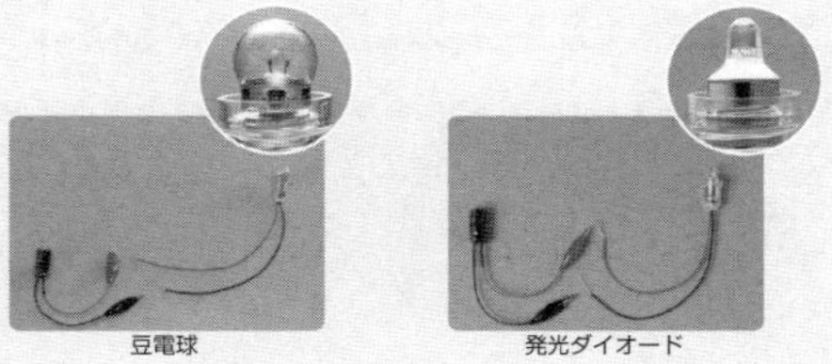

(1) 同じ量の電気をたくわえたコンデンサーをそれぞれ、豆電球と発光ダイオードにつなぐと、長く明かりがつくのはどちらですか。

(発光ダイオード)

(2) 豆電球と発光ダイオードは、どちらが電気を効率よく光に変えているといえますか。

(発光ダイオード)

8 環境《かんきょう》を守るためにできることを考えます。 (1)は1つ4点、(2)は6点(18点)

(1) 次の( )にあてはまる言葉をかきましょう。

わたしたちの生活に、電気は欠かせません。電気をつくるおもな燃料には、(① 石油)や石炭、天然ガスがあります。これらの燃料を燃やすと、(② 酸素)が使われて、二酸化炭素が出ます。そのため、電気やガスの使用量を減らすことは、環境へのえいきょうを少なくすることにつながります。

また、(③ 日光)のはたらきで発電する太陽光発電なら、発電するときに燃料を燃やすことがないので、二酸化炭素が出ません。

(2) 記述 まなさんの家では、油よごれをふき取ってから皿洗《さらあら》いをしています。これは環境を守るのに、どう役に立ちますか。

(水がよごれるのを減らすことができる。)

春のチャレンジテスト(裏)

春のチャレンジテスト うら てびき

5 (1)(2)植物は、日光が当たっているときには、空気中の二酸化炭素を取り入れ、酸素を出しています。
(3)火力発電は、石油や石炭、天然ガスなどの燃料を燃やして発電しています。燃料を燃やすと、酸素が使われて、二酸化炭素が出ます。風力発電や水力発電は、風や水の力で発電機を回しています。

6 (1)バール(㋐)は支点が力点と作用点の間にある道具、せんぬき(㋑)は作用点が支点と力点の間にある道具です。
(2)(3)力点が、作用点よりも支点の近くにあるため、作用点にはたらく力は、力点で加えた力より小さくなります。

7 発光ダイオードは豆電球に比べて、同じ量の電気でも長く明かりをつけることができます。よって、発光ダイオードのほうが、電気を効率よく光に変えているといえます。

8 (1)石炭や石油、天然ガスなどの燃料を燃やすと、酸素が使われて、二酸化炭素が出ます。風力発電や太陽光発電は、風の力や日光のはたらきで発電するので、燃料を燃やすことがありません。
(2)皿《さら》の油よごれを先にふき取ることで、洗《あら》わなければならない油よごれの量が減り、使う洗《せん》ざいの量が減ります。その結果、下水に流れるよごれた水の量が減り、水がよごれるのを減らすことができます。

6年 理科のまとめ

学力診断《しんだん》テスト

名前　　　月　　日

時間 40分　　合格80点　　／100

答え48〜49ページ

1 上と下にすきまの開いたびんの中で、ろうそくを燃やしました。　各2点(12点)

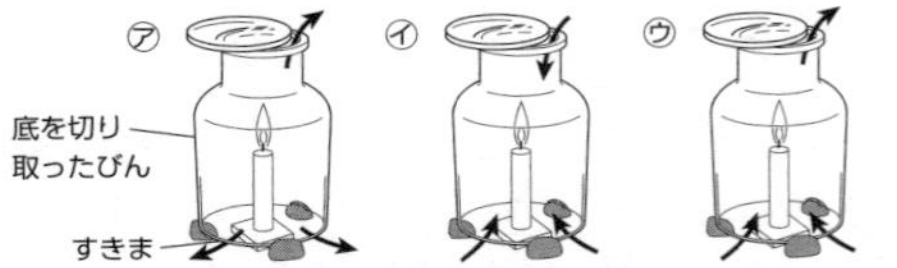

(1) びんの中の空気の流れを矢印で表すと、どうなりますか。正しいものを㋐〜㋒から選んで、記号で答えましょう。
(㋒)

(2) びんの上と下のすきまをふさぐと、ろうそくの火はどうなりますか。
((すぐに火が)消える。)

(3) (1)、(2)のことから、ものが燃え続けるためにはどのようなことが必要であると考えられますか。
(空気が入れかわ(って、新しい空気に)ふれ)ること。)

(4) ろうそくが燃える前と後の空気の成分を比べて、①増える気体、②減る気体、③変わらない気体は、ちっ素、酸素、二酸化炭素のどれですか。それぞれ答えましょう。
①(二酸化炭素)
②(酸素)
③(ちっ素)

2 ヒトの体のつくりについて調べました。　各2点(8点)

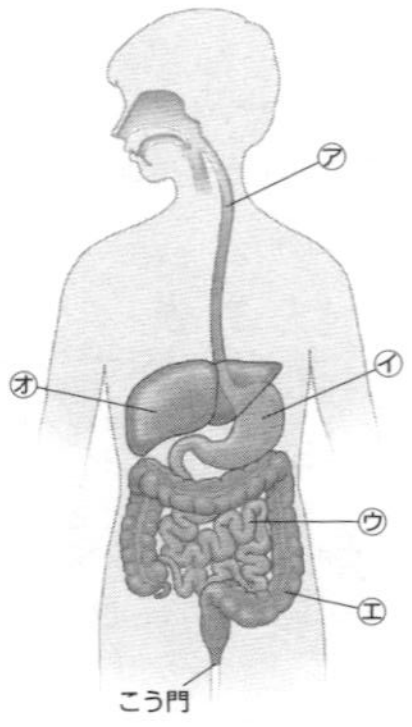

(1) ㋐〜㋔のうち、食べ物が通る部分をすべて選び、記号で答えましょう。
(㋐、㋑、㋒、㋓)

(2) 口から取り入れられた食べ物は、(1)で答えた部分を通る間に、体に吸収《きゅうしゅう》されやすい養分に変化します。このはたらきを何といいますか。
(消化)

(3) ㋐〜㋔のうち、吸収された養分をたくわえる部分はどこですか。記号とその名前を答えましょう。　記号(㋔)　名前(かん臓)

3 水の入ったフラスコに根がついたままほり出した植物を入れ、ふくろをかぶせて、しばらく置きました。　各3点(12点)

(1) 15分後、ふくろの内側はどうなりますか。
(水てきがつく。)

(2) 次の文の(　)にあてはまる言葉をかきましょう。
(1)のようになったのは、おもに葉から、水が(①)となって出ていったからである。このようなはたらきを(②)という。
①(水蒸気)　②(蒸散)

(3) ふくろを外し、そのまま1日置いておくと、フラスコの中の水の量はどうなりますか。
(減る。)
(少なくなる。)

4 太陽、地球、月の位置関係と、月の形の見え方について調べました。　各3点(12点)

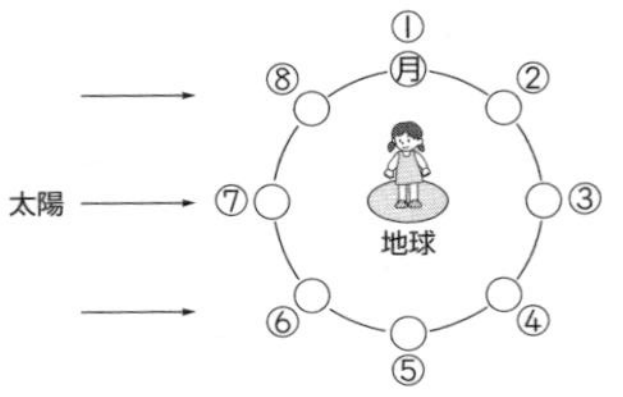

(1) 月が①、③、⑥の位置にあるとき、月は、地球から見てどのような形に見えますか。㋐〜㋗からそれぞれ選び、記号で答えましょう。

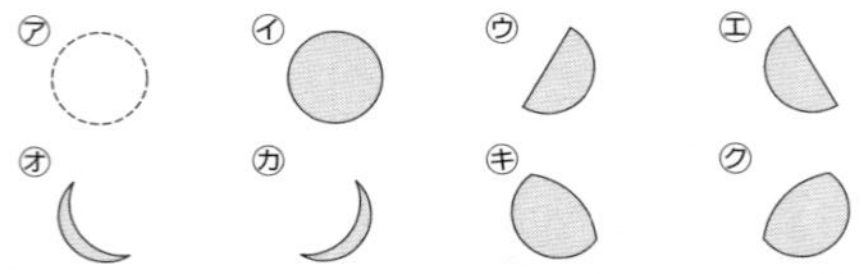

①(㋓)　③(㋑)　⑥(㋕)

(2) 月が光って見えるのはなぜですか。理由をかきましょう。
(太陽の光を受けて光っているから。)

➡うらにも問題があります。

学力診断《しんだん》テスト　おもて　てびき

1 (1)〜(3)上にも下にもすきまがあるびんの中でろうそくを燃やすと、空気は下から入って、上から出ていきます。びんの中の空気が入れかわって、新しい空気にふれることで、ろうそくはよく燃え続けます。空気が入れかわらないと、ろうそくの火は消えてしまいます。
(4)ものが燃えるとき、空気中の酸素の一部が使われて、二酸化炭素が発生します。ちっ素は、変化しません。

2 (1)食べ物は、口→食道(㋐)→胃《い》(㋑)→小腸《しょうちょう》(㋒)→大腸《だいちょう》(㋓)→こう門と通ります。この食べ物の通り道を消化管といいます。
(3)小腸で吸収《きゅうしゅう》された養分は、小腸の血管を流れる血液に取り入れられ、かん臓《ぞう》を通って全身に運ばれます。かん臓では、養分の一部をたくわえ、必要なときに全身に送り出すはたらきをしています。

3 (1)(2)根から取り入れられた水は、おもに葉から水蒸気《すいじょうき》として出ていきます。これを蒸散《じょうさん》といいます。葉から出た水蒸気が水にもどり、ふくろの内側につきます。
(3)植物は根から水を吸《す》い上げるので、フラスコの中の水の量は1日たつと減ります。

4 (1)①の位置では、左側が光っている半月になります。③の位置では、満月になります。⑥の位置では、右側が少しだけ光っている月になります。
(2)月は、自分では光を出さず、太陽からの光をはね返して光っています。

5 地層《ちそう》の重なり方について調べました。

各2点(8点)

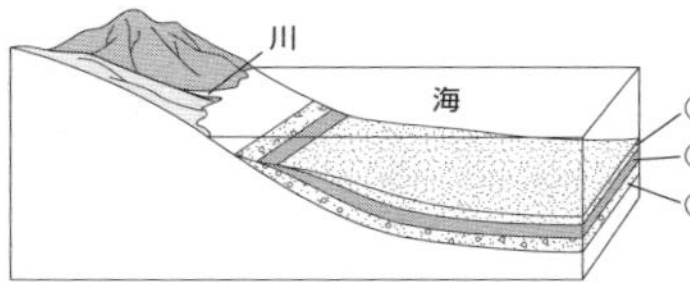
川
海
①の層
②の層
③の層

(1) ①〜③の層《そう》には、れき・砂《すな》・どろのいずれかが積もっています。それぞれ何が積もっていると考えられますか。

①(**どろ**) ②(**砂**) ③(**れき**)

(2) (1)のように積み重なるのは、つぶの何が関係していますか。

(**(つぶの)大きさ**)

6 水よう液の性質を調べました。

各3点(12点)

(1) アンモニア水を、赤色、青色のリトマス紙につけると、リトマス紙の色はそれぞれどうなりますか。

①赤色リトマス紙(**青色に変化する。**)

②青色リトマス紙(**変化しない。**)

(2) リトマス紙の色が、(1)のようになる水よう液の性質を何といいますか。 (**アルカリ性**)

(3) 炭酸水を加熱して水を蒸発《じょうはつ》させても、あとに何も残らないのはなぜですか。理由をかきましょう。

(**気体である二酸化炭素がとけている水よう液だから。**)

7 空気を通した生物のつながりについて考えました。

各3点(9点)

(1) ㋐、㋑の気体は、それぞれ何ですか。気体の名前を答えましょう。

㋐(**酸素**)

㋑(**二酸化炭素**)

(2) 植物も動物も呼吸《こきゅう》を行っていますが、地球上から酸素がなくならないのは、なぜですか。理由をかきましょう。

(**植物は(葉に)日光が当たっているとき、酸素を出しているから。**)

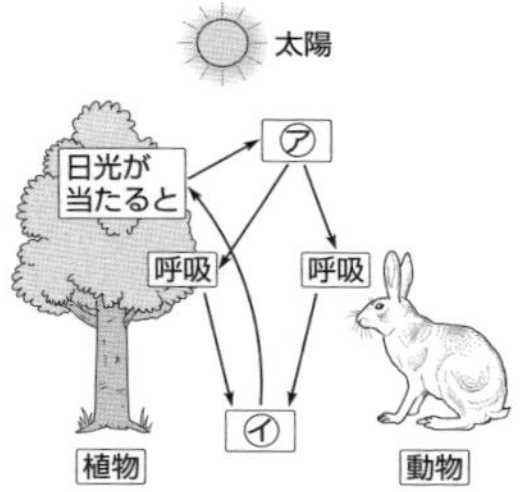
太陽
日光が
当たると
㋐
呼吸
呼吸
㋑
植物
動物

活用力をみる

8 身の回りのてこを利用した道具について考えました。

各3点(15点)

(1) はさみの支点・力点・作用点はそれぞれ、㋐〜㋒のどれにあたりますか。

①支点 (**㋒**)

②力点 (**㋑**)

③作用点(**㋐**)

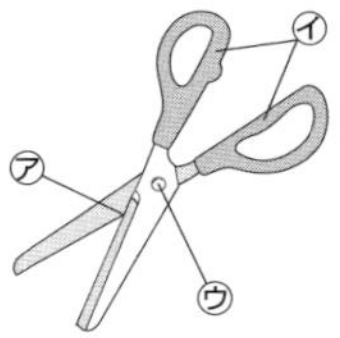
㋑
㋐
㋒

(2) はさみで厚紙を切るとき、「㋐はの先」「㋑はの根もと」のどちらに紙をはさむと、小さな力で切れますか。正しいほうに○をつけましょう。

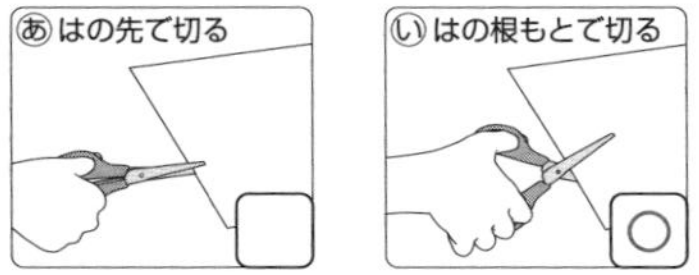
㋐はの先で切る
㋑はの根もとで切る
○

(3) (2)のように答えた理由をかきましょう。

(**支点と作用点のきょりが短いほど、作用点ではたらく力が大きいから。**)

9 電気を利用した車のおもちゃを作りました。

各4点(12点)

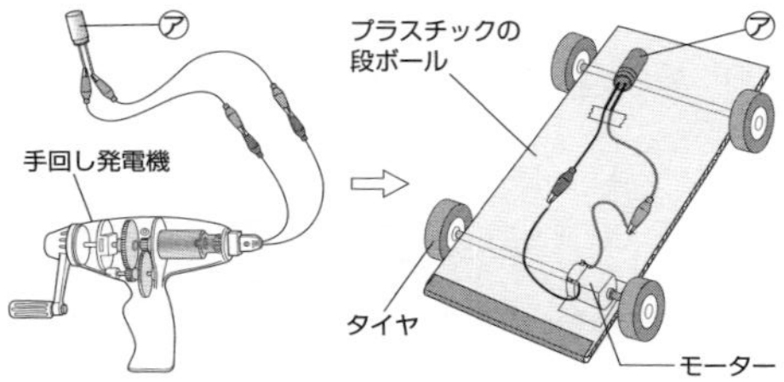
㋐
手回し発電機
プラスチックの
段ボール
㋐
タイヤ
モーター

(1) 手回し発電機で発電した電気は、たくわえて使うことができます。電気をたくわえることができる㋐の道具を何といいますか。 (**コンデンサー**)

(2) 電気をたくわえた㋐をモーターにつないで、タイヤを回します。この車をより長い時間動かすには、どうすればよいですか。正しいほうに○をつけましょう。

①(**○**)手回し発電機のハンドルを回す回数を多くして、㋐にたくわえる電気を増やす。

②( )手回し発電機のハンドルを回す回数を少なくして、㋐にたくわえる電気を増やす。

(3) 車が動くとき、㋐にたくわえられた電気は、何に変えられますか。 (**運動**)

学力診断テスト(裏)

学力診断《しんだん》テスト うら てびき

5 流れる水のはたらきによって運ぱんされたれき・砂《すな》・どろは、つぶの大きさによって分かれて、水底にたい積します。つぶが大きいほうから順に積もります。

6 (1)(2)アルカリ性の水よう液では、赤色のリトマス紙だけが青色に変化します。酸性の水よう液では、青色のリトマス紙だけが赤色に変化します。中性の水よう液では、どちらの色のリトマス紙も変化しません。

(3)気体がとけている水よう液から水を蒸発《じょうはつ》させても、あとに何も残りません。

7 (1)動物も植物も呼吸《こきゅう》をして、酸素を取り入れ、二酸化炭素を出しています。

(2)植物は、日光に当たっているときには、空気中の二酸化炭素を取り入れ、酸素を出しています。植物が酸素をつくり出しているので、地球上の酸素はなくなりません。

8 (2)(3)はさみは、支点が力点と作用点の間にある道具です。支点と作用点のきょりを短くするほど、作用点でより大きな力がはたらきます。

9 (1)(2)手回し発電機のハンドルを回す回数が多いほど、コンデンサーには多くの電気がたくわえられます。

(3)電気は、モーターで運動(回転する動き)に変わります。

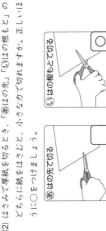

メモ

メモ

付録 取りはずしてお使いください。

理科 スタートアップドリル

6年

このドリルを使って
5年生で学習した
ことをふり返ろう。

年　　　組

1　天気の変化

1　雲のようすと天気の変化について、調べました。

(1)　（　　）にあてはまる言葉を、あとの□から選んで書きましょう。

①天気は、空全体の広さを10として、空をおおっている雲の量が（　　　　　）のときを晴れ、（　　　　　）のときをくもりとする。

②雲には、色や形、高さのちがうものが（　　　　）。

③黒っぽい雲が増えてくると、（　　　　）になることが多い。

0～5	0～8	6～10	9～10	ある	ない	晴れ	雨

(2)　ある日の午前9時と正午に、空のようすを観察しました。
（　　）にあてはまる天気を書きましょう。

午前9時　　天気…（　　　　　）　　雲の量…4

・白くて小さな雲がたくさん集まっていた。
・雲は、ゆっくり西から東へ動いていた。
・雨はふっていなかった。

正午　　天気…（　　　　　）　　雲の量…9

・黒っぽいもこもことした雲が、空一面に広がっていた。
・雲は、午前9時のときよりも、ゆっくりと南西から北東へ動いていた。
・雨はふっていなかった。

2　天気の変化について、調べました。（　　）にあてはまる方位を書きましょう。

①日本付近では、雲はおよそ（　　　　）から（　　　　）に動いていく。

②雲の動きにつれて、天気も（　　　　）から（　　　　）へと変わっていく。

③台風は（　　　　）の海上で発生して、（　　　　）や東へ進むことが多い。

2 植物の発芽と成長

1 植物の発芽について、調べました。

(1)　（　　）にあてはまる言葉を書きましょう。

①植物の種子が芽を出すことを（　　　　　）という。
②植物は、（　　　　　）の中の養分を使って発芽する。
③植物の種子の発芽には、水、（　　　　　）、
　適当な（　　　　　）が必要である。

(2)　図は、発芽前のインゲンマメの種子を切って開いたものです。この種子にヨウ素液をつけて、色の変化を調べました。

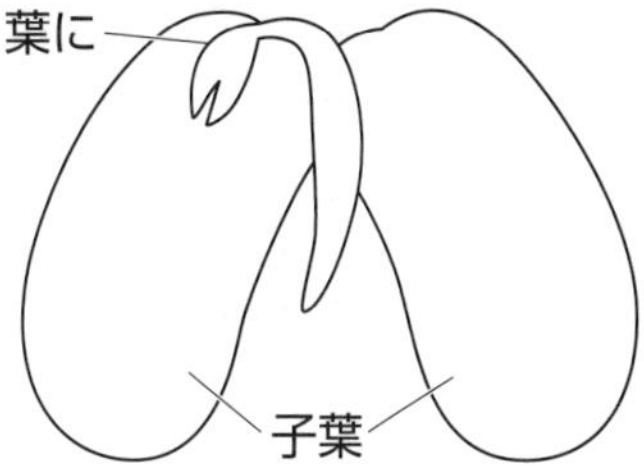

①子葉《しよう》のところは、㋐～㋒の何色に変化しますか。

㋐茶色　　㋑青むらさき色　　㋒赤色

（　　　　）

②ヨウ素液を使った色の変化で調べることができるのは、何という養分ですか。

（　　　　　）

2 葉が３～４まいに育ったインゲンマメ㋐～㋒を使って、肥料や日光が植物の成長に関係するのかを調べました。葉のようすは、２週間後の育ちをまとめたものです。

	水	肥料	日光	葉のようす
㋐	あたえる	あたえる	当てる	緑色で大きく、数が多い。
㋑	あたえる	あたえる	当てない	黄色っぽくて小さく、数が少ない。
㋒	あたえる	あたえない	当てる	緑色だけど㋐より小さく、数も㋐より少ない。

(1)　㋐と㋑で、よく成長したのはどちらですか。

（　　　　）

(2)　㋐と㋒で、よく成長したのはどちらですか。

（　　　　）

(3)　このことから、植物がよく成長するには、何と何が必要とわかりますか。

（　　　　　）と（　　　　　）

3 メダカのたんじょう

1 メダカのたんじょうについて、調べました。

(1) （　）にあてはまる言葉を、あとの□から選んで書きましょう。

①（　　　　）が産んだたまご(卵《らん》)は、（　　　　）が出す精子《せいし》と結びついて、受精卵となる。

②受精卵は、たまごの中にふくまれている（　　　　）を使って育つ。

③受精してから約（　　　　）週間で、子メダカがたんじょうする。

④たまごからかえった子メダカは、しばらくの間は（　　　　）にあるふくろの中の養分を使って育つ。

2	10	38	おす	水分	はら	ひれ	めす	養分

(2) たまご(卵)と精子が結びつくことを何といいますか。

（　　　　）

2 メダカを飼って、体を観察しました。

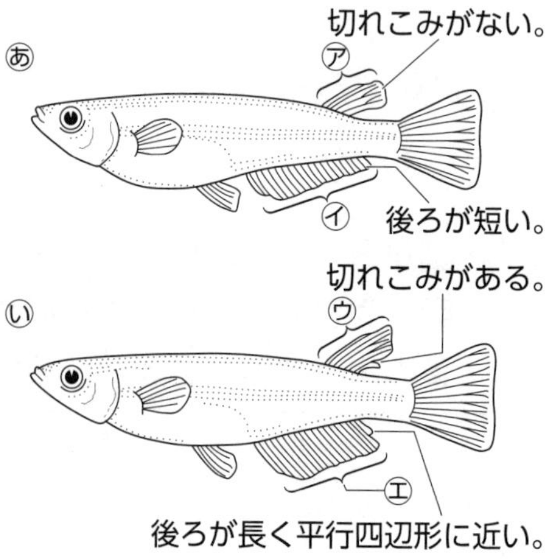

あ
切れこみがない。
ア
イ
後ろが短い。
い
切れこみがある。
ウ
エ
後ろが長く平行四辺形に近い。

(1) 図のア・ウ、イ・エのひれの名前を書きましょう。

ア・ウ（　　　　）

イ・エ（　　　　）

(2) あ、いのどちらがめすで、どちらがおすですか。

あ（　　　　）

い（　　　　）

(3) メダカを飼うとき、水そうはどこに置くとよいですか。正しいものに○をつけましょう。

①（　　）日光が直接当たる明るいところ

②（　　）日光が直接当たらない明るいところ

③（　　）暗いところ

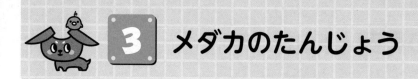

4 ヒトのたんじょう

1 ヒトのたんじょうについて、調べました。

(1)　(　　)にあてはまる言葉を、あとの□から選んで書きましょう。

①(　　　　　)の体内でつくられた卵《らん》(卵子《らんし》)は、
(　　　　　)の体内でつくられた精子《せいし》と結びついて、
受精卵となる。

②ヒトの子どもは、母親の体内にある(　　　　　)の中で、
そのかべにあるたいばんから(　　　　　　　)を通して養分をもらい、
いらないものをわたして育つ。

③受精してから約(　　　　　)週間で、子どもがたんじょうする。

④ヒトはたんじょうしたあと、しばらくは(　　　　　)を飲んで育つ。

2	10	38	子宮《しきゅう》	女性	男性	乳	へそのお	羊水《ようすい》

(2)　卵(卵子)と精子が結びつくことを何といいますか。

(　　　　　)

2 図は、母親の体内の赤ちゃんのようすです。

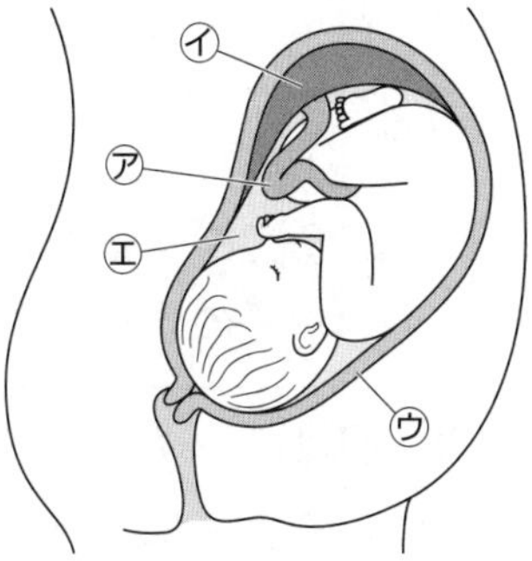

(1)　㋐～㋓はそれぞれ何ですか。
名前を書きましょう。

㋐(　　　　　　　)
㋑(　　　　　　　)
㋒(　　　　　　　)
㋓(　　　　　　　)

(2)　子宮の中は液体で満たされ、赤ちゃんを守っています。
この液体は、㋐～㋓のどれですか。

(　　　　)

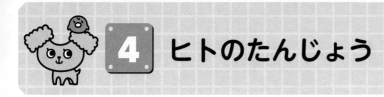

5 花から実へ

1 花のつくりについて、調べました。

(1) 図は、アサガオの花です。㋐～㋓は何ですか。
あてはまる言葉を書きましょう。

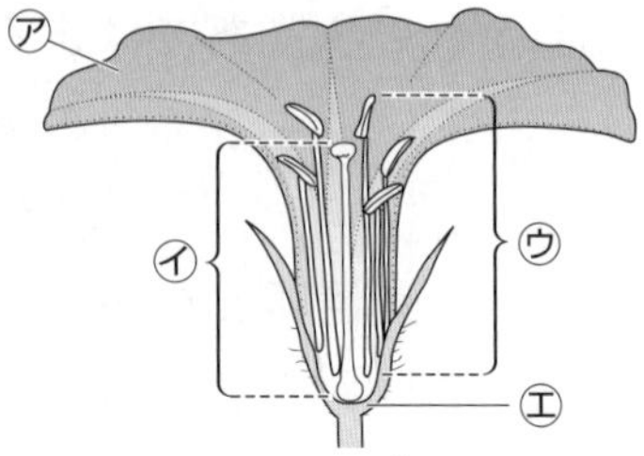

アサガオ

㋐(　　　　　)
㋑(　　　　　)
㋒(　　　　　)
㋓(　　　　　)

(2) (　　)にあてはまる言葉を書きましょう。

○花には、アブラナやアサガオのように、めしべとおしべが
　１つの花にそろっているものと、ヘチマやカボチャのように、
　めしべのある(　　　　　)とおしべのある(　　　　　)の
　２種類の花をさかせるものがある。

2 植物の実のでき方について、調べました。

(1) (　　)にあてはまる言葉を書きましょう。

①おしべから出た(　　　　)がめしべの先につくことを受粉という。
②受粉すると、めしべのもとのふくらんだ部分が(　　　　)になり、
　その中に(　　　　)ができる。

(2) 図は、ヘチマの花です。

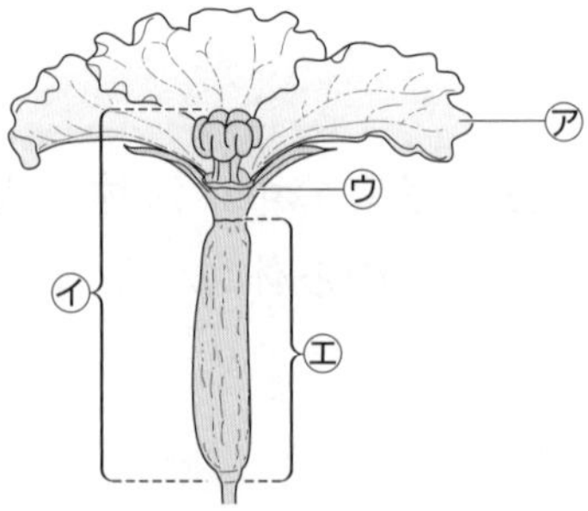

ヘチマ

①花びらは、㋐～㋓のどれですか。
(　　　)
②がくは、㋐～㋓のどれですか。
(　　　)
③図の花は、めばなとおばなのどちらですか。
(　　　　　)

6 流れる水のはたらき①

1 流れる水のはたらきについて、調べました。
（　）にあてはまる言葉を、あとの［　　］から選んで書きましょう。

①流れる水が地面をけずるはたらきを（　　　　　）、
土や石を運ぶはたらきを（　　　　　）、
土や石を積もらせるはたらきを（　　　　　）という。

②水の量が増えると、流れる水のはたらきが（　　　　　）なる。

③水の流れが（　　　　　）ところでは、地面をけずったり、
土や石を運んだりするはたらきが大きくなる。

④水の流れが（　　　　　）なところでは、土や石が積もる。

大きく	小さく	速い	ゆるやか	運ぱん	たい積	しん食

2 図のようなそうちで、土のみぞをつくって水を流して、流れる水のはたらきを調べました。

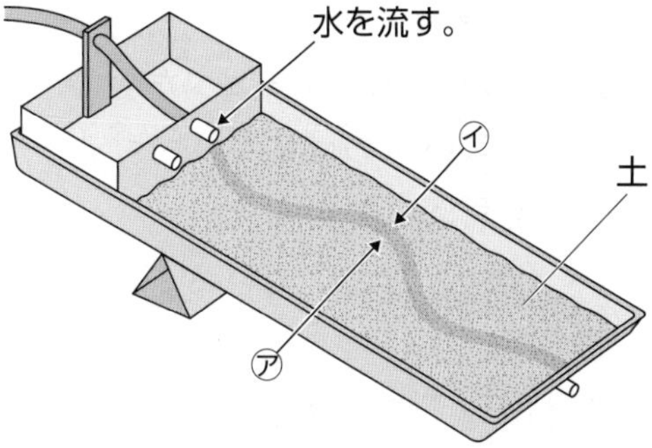

(1) そうちのかたむきを急にすると、流れる水が土をけずるはたらきは大きくなりますか、小さくなりますか。

（　　　　　）

(2) 水が曲がって流れているところで、流れる水の速さを調べました。
㋐は流れの内側、㋑は流れの外側です。
㋐と㋑で、流れる水の速さが速いのは、どちらですか。

（　　　）

(3) ㋐と㋑で、水に運ばれてきた土が多く積もったのはどちらですか。

（　　　）

(4) ㋐と㋑で、土が多くけずられたのはどちらですか。

（　　　）

7 流れる水のはたらき②

1 川の流れと地形について、調べました。
（　　）にあてはまる言葉を、あとの□から選んで書きましょう。

①かたむきが急な山の中では、川はばが（　　　　　）、流れが速い。
平地や海の近くでは、川はばが（　　　　　）なり、流れがゆるやかになる。

②川原の石を見ると、山の中では（　　　　　）、
（　　　　　）石が多く見られ、
平地や海の近くでは（　　　　　）、
（　　　　　）石やすなが多く見られる。

大きく　小さく　広く　せまく　角ばった　丸みのある

2 図のような平地を流れる川の曲がって流れているところで、川の流れや川原のようすを調べました。

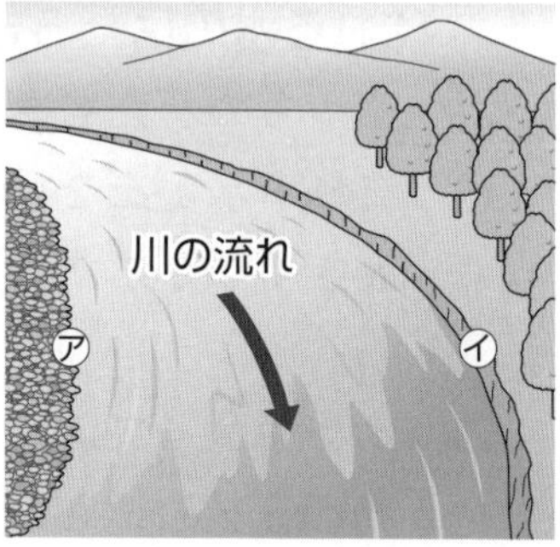

(1) 川の流れが速いのは、㋐と㋑のどちら側ですか。
（　　　）

(2) ㋐の川原の石を調べたとき、石のようすとして正しいものはどちらですか。
①角ばっている。
②丸みをおびている。
（　　　）

(3) 川の深さが深いのは、㋐と㋑のどちら側ですか。
（　　　）

3 川の流れと災害について、（　　）にあてはまる言葉を、あとの□から選んで書きましょう。

○梅雨《つゆ》や台風《たいふう》などで雨の量が増えると、川の水の量は（　　　　　）、
流れが（　　　　　）なるので、流れる水のはたらきは
（　　　　　）なり、土地のようすを大きく変化させることがある。

大きく　小さく　増え　減り　速く　おそく

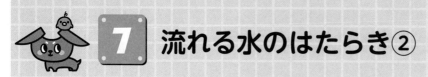

8 ふりこの運動

1 ふりこが１往復する時間を調べました。

(1) ㋐と㋑は、図のような角度まで手で持ち上げて、手をはなしてふらせます。
㋐と㋑でちがっている条件に○をつけましょう。

①（　　　）ふりこの長さ
②（　　　）ふれはば
③（　　　）おもりの重さ

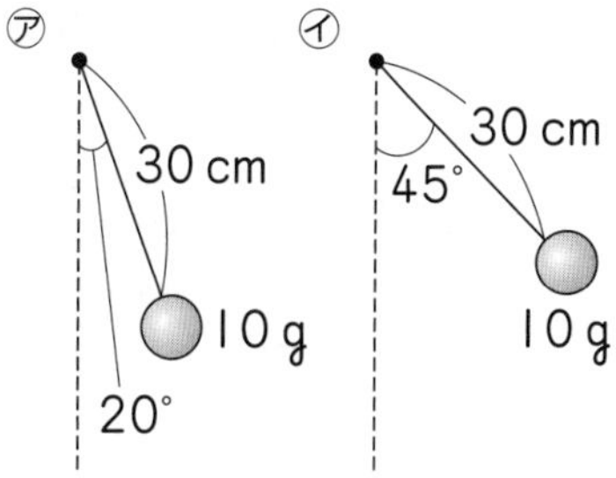

(2) 次の条件だけを変えると、ふりこが１往復する時間はどうなりますか。
長くなる、短くなる、変わらないの中から、あてはまる言葉を選んで書きましょう。

①ふりこの長さを長くする。
（１往復する時間は　　　　　　　　）。

②おもりの重さを重くする。
（１往復する時間は　　　　　　　　）。

③ふれはばを大きくする。
（１往復する時間は　　　　　　　　）。

2 ふりこの長さを変えてふったときの、ふりこが10往復する時間を測定して、表にまとめました。

ふりこの長さ	１回めの測定	２回めの測定	３回めの測定	３回の合計	10往復する時間の平均	１往復する時間
50 cm	14秒	15秒	13秒	42秒	①	②
100 cm	20秒	19秒	21秒	60秒	20秒	2.0秒

(1) ①にあてはまる数を計算しましょう。
(10往復する時間)÷(測定した回数)　だから、
〔式〕　42　÷　　　　＝

よって、（　　　　秒）。

(2) ②にあてはまる数を計算しましょう。
(10往復する時間の平均)÷10　だから、
〔式〕　　　÷　10　＝

よって、（　　　　秒）。

9 もののとけ方①

1 **ものに水をとかして、とけたものがどうなるかを調べました。**

(1) 食塩水は、水に何をとかした水よう液ですか。

(　　　　)

(2) ㋐～㋒で、水よう液といえないものはどれですか。

㋐さとうを水に入れてかき混ぜたもの　㋑すなを水に入れてかき混ぜたもの　㋒コーヒーシュガーを水に入れてかき混ぜたもの

色はなく、すき通っている。　下のほうにすながたまっている。　茶色で、すき通っている。

(　　　　)

(3) 5gのさとうを水にとかす前に全体の重さをはかったところ、電子てんびんは95gを示しました。さとうをすべて水にとかしたあと、全体の重さは何gになりますか。

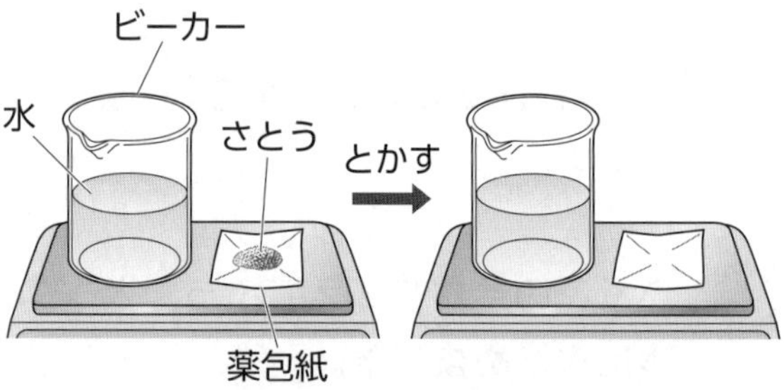

(　　　　)

2 **決まった水の量に、食塩とミョウバンがどれだけとけるかを調べて、表にまとめました。**

水の量	50 mL	100 mL
食塩	18g	36g
ミョウバン	4g	8g

(1) 食塩は、水50 mLに何gとけますか。

(　　　　)

(2) 水の量を2倍にすると、水にとける食塩やミョウバンの量は何倍になりますか。

(　　　　倍)

(3) 同じ量の水にとけるものの量は、とかすものの種類によって同じですか、ちがいますか。

(　　　　)

10 もののとけ方②

1 水の温度ととけるものの量の関係について調べました。

(1) 水の温度を変えて、水 50 mL にとける食塩とミョウバンの量を調べたところ、図のようになりました。
水の温度を変えても、とける量が変わらないのは、どちらですか。

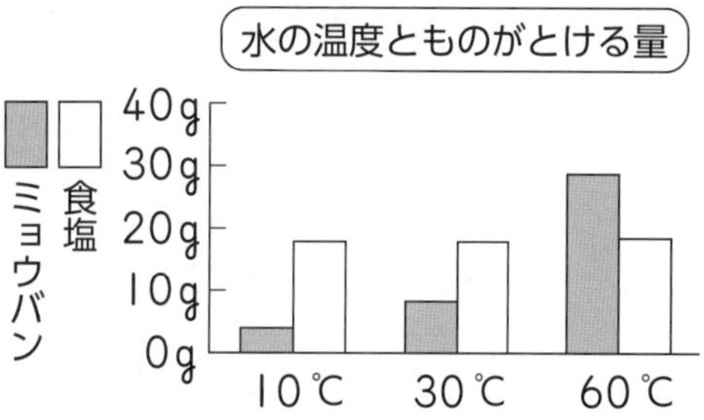

(　　　　　)

(2) (　　)にあてはまる言葉を、□から選んで書きましょう。

①水の温度を上げたとき、水にとける量の変化のしかたは、
とかすものによって(　　　　　)。

②ミョウバンのように、温度によって水にとける量が大きく変化するものは、
水よう液の温度を(　　　　　)て、水よう液からとけているものを
取り出すことができる。

③水よう液から水を(　　　　　)させると、
水よう液からとけているものを取り出すことができる。

同じ	ちがう	上げ	下げ	じょう発	ふっとう

2 60 ℃のミョウバンの水よう液を 10 ℃になるまで冷やすと、液の中からミョウバンのつぶが現れました。

(1) 図のようにして、ミョウバンのつぶを取り出しました。
この方法を何といいますか。

(　　　　　)

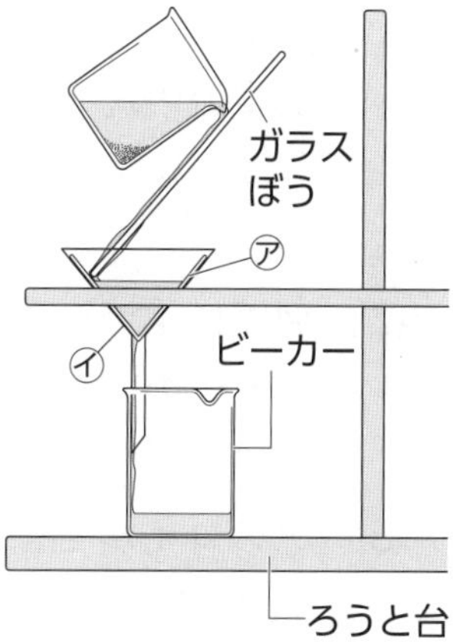

(2) ㋐の紙、㋑のガラス器具の名前を書きましょう。

㋐(　　　　　)
㋑(　　　　　)

11 電磁石のはたらき

1 電磁石に電流を流し、電磁石の極を調べました。

(1) (　　)にあてはまる言葉を書きましょう。

○導線を同じ向きに何回もまいたものを(　　　　　　)という。
これに鉄心を入れて(　　　　　　)を流すと、
鉄心が鉄を引きつけるようになる。これを電磁石という。

(2) 電磁石の右の方位磁針《じしん》の針が指す向きは、図のようになりました。左の方位磁針の針の向きは、㋐～㋒のどれになりますか。

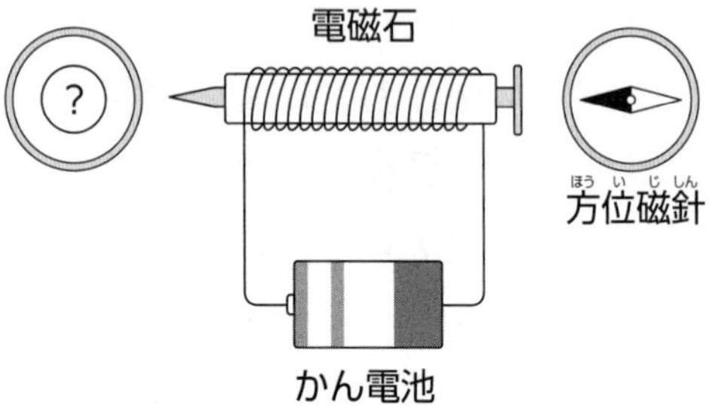

?
電磁石
方位磁針《ほういじしん》
かん電池

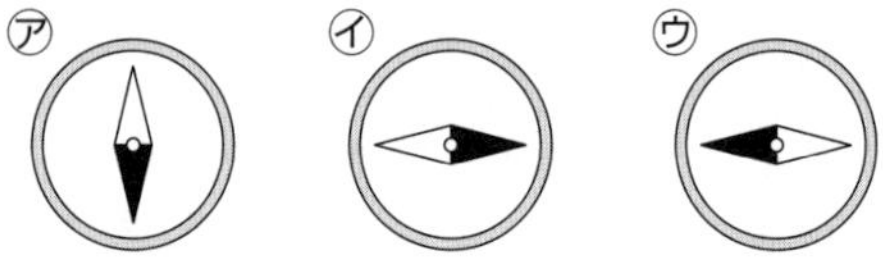

㋐
㋑
㋒

(　　　)

(3) かん電池をつなぐ向きを逆にすると、左の方位磁針の針が指す向きは、(2)の㋐～㋒のどれになりますか。

(　　　)

2 図のようなそうちを使って、電磁石の強さを調べました。

(1) ㋐と㋑で、変えた条件は①～③のどれですか。
①電流の大きさ
②電流の向き
③コイルのまき数

(　　　)

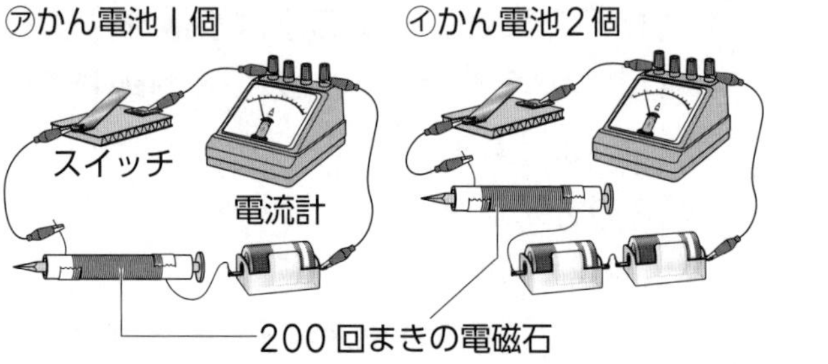

㋐かん電池１個
㋑かん電池２個
スイッチ
電流計
200 回まきの電磁石

(2) 回路に電流を流したとき、電磁石に鉄のクリップが多くついたのは、㋐と㋑のどちらですか。

(　　　)

(3) ㋐のコイルをほどいて、100 回まきにしてから回路に電流を流しました。100 回まきにする前とくらべて、電磁石につく鉄のクリップは多くなりますか、少なくなりますか。

(　　　　　　)

答え

1 天気の変化

1 (1)①0～8、9～10
②ある
③雨
(2)晴れ、くもり
★午前9時は、雲の量が0～8にあるので晴れ、正午は雲の量が9～10にあるのでくもりとなります。

2 ①西、東
②西、東
③南、北
★天気は西から東へと変わっていきますが、台風の進路に、この規則性があてはまりません。

2 植物の発芽と成長

1 (1)①発芽
②種子
③空気、温度
(2)①㋑
②でんぷん
★でんぷんにうすめたヨウ素液をつけると、青むらさき色になります。インゲンマメの種子の子葉には、でんぷんがふくまれているので、ヨウ素液をつけると青むらさき色に変化します。

2 (1)㋐
(2)㋐
(3)肥料、日光
★水はすべてにあたえているので、植物がよく成長するためには、日光と肥料が必要であるとわかります。また、植物の成長には、水・適当な温度・空気も必要です。

3 メダカのたんじょう

1 (1)①めす、おす
②養分
③2
④はら
(2)受精

2 (1)㋐・㋒せびれ　㋑・㋓しりびれ
(2)あめす　いおす
★メダカのめすとおすを見分けるには、せびれとしりびれに注目します。
(3)②

4 ヒトのたんじょう

1 (1)①女性、男性
②子宮、へそのお
③38
④乳
(2)受精

2 (1)㋐へそのお　㋑たいばん　㋒子宮
㋓羊水
(2)㋓
★子宮の中は羊水という液体で満たされていて、外からのしょうげきなどから赤ちゃんを守っています。

5 花から実へ

1 (1)㋐花びら　㋑めしべ　㋒おしべ　㋓がく
(2)めばな、おばな

2 (1)①花粉
②実、種子
★花粉は、こん虫などによってめしべに運ばれ、受粉します。めしべの先は、べとべとしていて花粉がつきやすくなっています。
(2)①㋐
②㋒
③めばな
★めばなは、花びらの下の部分にふくらみがあります。

6 流れる水のはたらき①

1 (1)①しん食、運ぱん、たい積
②大きく
③速い
④ゆるやか

2 (1)大きくなる。
★かたむきが急になると流れが速くなるので、しん食するはたらきも大きくなります。
(2)㋑
(3)㋐
(4)㋑
★曲がって流れているところの外側では、水の流れが速く、しん食されます。一方、曲がって流れているところの内側では、流れがゆるやかで、運ばれてきた土がたい積します。

7 流れる水のはたらき②

1 ①せまく、広く
②大きく、角ばった、小さく、丸みのある
★山の中の大きく角ばった石は、流れる水に運ばれる間に、角がとれていき、丸く小さくなっていきます。

2 (1)㋑
(2)②
(3)㋑
★川の流れの外側は流れが速いので、しん食されます。一方、川の流れの内側は流れがゆるやかなので、石がたい積します。

3 増え、速く、大きく

8 ふりこの運動

1 (1)②
(2)①長くなる
②変わらない
③変わらない
★ふりこが１往復する時間は、ふりこの長さによって変わります。おもりの重さやふれはばを変えても、１往復する時間は変わりません。

2 (1)〔式〕42÷3=14　　14秒
(2)〔式〕14÷10=1.4　　1.4秒

9 もののとけ方①

1 (1)食塩

(2)㋑

★水よう液は、すき通っていて(とうめいで)、とけたものが液全体に広がっています。色がついていても、すき通っていれば水よう液といえます。

(3)95 g

★とかす前に、ビーカーや薬包紙も入れて95 gだったので、とかしたあとの全体の重さも95 gになります。

2 (1)18 g

(2)2 (倍)

(3)ちがう。

10 もののとけ方②

1 (1)食塩

(2)①ちがう

②下げ

③じょう発

2 (1)ろ過

(2)㋐ろ紙　㋑ろうと

★ろ過するときは、ろ紙は水でぬらしてろうとにぴったりとつけ、液はガラスぼうに伝わらせて静かに注ぎます。ろうとの先は、ビーカーの内側にくっつけておきます。

11 電磁石のはたらき

1 (1)コイル、電流

★電磁石は、電流を流しているときだけ、磁石のはたらきをします。

(2)㋒

(3)㋑

★電磁石にもN極とS極があります。電流の向きを逆にすると、電磁石の極も逆になります。そのため、引きつけられる方位磁針の針も逆になります。

2 (1)①

(2)㋑

★電流が大きいほど、電磁石の強さは強くなります。

(3)少なくなる。

★コイルのまき数が多いほど、電磁石の強さは強くなります。コイルのまき数を少なくしたので、電磁石の強さは弱くなり、引きつけられる鉄のクリップの数も少なくなります。